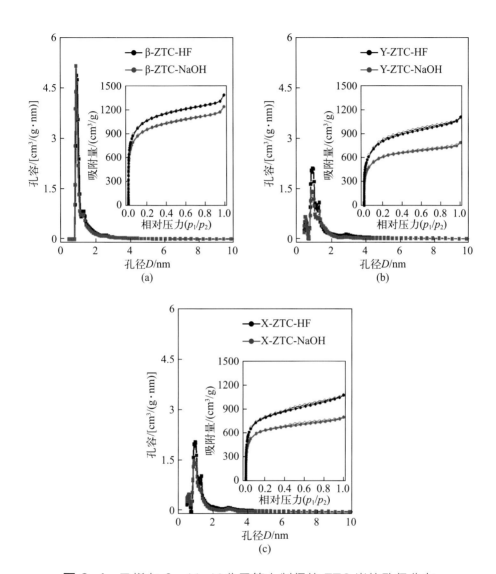

图 3.4 乙烯在 β、Y、X 分子筛上制得的 ZTC 炭的孔径分布

(β-ZTC-HF 代表用 HF 处理得到的 β 分子筛上的 ZTC 炭；NaOH 代表用 NaOH 处理的样品)

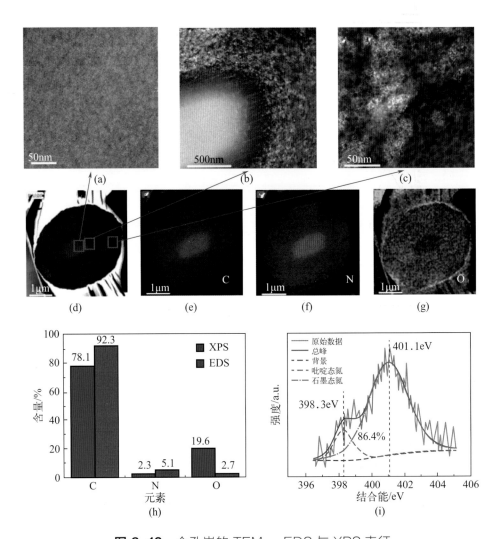

图 3.19 介孔炭的 TEM、 EDS 与 XPS 表征

（TEM—透射电子显微镜；EDS—能量色散 X 射线光谱；XPS—X 射线光电子能谱）

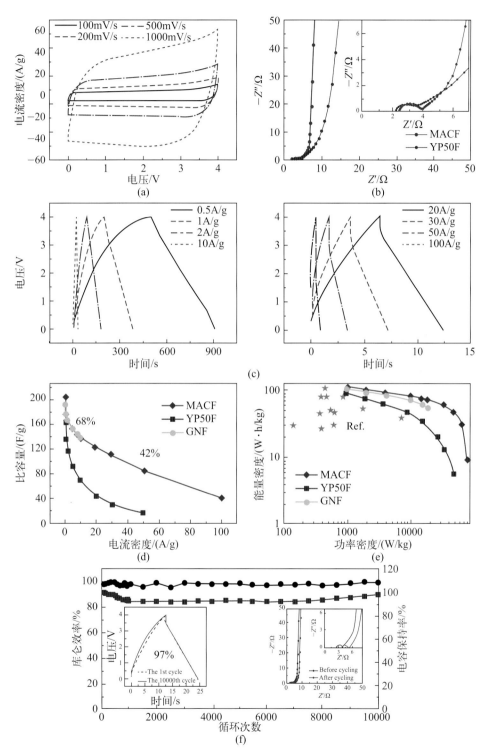

图 3. 21 介孔炭的电容性能（4V 离子液体，纽扣形电容器）及与其他炭的对比

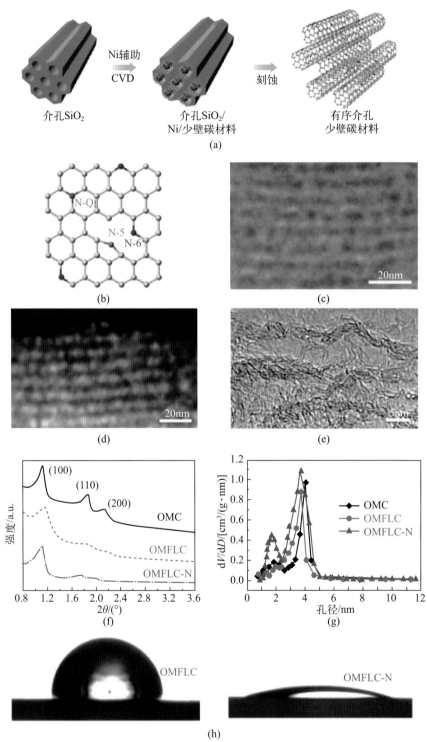

图 3.23 SBA-15 模板制得的介孔炭、 TEM 与孔径分布

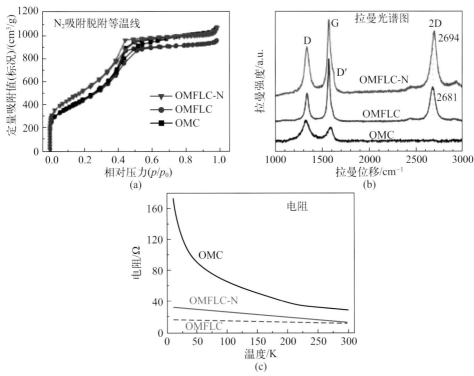

图 3.25 不同炭的 BET、拉曼光谱与导电性对比

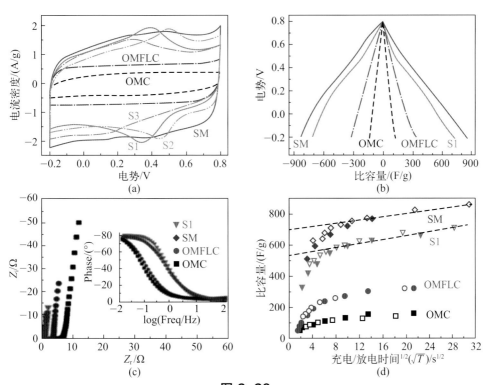

图 3.26

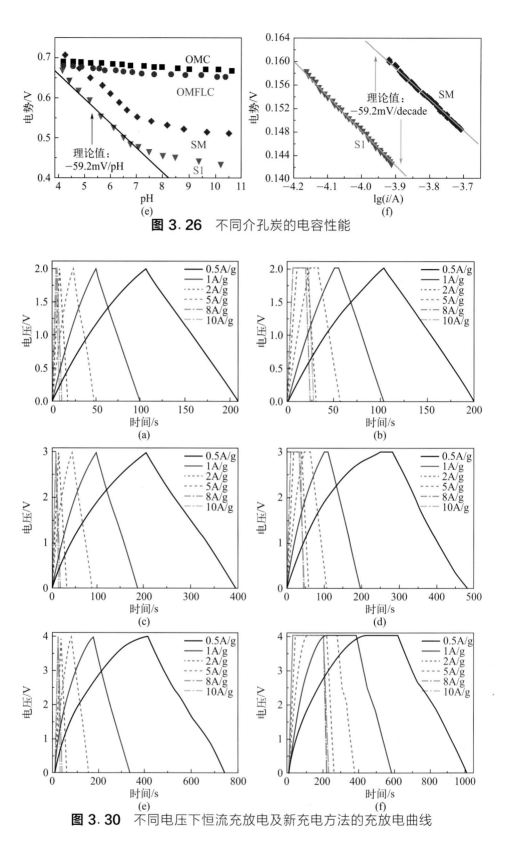

图 3.26 不同介孔炭的电容性能

图 3.30 不同电压下恒流充放电及新充电方法的充放电曲线

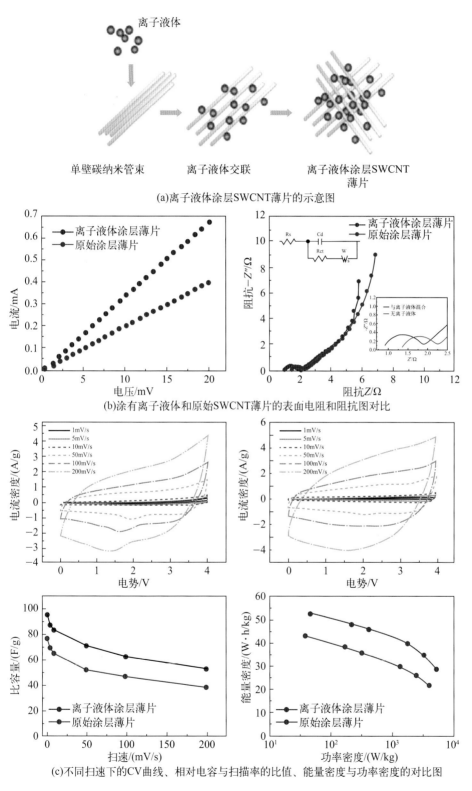

离子液体

单壁碳纳米管束　　离子液体交联　　离子液体涂层SWCNT
　　　　　　　　　　　　　　　　　　　　　　薄片

(a)离子液体涂层SWCNT薄片的示意图

(b)涂有离子液体和原始SWCNT薄片的表面电阻和阻抗图对比

(c)不同扫速下的CV曲线、相对电容与扫描率的比值、能量密度与功率密度的对比图

图 3.32 利用少量离子液体来分散单壁管，再制备成单壁碳纳米管纸的方法

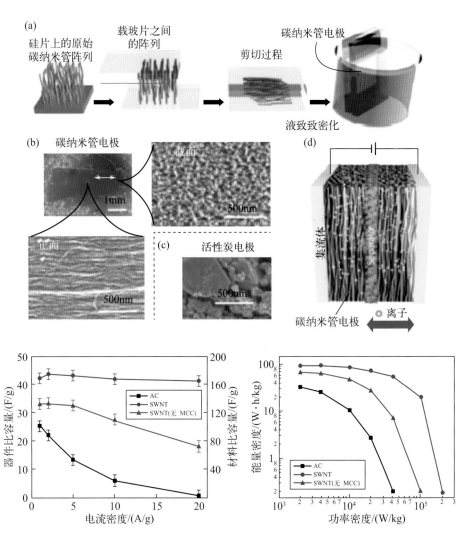

图 3.33 阵列状单壁碳纳米管的制备及电容性能

（MCC—微晶纤维素）

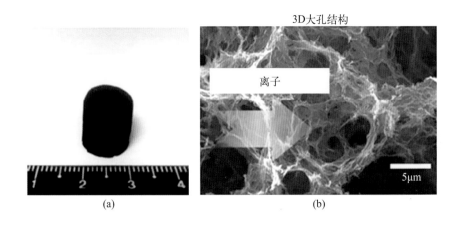

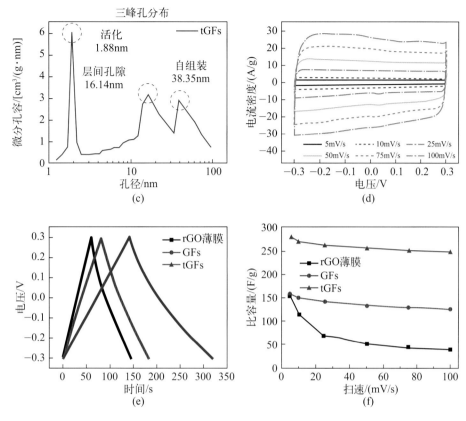

图 3.35 多级孔结构石墨烯及电容性能

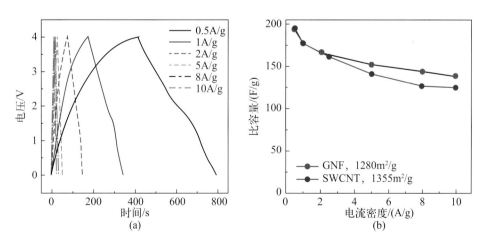

图 3.42 石墨烯纳米纤维的电容性能

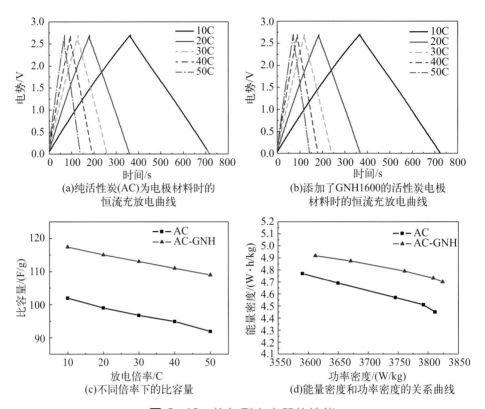

(a)纯活性炭(AC)为电极材料时的
恒流充放电曲线

(b)添加了GNH1600的活性炭电极
材料时的恒流充放电曲线

(c)不同倍率下的比容量

(d)能量密度和功率密度的关系曲线

图 3.46 软包型电容器的性能

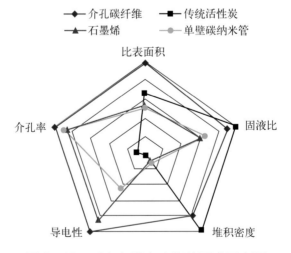

图 3.48 对电容炭多功能的要求示意图

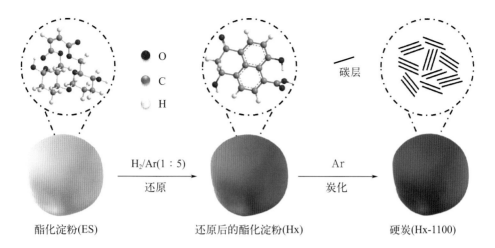

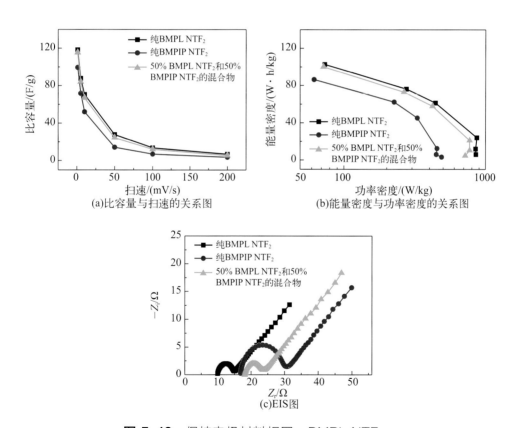

图 4.6 酯化淀粉热解为硬炭过程示意图

(a)比容量与扫速的关系图

(b)能量密度与功率密度的关系图

(c)EIS图

图 5.10 保持电极材料相同，BMPL NTF₂、
BMPIP NTF₂ 和二者复配（质量比1：1）后的电化学性能

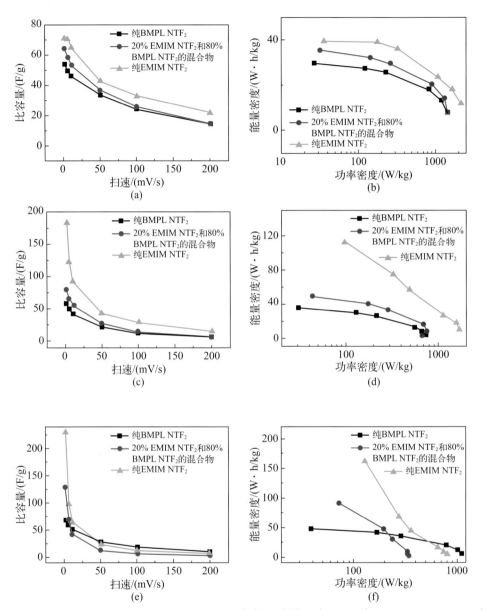

图 5.12 EMIM NTF$_2$、BMPL NTF$_2$ 两种离子液体及复配后（20% EMIM NTF$_2$）

在不同电压下的扫速-比容量及功率密度-能量密度曲线图

［其中，图 5.12（a）、（b）测量电压为 4.0V，图 5.12（c）、

（d）测量电压为 4.2V，图 5.12（e）、（f）测量电压为 4.5V］

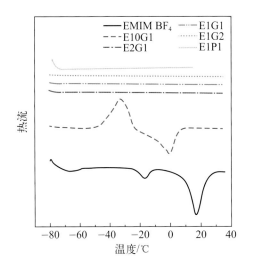

图 5.17 向 EMIM BF₄ 中加入 GBL 或 PC 后的差示扫描量热（DSC）曲线

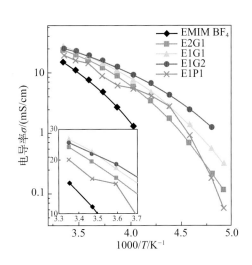

图 5.18 电解液的离子电导率随温度的变化关系

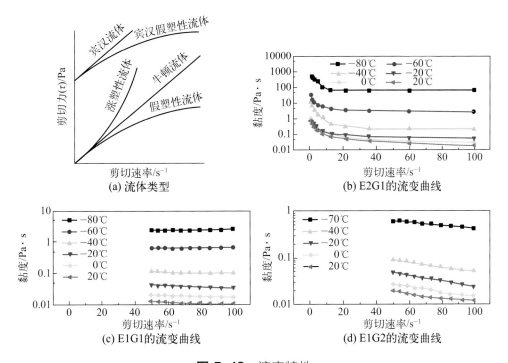

(a) 流体类型

(b) E2G1 的流变曲线

(c) E1G1 的流变曲线

(d) E1G2 的流变曲线

图 5.19 流变特性

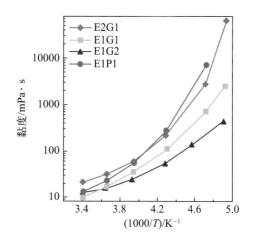

图 5.20 复配电解液黏度-温度变化曲线

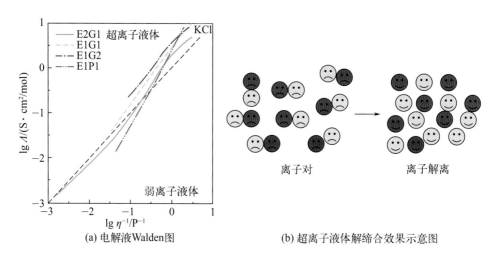

(a) 电解液Walden图　　　　　　　(b) 超离子液体解缔合效果示意图

图 5.21 离子解离特性

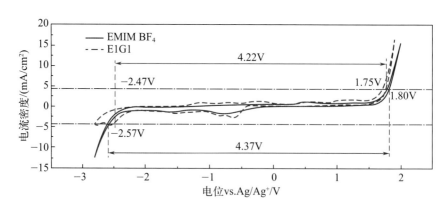

图 5.26 EMIM BF$_4$ 及 E1G1 的电化学窗口测试

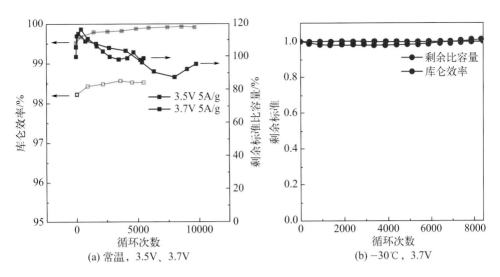

图 5.27 E1G1 循环寿命测试

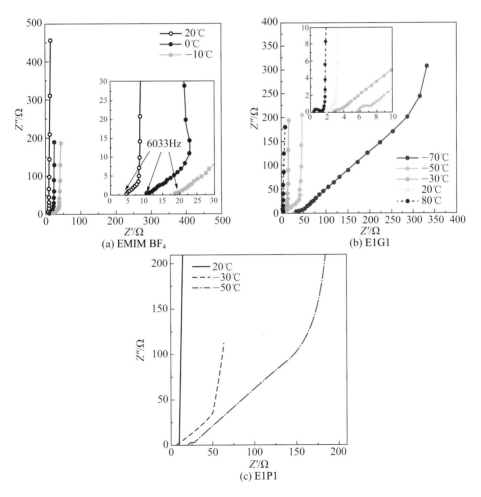

图 5.28 不同温度下的交流阻抗谱

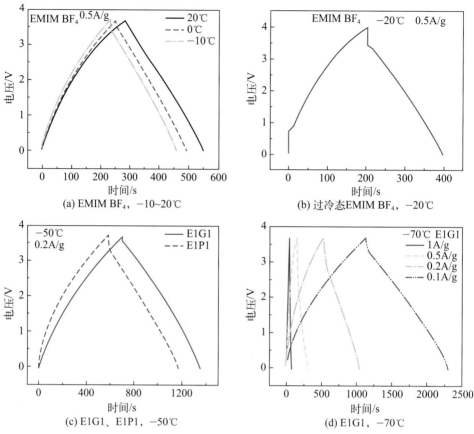

(a) EMIM BF₄，−10~20℃

(b) 过冷态EMIM BF₄，−20℃

(c) E1G1、E1P1，−50℃

(d) E1G1，−70℃

图 5.29 恒流充放电测试

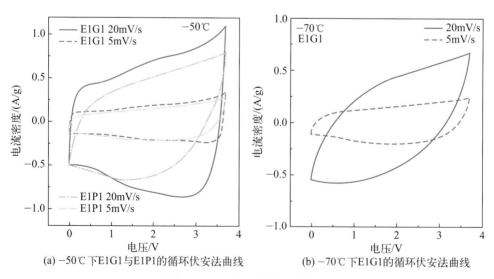

(a) −50℃下E1G1与E1P1的循环伏安法曲线

(b) −70℃下E1G1的循环伏安法曲线

图 5.30 循环伏安法曲线

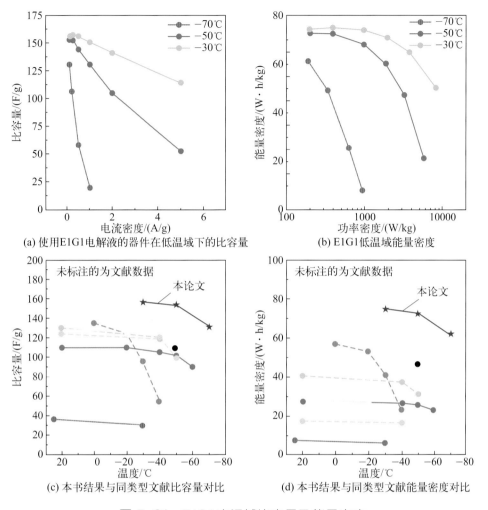

(a) 使用E1G1电解液的器件在低温域下的比容量

(b) E1G1低温域能量密度

(c) 本书结果与同类型文献比容量对比

(d) 本书结果与同类型文献能量密度对比

图 5.31 E1G1 宽温域比容量及能量密度

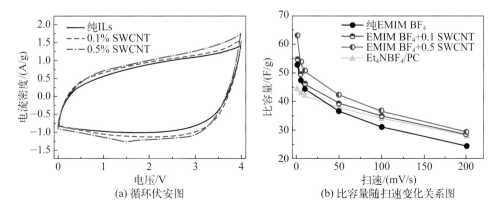

(a) 循环伏安图

(b) 比容量随扫速变化关系图

图 5.35

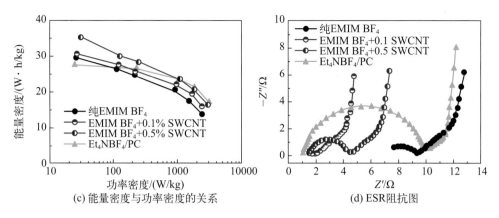

(c) 能量密度与功率密度的关系

(d) ESR阻抗图

图 5.35 不同电解液中电极材料的性能比较

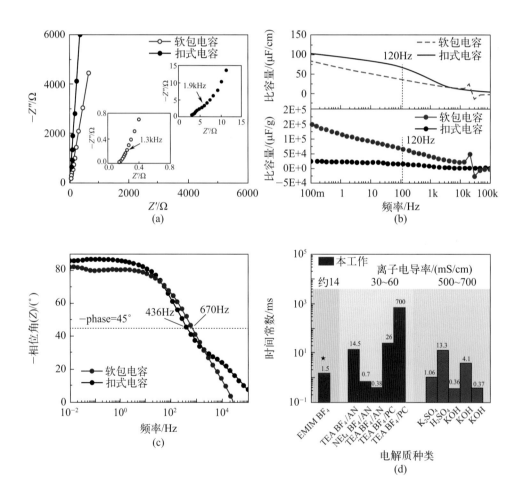

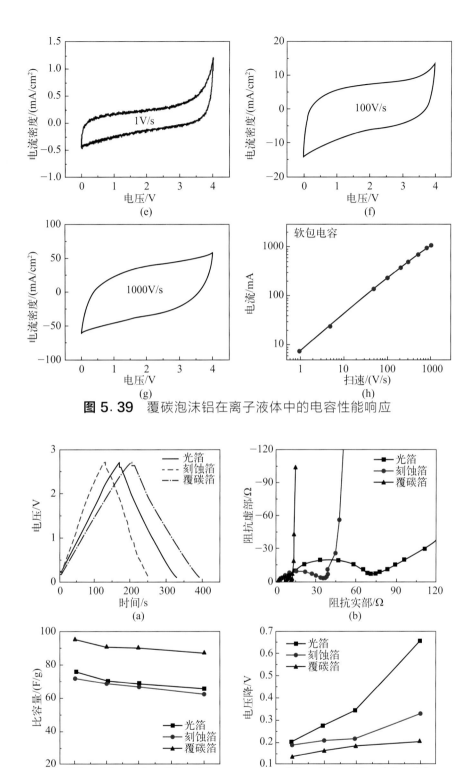

图 5.39 覆碳泡沫铝在离子液体中的电容性能响应

图 6.7 不同箔材制备的电容电极充放电曲线、EIS 阻抗、
放电比容量与放电电压降随电流密度的变化规律

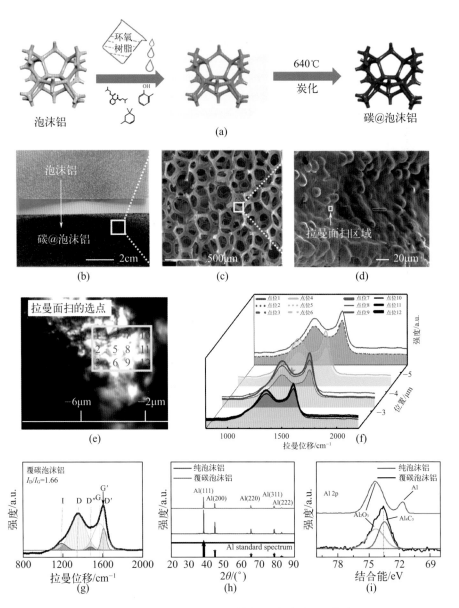

图 6.16 三维覆碳泡沫铝结构的制备与形貌表征

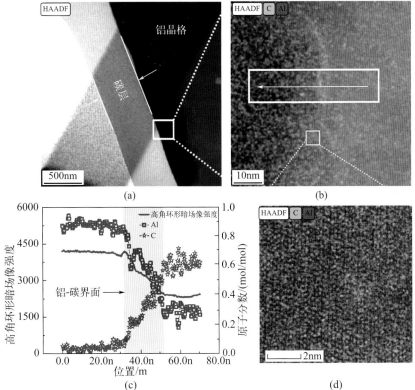

图 6.17 Al/C 界面的 FIB 与球差电镜表征

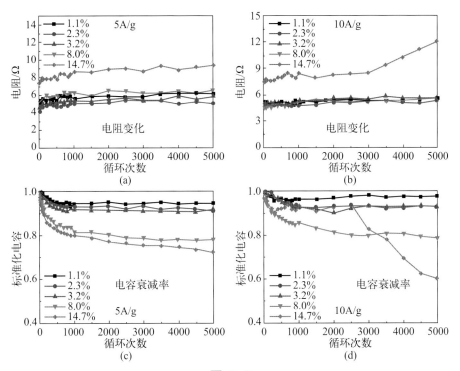

图 7.2

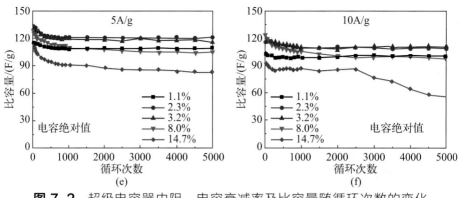

图7.2 超级电容器内阻、电容衰减率及比容量随循环次数的变化

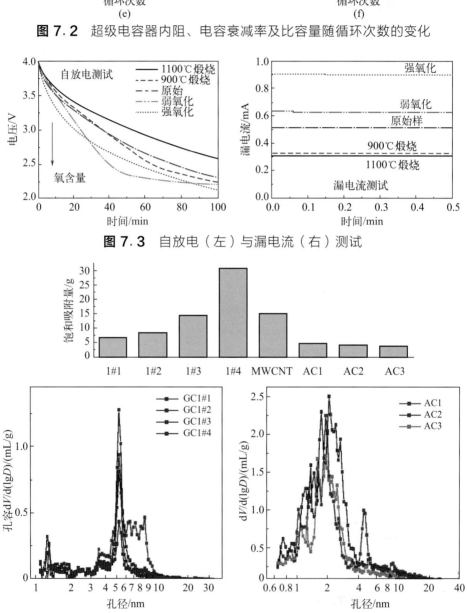

图7.3 自放电（左）与漏电流（右）测试

图7.6 不同碳材料的孔径分布与吸收有机液体的能力及其原始孔径分布

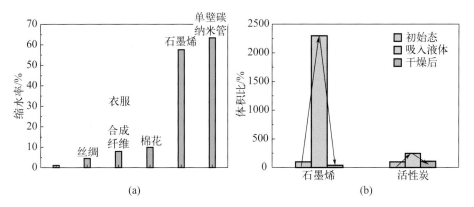

(a)

(b)

图 7.8 不同材料的缩水率以及不同材料润滑与干燥的体积变化

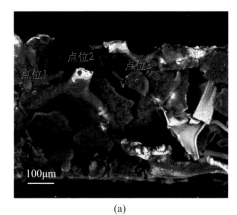

(a)

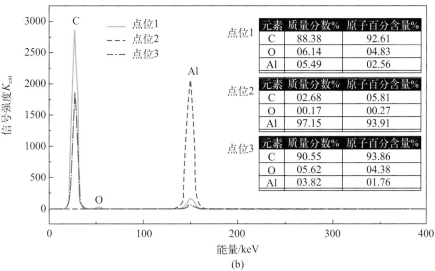

(b)

图 7.15 泡沫铝极片局部切面的元素分析

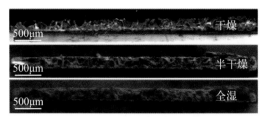

(a) 处于干燥状态，半湿状态和湿状态的
石墨烯-泡沫铝电极的SEM图像

(b) 湿电极外表面
的SEM图像

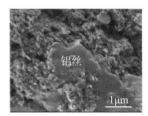

(c) 湿石墨烯-泡沫铝电极
的横截面的SEM图像一

(d) 湿石墨烯-泡沫铝电极
的横截面的SEM图像二

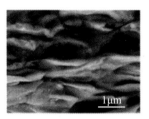

(e) 压缩石墨烯-铝箔电极
的SEM图像一

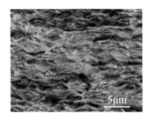

(f) 压缩石墨烯-
铝箔电极的SEM图像二

(g) 由铝箔或泡沫铝辅助的电极中离子扩散行为的示意图

图 7.16 石墨烯-泡沫铝电极的溶胀行为表征

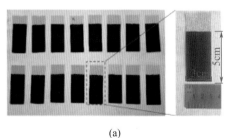

(a)

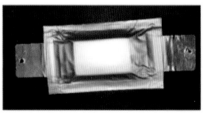

(b)

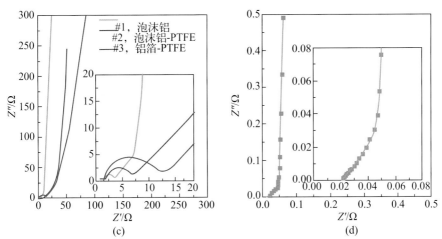

(c)

(d)

图 7.19 石墨烯-泡沫铝电极和石墨烯-铝箔电极的 EIS 表征

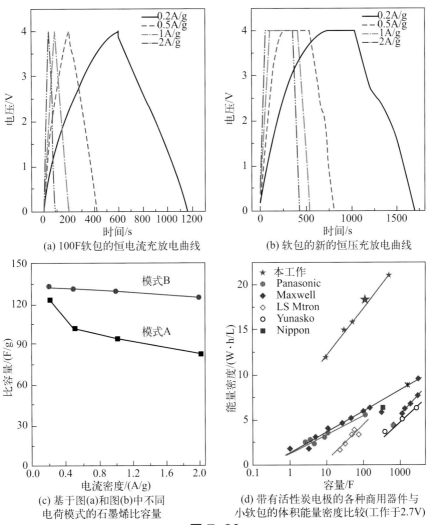

(a) 100F软包的恒电流充放电曲线

(b) 软包的新的恒压充放电曲线

(c) 基于图(a)和图(b)中不同
电荷模式的石墨烯比容量

(d) 带有活性炭电极的各种商用器件与
小软包的体积能量密度比较(工作于2.7V)

图 7.20

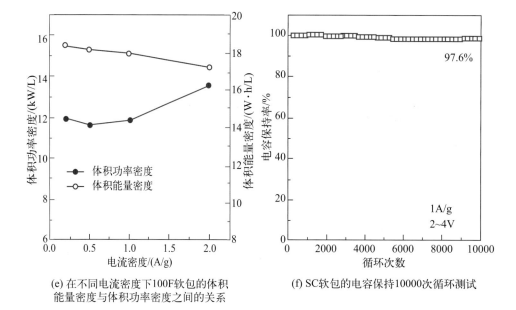

(e) 在不同电流密度下100F软包的体积
能量密度与体积功率密度之间的关系

(f) SC软包的电容保持10000次循环测试

图7.20 超级电容器的电化学性能

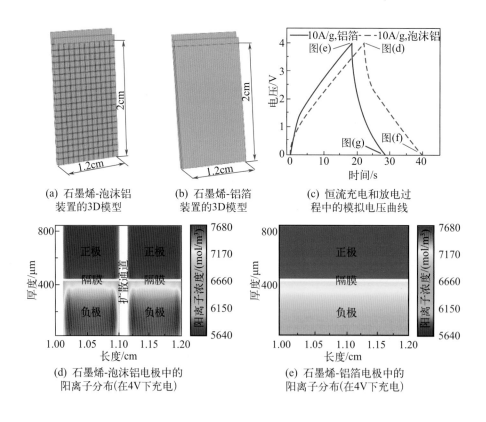

(a) 石墨烯-泡沫铝
装置的3D模型

(b) 石墨烯-铝箔
装置的3D模型

(c) 恒流充电和放电过
程中的模拟电压曲线

(d) 石墨烯-泡沫铝电极中的
阳离子分布(在4V下充电)

(e) 石墨烯-铝箔电极中的
阳离子分布(在4V下充电)

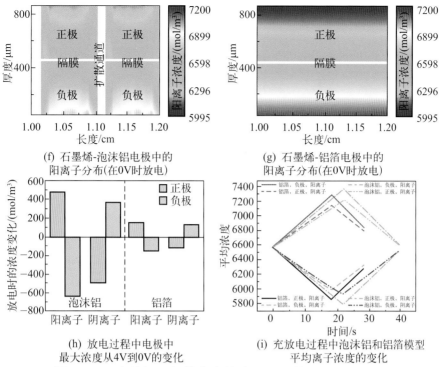

(f) 石墨烯-泡沫铝电极中的
阳离子分布(在0V时放电)

(g) 石墨烯-铝箔电极中的
阳离子分布(在0V时放电)

(h) 放电过程中电极中
最大浓度从4V到0V的变化

(i) 充放电过程中泡沫铝和铝箔模型
平均离子浓度的变化

图7.21 泡沫铝和铝箔作为集电器 SC 装置的仿真结果

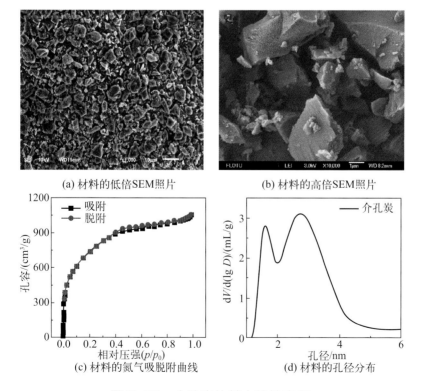

(a) 材料的低倍SEM照片

(b) 材料的高倍SEM照片

(c) 材料的氮气吸脱附曲线

(d) 材料的孔径分布

图7.22 介孔炭的基本特性表征

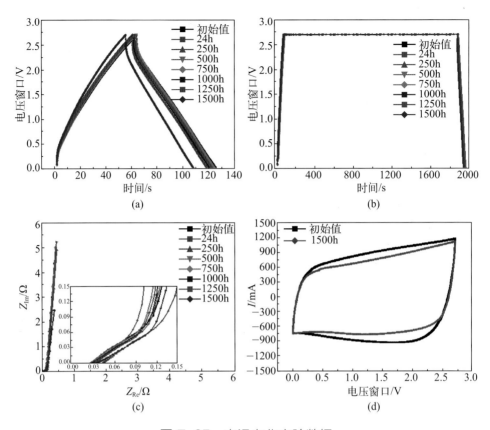

图 7.25 高温老化实验数据

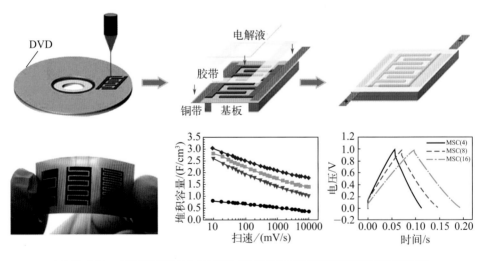

图 7.37 在柔性基底上直接构建微型双电层电容器及电容性能

Supercapacitor
Technology
and
Energy
Storage
Applications

超级电容器技术
与储能应用

骞伟中　崔超婕　魏　飞　　　　　等 编著

化学工业出版社
·北京·

内 容 简 介

《超级电容器技术与储能应用》系统介绍了超级电容器的基本原理与不同种类超级电容器的构成要素、关键的碳电极材料种类（微孔活性炭、介孔活性炭、碳纳米管、石墨烯及其复合结构）与性能进展，着重强调了碳电极材料的批量制备方法（基于斯列普炉、旋转炉与流化床的各种炭化与活化方法），以及电解液的种类与新型离子液体型电解液及离子液体复合型电解液的进展。同时描述了隔膜与集流体种类与进展，特别阐述了三维泡沫铝集流体的相关技术；在器件组装过程中，讨论了关键的电极材料到极片加工的复杂性与解决思路。最后讨论了电容器的各种储能应用（轨道交通、势能回收、电灯应用、电站储能应用等）。

本书的特点是加入了大量加工技术的工程要素与科学解决思路，有效地填补了纯学术著作与纯技术操作规程间的空白，从而在学术界与产业界之间架起有效的桥梁，促进该领域的高质量发展。

本书可供研究电化学应用的技术人员，高等院校电化学、材料相关专业师生阅读参考，还可供超级电容器研发和应用的人员参考。

图书在版编目（CIP）数据

超级电容器技术与储能应用 / 骞伟中等编著.

北京：化学工业出版社，2024. 11. -- ISBN 978-7-122-24443-7

Ⅰ. TM531

中国国家版本馆 CIP 数据核字第 20247JD981 号

责任编辑：袁海燕　　　　文字编辑：毛亚囡
责任校对：赵懿桐　　　　装帧设计：刘丽华

出版发行：化学工业出版社
　　　　　（北京市东城区青年湖南街 13 号　邮政编码 100011）
印　　装：三河市航远印刷有限公司
710mm×1000mm　1/16　印张 21　彩插 14　字数 281 千字
2025 年 1 月北京第 1 版第 1 次印刷

购书咨询：010-64518888　　售后服务：010-64518899
网　　址：http://www.cip.com.cn
凡购买本书，如有缺损质量问题，本社销售中心负责调换。

定　　价：158.00 元　　　　　　　　版权所有　违者必究

21 世纪，国际制造业的飞速发展带动了巨大的能源需求与储能需求，也面临着总体碳排放与环境压力。太阳能的转化与电化学清洁储能成为了一种非常重要的可持续发展模式。新能源产业的发展，包括清洁电源储能与区域供应、纯电动交通、过程节能减排等关键环节，目前以二次电池（锂离子电池为主）、超级电容器、氢燃料电池三大核心产品为主要脉络，并衍生扩散出巨大的应用网络。近期又与物联网、车联网形成了新的融通互动，显示出勃勃生机与巨大机遇，成为我国"十一五"以来国家产业政策积极推动与倡导的方向。这与美国在新能源电动车的发展、日本电池企业的发展、欧洲对于碳减排的绿色产业的巨大政策扶持有异曲同工之妙。

长期以来，超级电容器主要用在需要高功率密度、长服役寿命的场景。但最近的复合储能需求带动了能量型超级电容器的研发与应用，从而在公共交通、工业电路应用和清洁能源储存与节能降耗方面发挥越来越重要的作用。兆瓦级双电层电容器储能系统及兆瓦级电池型电容器储能系统的出现是行业的一个新现象，使得总结行业进展更加必要。而关键材料与关键技术（碳电极、电解液、集流体与器件架构技术）的发展，为这些应用提供了新的可能。比如，近 20 年来，SP^2 杂化的纳米碳的研发与逐渐量产，在传统 SP^3 杂化的活性炭研究体系上增添了无穷活力，碳纳米管、石墨烯、介孔炭的相关器件逐渐接近了商业应用层次。而在碳电极材料的批量制备技术环节，流化床中水蒸气活化与 CO_2 活化技术的发展，则为大批量、连续化生产一致性高的电极材料提供了新的机遇。化学合成技术进展与结构理解方面的进展，则为电解液的合成与复配方面带来了新机遇。纯离子液体电解液的成本虽然还比较高，但由于其不挥发、不着火的特点，赋予了双电层电容器本征安全特征，这在大规模储能应用双电层电容器的安全间距与消防方面显著节省了占地并提高了安全性，同时也为楼宇等封闭空间中的使用提供了本征安全。显然，这在碳中和时代将成为显著的科学与工程应用增长点。另外，多种沉积技术、模板技术与热处理技术的综合应用使三维金属集流体的制造技术发生了重大革新，既带来电极性能的巨大提升，也让人看到了传统箔体极片生产线之外的希望与契机。比如，三维金属集流体可以显著促进电池型电容器的正极材料（如磷酸铁锂、磷酸铁锰锂等）的快速与完全充放电性能。同时，世界整体科技（特别是基础研究与仪器技术）的进步，为电子传导与离子扩散机制的深刻理解和界面及亚纳米的结构表征提供了支撑。其他电化学储能领域（如电池技术与产业）的进度与融合也为超级电容器行业的应用拓宽提供了借鉴。

《超级电容器技术与储能应用》在前人工作的基础上总结了行业与本团队（清华大学-鄂尔多斯实验室团队）的技术研究内容，并在中国超级电容产业联盟及众会员单位的帮助下丰富了应用案例，既涵盖了最经典的原理、测试方法，又概括了最新技术进展。本书既适合于初学者与从业者理解原理，也为资深研究人员使用中的技术环节，以及技术发展及应用的重要动向提供了参考。本书共分为8章，前3章综述了超级电容器发展脉络、原理与器件分类、分析测试技术及进展，勾勒出该领域内五大类产品品种的基本架构与测试体系。后5章则针对关键的电极材料技术、电解液技术、集流体技术、器件加工与性能及储能应用案例，系统地阐述了活性炭、碳纳米材料等从电容应用角度的制备方法、性能及其优缺点，建立了材料储电性能、加工性能及与器件性能的关联。本书着重阐述了高电压电解液-离子液体的技术进展与改性方向；阐述了泡沫集流体技术创新，引发极片结构革新，解决先进碳材料加工瓶颈，形成了高性能器件的一体化研究思路；全面讨论电极材料体系结构与性能的关系，形成了技术传承与创新及产业衔接的合理脉络。

本书编写分工如下：

第1章由骞伟中、崔超婕、魏飞编写。

第2章由谢青、骞伟中与中国超级电容产业联盟技术与学术研究委员会（阮殿波、邱介山等）编写。

第3章由崔超婕、魏飞、骞伟中、李博凡、呼日勒朝克图编写。

第4章由骞伟中、崔超婕、汪剑、魏少鑫编写。

第5章由骞伟中、孔垂岩、田佳瑞编写。

第6章由杨周飞、骞伟中、张抒婷、魏少鑫编写。

第7章由骞伟中、余云涛、郑超编写。

第8章由骞伟中、鄂尔多斯实验室团队及中国超级电容产业联盟产业促进委员会（陈胜军、黄浩宇、张刚、安仲勋等）编写。

附录由叶珍珍、董卓娅与中国超级电容产业联盟标准与知识产权委员会（曹高萍、高波、徐斌等）编写。

由于编著者是从跨学科的角度来看待技术发展路径的，看法多属一家之言，且该领域范畴广博，本书编写时难以做到面面俱到，敬请同行批评指正。

最后，在近20年的研发过程中，本课题组获得国家与政府项目（国家纳米重点专项计划、国家重点研发计划、国家863重点计划、国家自然科学重点基金、面上基金、青年基金与博士后基金）、省级重点项目（北京市科技计划、鄂尔多斯实验室项目）、企业合作（中天科技、华电电科院等）等的经费支持与资助，在此一并表示感谢。

骞伟中

2024年5月

目录

第 7 章
电容器极片及器件
技术
215 ——————

第1章
绪论

　　超级电容器是一种基于电化学原理的储能器件。其核心是"电容器"，起源于最早期的金属平板电容器结构，有正负极之分，且以阴阳离子间的电势差为作用机制。"超级"二字，则说明了其能量充储量之大，远在传统的金属平板电容之上。欲实现"超级"二字，则主要依赖于材料的变化。在电解液与多孔材料的体系中，多孔材料提供了比金属平板大得多的界面，由电解液提供足够多的离子。

　　从定量的角度来看，一个器件充储的能量，也从皮法（法，即法拉）、微法跃升到了法、千法及万法的层次。这显然是由于应用的需求拉动的。事实上，皮法与微法级的能量充储，主要面向极短时间的应用（如电子类调频调幅的功率型器件）。然而，当器件的能量达到法拉级时，就可以给一个小型照明器件较长时间的供能。而千法级别的器件，则可以胜任机动车在刹车回收能量时的应用。而以千法级器件组成的模组，则可以作为主力电源，驱动一辆公交车或轻轨观光车行驶数千米。值得指出的是，随着新能源（风电、光伏等）的不稳定性电能并网量的提高，电网的一次与二次调频功能要求加大，则是最先进性能的超级电容器集成的系统服务于海量电量的案例。

　　上述超级电容器的应用需求与发展历程充分体现了人类各种技术革命中的需求，而人类的生存繁衍与发展总是与能量的利用与存储分不开的。人类技术所到之处，无不摧枯拉朽般，急剧地改变着环境及自身。超级电容器的技术发展，也无时无刻不透露出这种技术的牵引能力。在早已完成工业革命的人类社会，面临 21 世纪可持续发展的进程中，提出的一个大命题是如何更好地利用太阳能，把太阳能变为电能，然后实现电能制造、分配及高效利用与充储，这就是碳中和时代的"零碳电力"与"传统工业流程重塑或再造"过程的最大使命。而其中，总结以及进一步发展超级电容器技术及实现储能应用，贡献力所能及的力量，就是本书的初衷。

为达成这一使命，显然依赖于科学的理解与技术的发展。首先，基于金属平板电容的双电层电容机制是一切电容器遵循的基本原理。但是在能够具有巨大界面的材料的选择，以及电解液的选择方面，人类发现，材料的电阻、界面、结构，以及离子传导导致的电子传导，都与金属平板电容显著不同。因此，结合界面特性的储能机制也一直在改进之中。物理模型给予了最简洁的描述，但实际材料赋予了界面无穷的丰富特性。比如，活性炭、分子筛、聚氨酯泡沫都由"内凹"结构的孔构成，碳纳米管、石墨烯的单体材料则显示了"外凸"结构的界面特征，而有意思的是，当把碳纳米管、石墨烯聚集体密实化后生成的堆积孔，又体现了"内凹"结构特性（图 1.1）。将利用新型结构材料的电容模型包含在本书中，显然对于理解与发展新型材料的电容有促进作用。

然而，只要是基于双电层电容机制的纯物理吸附、脱附的离子运动特征，该电容器就是放热量极小的、具有快速响应特性且具有超长寿命的超级电容。随着时代的发展，人类逐渐发现有些快速的表面反应也能够提供类似的电容特性，这就是赝电容机制的基础。与双电层电容机制中的离子吸附与脱附速率相比，离子在氧化还原反应类电池材料中，发生的是变价的晶格嵌入与迁出过程，其迁移速率是比较小的。但是，当材料纳米化后，这类原本缓慢进行的体相的氧化还原反应也具有了快速反应的可能，则显著地模糊了与赝电容的区别，而又提供了原来双电层电容无法匹及的能量。将这些机制的描述与理解包含在本书中，则显然

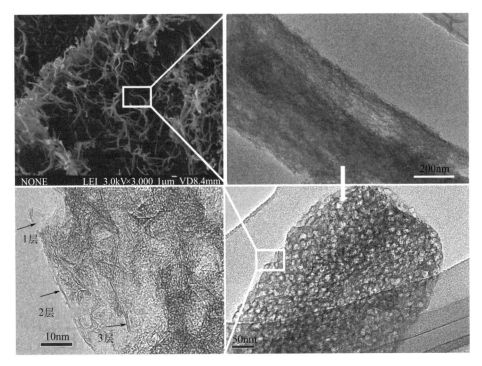

图 1.1　二维石墨烯自组装形成三维结构，具备"内凹"结构的孔

更加契合"储能应用"这个主题。

　　考虑到超级电容器技术的发展越来越多样化，市场越来越壮大，我国率先在世界上成立了首个国家级别的中国超级电容产业联盟，目前拥有近 200 家会员单位。根据发展要求，联盟定义了电池型电容。这样，本书从具有"超级储能能力"的电容器分类上就包括了双电层电容器、赝电容器、锂离子电容器、混合型电容器与电池型电容器，极大地丰富了超级电容器的内涵并拓展了其边界。

　　而识别一个器件是典型的电容器还是典型的电池，或二者的混合型器件，则必须理解超级电容器的分析测试方法，同时这些方法也是衡量与评价各种材料性能的基础。分析测试方法的熟练掌握、使用乃至发展是非常复杂的，特别是对于超级电容器的研究者（来自不同的学科领域）与制造者，是非常必要的。比如，一个材料的性能如何评价，一个器件的性能如何准确计算，并不是容易厘清的事情。如何从分析测试曲线或谱图上理解材料的特性或器件的特性，是一切改进或革新的依据。而针对新材料，发展更加适当的方法或简化原来的方法则更是必要的。同时，从行业标准的角度，一整套综合、规范、简洁而便宜的方法，更加必要。这也恰恰是研究者的短板，大家常常只顾及个别性能，却忽视了典型的器件"木桶短板效应"。显然，这在大多数时候阻碍了材料科学向材料工程顺利转变的进程。

另外，从材料的角度理解这些电容器的分类是非常重要的，毕竟材料是器件中最重要的、贡献能量的活性物质。显然，双电层电容器（EDLC）是正负极对称的超级电容器，主要以提供巨大比表面积、具有导电性的碳材料为主。但由于正负极对称，器件的电容值最多只有材料电容值的一半乃至更低。而锂离子电容器，其正极与双电层电容器相同，而负极则使用能量大得多的电池负极，器件可以完全发挥出正极材料的电容值。赝电容材料则广泛得多，只要是贡献快速表面反应的材料均可行，只不过目前这类效应被限制在较低的工作电压窗口中。混合型电容器与电池型电容器则是在正负极中具有了上述几种材料与电池材料的组合特性（图 1.2），种类多到数不过来。然而，从材料的角度来看，发展极致的双电层电容的碳材料，发展极致的赝电容材料，发展极致的

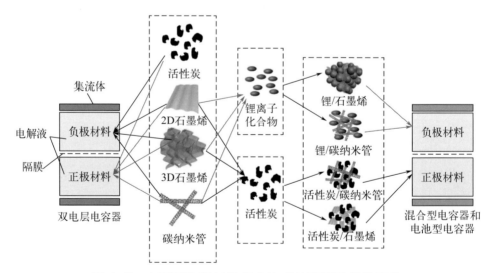

图 1.2 由不同电极材料组合构成的不同种类的器件

电池材料，才有可能为其组合提供更多、更佳的选择。本书将主要集中讨论各类碳材料的制备技术与性能。即使这样，并不意味着文献上各种组合的双电层电容、赝电容与电池材料都能迅速找到应用途径。其产业阻碍之一就是上述材料产品的一致性与低成本的生产。而另一个瓶颈则在于商业化材料都要求有高纯度，显然，当把多种材料结合在一起时，其纯化方法与程序异常复杂及成本高昂，且尚无成熟的检测标准可循。反过来，对于这些产业化瓶颈的理解，也有利于调整研发思路，发展出新的商业化电极材料。

另外，只有电极材料，没有电解液，液态超级电容器是无法工作的。同时，在使用高的化学稳定性与优异导电性的碳材料时，电解液的电压窗口与离子传输特性成为了制约器件性能的瓶颈。由于器件的储能特性（能量密度）与工作电压呈平方关系，操作电压的贡献就超过了电极材料的容量贡献（图 1.3），因此深入理解电解液的种类、电压窗口及匹配使用的电极材料是拓展新体系的关键，也是拓展应用领域与抢占市场的关键。本书将总结传统的水系电解液与有机电解液，也将着重介绍具有更高窗口电压、更高安全性的离子液体型电解液。

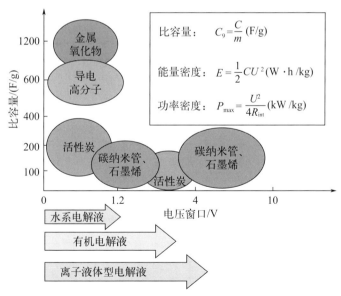

图 1.3 不同电解液对应的电压窗口及不同材料的比容量

然而，一种事物不可能具有所有的优点。离子液体虽然具有更高的窗口电压，但对应的熔点更高、黏度更大，既不利于离子的快速传输（给予可接受的功率性能），也不利于低温场景下的应用。本书将着重介绍降低离子液体的熔点、改善其低温特性、提高其离子电导率三方面的技术进展。

优异性能的电极材料与电解液都可能带来潜在的技术革新，但器件性能的发挥，还依赖于器件架构与诸多材料特性的配合或妥协。同时，材料结构的差异也会影响其极片与器件加工的特性。在极片与器件加工方面，由于离子在材料界面集聚的电势差，离子必须通过集流体才能顺利地变为电流，实现储能或做功。因此，电极材料的结构与集流体的结构是密不可分的。本书将在两章中分别论述平面结构的集流体（箔材）与三维结构的集流体（多孔泡沫体）的制备技术，以及基于它们的加工方式。值得一提的是，这部分内容在传统上被材料科学家所忽视，会导致走弯路。所幸，当材料与电解液的技术攻关快被穷尽时，科学家而非企业界也把注意力转移到了器件的整体结构上来。这显然可以通过极片结构、器件结构的确定，结构模拟，原位检测来为工业界提供参考，以期快速摆脱"state-of-art"（依赖于非普适性的个体经验与技能）的局面。另外，科学家理解器件加工工程也是非常重要的。一个浅显的事实是，在电化学储能行业，无论电池或电容器，高校与科研院所的设备比起最先进的产线设备，从能力与精度（或许也是价格与空间的关系）方面来说都是不及的。比如，工业上的辊压机，可以提供160t的压力，比高校及科研院所的实验室小型辊压的压力高得多。这就可能导致在实验室中可以形成极片的材料，到工业上一试，或许就完全粉碎了。又比如，这么大的辊压，既是提高压实密度，以提高器件能量密度的需求，同时也是减小极片接触电阻的需求。因为极片电阻越大，焦耳热越大，器件中的各种材料就容易被分解，器件的循环寿命与安全性就不易过关。显然，这种鸿沟容易给科学家开发技术带来盲点，从而不利于科研方面的精准认识与调整。把这些分享给同仁们，也是本书作者的初衷之一。同时，这也暗示，高校、科研院所与企业界密切合作，实现优势互补是非常重要的。

另外，由于工业设备定型化且不易改进，从材料开发的角度预判一个材料的使用历程，需要考虑其与工业的融合程度。本书意在以石墨烯为代表，来讨论一下发展路线图的命题（图1.4）。

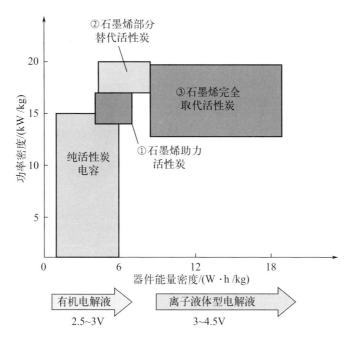

图1.4 石墨烯用于双电层电容器的路线预想图

最后，本书将着重介绍超级电容器的储能应用，因为这既是图书内容完整性的必要，也是超级电容器领域发展最活跃的一块。事实上，如果不是我国近十年的努力，欧洲的科学家与工程师们是不敢想象超级电容器可以作为公交车或轻轨的主力电源的。同时，我国物流的巨大发展有目共睹。而在仓库中分发各类货物的车辆，全部可以用超级电容器驱动。一个仓库里众多的搬运车在昼夜不停地繁忙工作，如果亲眼所见，一定会为之震惊。当然，追求能量的应用从来不与追求功率的应用相悖，相反，许多领域都是二者兼顾的应用。比如激光武器的瞬时应用，就是极致的高能量密度与高功率密度的同时要求。另外，当一个纯功率器件逐渐化身为一个可以担当纯能量利用的器件时，其间一定存在着许多中间的应用形式。本书力所能及地收集了相关案例（图1.5）。同时相信，应用需求的多样性，反过来又成为设计与开发不同性能器件的动力。

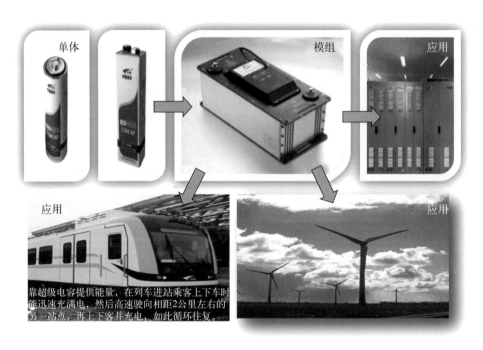

图1.5 超级电容器单体、模组及部分应用场景

最后，要感谢国际科学界的努力，以及中国市场的实践，超级电容产业才能越来越庞大。超级电容器在许多细分的行业出现井喷式发展，也是由其寿命长、使用周期长、全生命周期内的性价比最优、能耗更低的优点决定的。同时，许多电子类、汽车类器件的应用，虽然是功率器件，但由于其空间要求更加关键，在新时代也具备了高的体积能量密度需求。因此，本书也将介绍功率性应用与长寿命应用。相信这些使用特性的进一步融合与认识，将会创造出更多的应用，从而造福于人类。

参考文献

［1］（法国）Francois B，Elzbieta F．超级电容器：材料、系统及应用［M］．张治安，等译．北京：机械工业出版社，2014：7．

［2］张浩，翟佳羽，张兵，等．化学电源的前世今生［N］．解放军报，2014-02-20(007)．

［3］陈雪丹，陈硕翼，乔志军，等．超级电容器的应用［J］．储能科学与技术，2016，5(6)：800-806．

［4］Miller J R．Valuing reversible energy storage［J］．Science，2012，335(6074)：1312-1313．

［5］宋维力，范丽珍．超级电容器研究进展：从电极材料到储能器件［J］．储能科学与技术，2016，5(6)：788-799．

［6］Peplow M．Graphene booms in factories but lacks a killer app［J］．Nature，2015，522(7556)：268-269．

［7］Miller J R，Outlaw R A，Holloway B C．Graphene double-layer capacitor with ac line-filtering performance［J］．Science，2010，329(5999)：1637-1639．

［8］Yang X W，Cheng C，Wang Y F，et al．Liquid-mediated dense integration of graphene materials for compact capacitive energy storage［J］．Science，2013，341(6145)：534-537．

［9］Cui C J，Qian W Z，Yu Y T，et al．Highly electroconductive mesoporous graphene nanofibers and their capacitance performance at 4V［J］．Journal of the American Chemical Society，2014，136(6)：2256-2259．

［10］Jacques C．China is now world leader in graphene and carbon nanotube research［R］．Lux Research Inc，2014．

［11］郑俊生，张新胜，李平，等．纳米碳纤维在化学电源中的应用［J］．电源技术，2011，35(08)：1028-1030．

［12］Simon P，Gogotsi Y．Materials for electrochemical capacitors［J］．Nature Materials，2008，7(11)，845-854．

［13］武长城，吴宝军，段建，等．电解质离子尺寸对超级电容器电化学性能的影响［J］．天津工业大学学报，2019，38(01)：39-44．

第**2**章
电容器储能机制及电容器

2.1 电容器结构及储能机制

所有的电容器都具有类似的结构，主要由电极、电解液、隔膜和集流体构成（图 2.1）。两个电极浸入电解液中，中间用离子渗透膜隔开

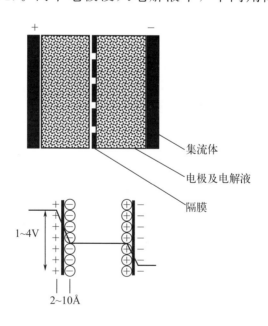

集流体

电极及电解液

隔膜

图 **2.1** 电容器的结构示意图（1Å = 0.1nm）

（防止电接触、短路）。其中，电极的作用是提供活性位界面，电解液提供可以移动的离子，在充放电条件下，在电极界面上吸附或脱附。隔膜存在于两电极间、起离子导通作用，但同时防止电子导通（双电层电容器短路）而存在的必要组件。集流体是连接电极与外引导线的部分，充电时负责把外部电流均匀快速地传递给电极材料，放电时，要把不同区域的电极材料释放的电汇集起来，输出到外部导线。常采用黏结或原位附着的方法，将电极材料与集流体紧密接触（或结合），起到高效传递电荷的作用。不同电容器类型中，电解液、隔膜与集流体大多可以通用，主要是电极材料不同。同时，对应的储能机制也可能不同。

2.1.1 双电层电容机制

双电层概念是在 19 世纪由冯·亥姆霍兹（Von Helmholtz）研究胶体悬浮液现象时提出的。Helmholtz 双电层模型（图 2.1）阐述了在电极-电解液界面会形成相互间距为一个原子尺寸的两种带相反电性的电荷层。充电时，电解液中阴离子和阳离子分别向正极和负极方向移动，在电极-电解液的界面形成两个双电层。离子的分离也导致器件中存在

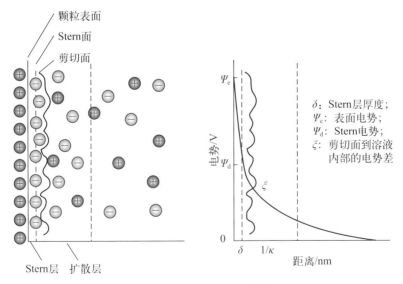

图 2.2 Stern 双电层模型

电位差。这个模型易理解且有较大适用性，一直被科学界与工程界沿用。20 世纪初，该模型还被扩展到了金属电极表面。

进一步，斯特恩（Stern）将 Helmholtz 模型和 Couy-Chapman 模型结合，发现在电极-电解液界面存在两个离子分布区域：一个内部区域的紧密层（Stern 层）和一个扩散层（图 2.2）。在紧密层中，离子（溶剂化质子）强烈吸附在电极上；在扩散层中，电解质离子（阳离子和阴离子）因热运动在溶液中形成连续分布。该模型有效指导了电极材料的界面结构与扩散通道的设计。

2.1.2 赝电容机制

赝电容，这类电容中材料的作用机制主要基于表面快速、可逆的氧化还原反应，与双电层电容的机制显著不同（"赝"是区别于静电电容而言的）。赝电容的电荷存储机制又可细分为：欠电位沉积、金属氧化物的氧化还原、插层/脱嵌以及导电聚合物的掺杂/去掺杂。

赝电容材料主要包括过渡金属氧化物（如 RuO_2、MnO_2、NiO 和 Co_3O_4 等）和导电聚合物［如聚苯胺（PANI）、聚吡咯（PPy）和聚噻吩（PTh）的衍生物等］。另外，双电层电容的电极材料（多孔炭）总会或多或少含有一定比例的杂原子（氧或者氮）及表面官能团，因此也会贡献部分赝电容。

在材料表面发生的、快速可逆的氧化还原反应，主要基于这些多价态材料在水系电解液中的变价行为。由于是化学反应，其容量远远超过了碳材料的双电层吸附-脱附机制带来的容量。比如，氧化钌（RuO_2）是优异的赝电容器电极材料，其比容量可达 1200F/g（基于材料）。

然而，由于金属氧化物本身导电性很差（需要负载在导电材料表面），在频繁的变价过程中，总是伴随着热量的产生以及晶体粒径的增大；金属氧化物与导电材料界面结合性变差的概率增大，导致其长时间操作的性能衰减。因此，改善赝电容器的长时间循环性能的举措变得非常重要。比如，在碳材料的孔中嵌入金属氧化物颗粒，既增强结构稳定性，又提高导电性。同样，构造法拉第金属氧化物电极匹配非法拉第碳电极的非对称电容器，将充放电状态和电压范围进行适当控制，能部分提高循环稳定性。另外，基于碳材料本体的修饰来提高赝电容的贡献也是重要的技术途径。二者追求的都是，保持传统双电层电容器的高功率和长循环寿命优势，同时又增加电容器的比容量，殊途同归。

当一个电容体系具有上述两种效应时，可以通过改变充放电速率来关联与区分双电层电容与赝电容的贡献。

2.1.3 氧化还原反应储能机制

除了双电层电容机制和赝电容机制，近年来与二次电池材料的结合，引入了氧化还原反应储能机制。

如图 2.3 所示，金属阳离子（如 Li^+、Na^+、K^+ 等）在正负极间脱嵌时存在氧化还原反应，实现能量存储。具体地，氧化还原材料在工作电位较低时用作负极，主要是用作电池负极材料的高价态金属氧化物，例如预嵌锂的石墨、$Li_4Ti_5O_{12}$、TiO_2、V_2O_5 等材料。氧化还原材料在工作电位较高时用作正极，多为低价态的金属氧化物或锂离子电池正极材料，例如 $LiMn_2O_4$、$LiFePO_4$、MnO_2 等材料。

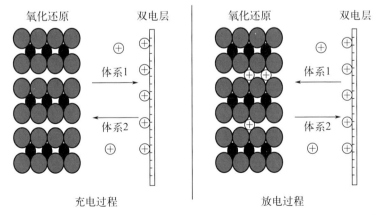

图 2.3 基于氧化还原反应储能机制的超级电容器充放电原理示意图

显然，与赝电容机制相比，这种氧化还原反应储能机制是针对材料体相的，而仅非表面。由于氧化还原反应涉及每个原子或电化学活性物质分子的 1~2 个价电子，其能量储量具有明显优势。但由于发生了电子的相间迁移，包含着材料结构的不可逆转换，因而器件的循环寿命一般在数千次内。同时，氧化还原过程受反应动力学限制，有时不能满足大功率输出的需求。

而基于双电层电容机制时，充电和放电过程仅通过静电场建立的物理过程来完成，没有化学反应和相变的发生，理论上是完全可逆的，因此器件具有近乎无限长的循环寿命。且可逆的物理过程仅发生在电极表面，使得电容器具有可快速充放电的特点。

2.2 超级电容器的分类

上述三种机制对应着多种材料，且在正负极之间可以有多种组合，形成了多种电容器器件。由于历史原因，超级电容器的命名与分类比较混乱。2016 年，中国超级电容产业联盟成立后，在梳理器件的分类标准与体系时，有如下分类建议。

2.2.1 双电层电容器

双电层电容器的特征是：几乎完全以双电层机制储能；其结构在于正负极相同，电极材料几乎全由碳电极材料构成。

1957 年，通用电气公司率先获得了双电层电容器的专利，主要技术要点是水系电解液中用多孔炭电极。1966 年，俄亥俄州标准石油公司的专利确认这些器件的本质是在电极和电解液的界面间储存能量。1971 年，日本电气公司（NEC）获得了该公司的电容器转让与许可证，后来发展并成功商业化了双电层电容器（用于内存储备）。目前，各种碳电极构成的双电层电容器在市场上占据 85% 以上的份额，是超级电容器的主流产品。

2.2.2 赝电容器

赝电容材料众多，在基础研究的文献中占比巨大。然而，目前赝电容器主要在水系电解液中工作，电压窗口较低。赝电容器构成模组时，总体能量密度不高，商业化应用的体系不多。比如，俄罗斯的公司是此方面技术的先驱者，我国上海等地的公司曾将赝电容器技术在公交车上应用。

2.2.3 锂离子电容器

锂离子超级电容器的正极为电容型材料（活性炭），负极为预嵌锂的电池型储锂材料（如石墨、硬炭、软炭或钛酸锂），电解液中含锂盐，以实现离子迁移。

充电时，电解液中的锂离子嵌入到负极（石墨）中发生可逆的锂的嵌入反应，而在正极（活性炭）则发生阴离子吸附在电极表面的过程形成双电层。放电时，负极中嵌入的部分锂离子从石墨片层中脱出，重新回到电解液当中，而正极表面吸附的阴离子则从活性炭中脱附，使整个体系的电荷守恒。

锂离子电容器的负极一般会预嵌过量的锂，炭负极和锂金属之间存在的电位差会促使锂离子不断嵌入炭负极中。这样，炭负极电位会降至 $0V$（vs. Li/Li^+），并且在放电时，负极仍保持在较低电位，使单体的最高工作电压由 $2.5V$ 提高至 $3.8\sim4.2V$。

2.2.4 混合型电容器

混合型超级电容器的一极通过双电层来储存能量，另一极则采用赝电容或者电池电极来储存和转化能量。由于其正负极的储能机理不同，所以兼具双电层电容和赝电容或者电池的特征，具有比双电层电容器能量密度大、比二次锂离子电池功率密度高的优点，寿命也介于二者之间。

表 2.1 列出了一极通过双电层储存能量、另一极通过赝电容电化学储存能量的混合型电容器。

表 2.1　混合型电容器

序号	器件型式	说明
1	活性炭/NiOOH 型；碳材料为负极，NiOOH 为正极；电容器能量密度约 5~8W·h/kg	1997 年，俄罗斯的 EMSA 公司推出牵引型 AC/NiOOH 超级电容器，其能量密度达 12W·h/kg，功率密度为 0.4kW/kg；启动型 C/NiOOH 超级电容器的能量密度为 3W·h/kg，功率密度为 1kW/kg。上海也曾有完全以 AC/NiOOH 超级电容器为动力的公交车运行
2	活性炭/RuO_2·H_2O 体系（电解液为 H_2SO_4）	器件能量密度可达 26.7W·h/kg。但钌昂贵且有毒，应用受限。3 个技术趋势为：制备高比表面积的 RuO_2（提高材料利用率），合成 RuO_2 与其他金属氧化物的复合材料（减少 RuO_2 的用量），寻找廉价金属氧化物替代品
3	活性炭/NiO 体系	正、负极活性物质的质量比为 1:3，工作电流密度为 200mA/g 时，比容量达 71.5F/g
4	活性炭/MnO_2 体系	基于膜层很薄的 MnO_2 的比容量可高达 698F/g，但由于 MnO_2 活性物质在器件中的绝对质量太低，基于器件质量的能量密度并不高
5	活性炭/Fe_3O_4 体系	以纳米 Fe_3O_4 和活性炭组成器件，工作电压可达 1.2V，电流密度为 0.5mA/cm^2 时，电容器的能量密度为 9.25W·h/kg
6	活性炭/PbO_2	以碳布（1000~2500m^2/g）作负极，以 $PbSO_4$-PbO_2 极化电极为正极，采用多孔聚合物隔膜和硫酸电解液，其能量密度达 18.5W·h/kg，使 AC/PbO 在极化电极模式下工作时，必须控制正负极容量匹配度，充放电电流不宜太高
7	活性炭/聚合物	导电聚合物型电容器可在 3.0~3.2V 下工作，弥补了过渡金属氧化物系列工作电压低的缺点。可用聚噻吩及其各种衍生物、聚苯胺、聚吡咯、聚对苯和聚并苯等材料

2.2.5 电池型电容器

参照中国超级电容产业联盟关于电池型超级电容器的定义：正极和/或负极中兼有双电层和氧化还原反应实现储能的超级电容器（该体系的电极材料分类请参见 2.1.3）。锂离子电池型电容器兼具双电层电容器的高功率和锂离子电池的高能量密度，是极具发展潜力的一类器件。目前开发中的超级电容器类型及部分电化学性能对比见表 2.2。

表 2.2　典型类型的超级电容器及部分电化学性能

电极材料	工作电位 (vs. Li$^+$/Li) / V	相关实例	电化学性能
AC	0.8～4.0	AC ‖ 0.5mol/L Na$_2$SO$_4$ ‖ AC	$U=1.6$V 时，$C=135$F/g
石墨/焦炭	0～0.1	AC ‖ LiPF$_6$ ‖ 石墨	103.8W·h/kg
LiFePO$_4$	2.0～4.4	LiFePO$_4$ ‖ 羧甲基纤维素 ‖ AC	50℃时，$C=70$mA·h/g； 100℃时，$C=60$mA·h/g
LiMn$_2$O$_4$	3.6～4.4	Li$_2$Mn$_4$O$_9$ ‖ 2mol/L KNO$_3$ ‖ AC	100mA/g 时，$C_{max}=64$F/g； 1000mA/g 时，$C_{max}=47$F/g
LiCoO$_2$	3.0～4.0	LiCoO$_2$ ‖ 1mol/L Li$_2$SO$_4$ ‖ AC	$C=45.9$F/g
LiNi$_{1/3}$Co$_{1/3}$Mn$_{1/3}$O$_2$	2.0～4.0	LiNi$_{1/3}$Co$_{1/3}$Mn$_{1/3}$O$_2$ ‖ 1mol/L Li$_2$SO$_4$ ‖ AC	0～1.4V、100mA/g 时 $C_{max}=298$F/g
Li$_4$Ti$_5$O$_{12}$	1.55	纳米碳 ‖ LiBF$_4$ ‖ Li$_4$Ti$_5$O$_{12}$	$C=167$mA·h/g
MnO$_2$	0～1.0	MnO$_2$ ‖ 1mol/L Li$_2$SO$_4$ ‖ LiTi$_2$(PO$_4$)$_3$	0.7～1.9V 时，能量密度 为 47W·h/kg
LiTi$_2$(PO$_4$)$_3$	2.0～3.0	AC ‖ 1mol/L Li$_2$SO$_4$ ‖ LiTi$_2$(PO$_4$)$_3$	$C=30$mA·h/g
TiO$_2$	1.4～1.8	AC ‖ 1mol/L LiPF$_6$ ‖ TiO$_2$(B)	功率密度为 240～420W/kg

由于锂电池材料的容量大、堆积密度高，因此，电池型电容器的能

量密度可以远高于双电层电容器以及锂离子电容器，为众多应用提供了巨大的空间。但是，由于电池材料普遍具有功率特性不足的特点，以及氧化还原反应的热效应导致的各种不稳定性，其技术瓶颈在于，如何能够更加适用于超级电容器长寿命、快响应的需求。从研究方向上看，主要包括部分锂电池正极材料的纳米化和单晶化。同时，进一步增加锂电池正极材料的导电性。

另外，从快充型锂离子电池的技术瓶颈来看，其功率特性受制于负极。因此，功率性锂电池负极的发展对于电池型电容也非常关键。

2.3 电容器的性能评价与影响因素

电容器的性能指标主要包括比容量（F/kg）、能量密度（W·h/kg）和功率密度（W/kg），以及循环寿命。由于双电层电容器发展最早、最成熟，因此，以双电层电容器为例来讨论性能指标。

2.3.1 比容量

2.3.1.1 极片与器件的比容量关系

容量代表电容器容纳电荷的能力。其值与电容器极板面积和介电常数成正比，与两电极间的距离成反比。如下式所示：

$$C = \frac{\varepsilon A}{d}$$

式中，C 为容量；ε 为介电常数；A 为极板面积；d 为两电极间的距离。

在介电常数确定的情况下，要获得大容量必须增大极板表面积或减小介质层厚度。对于双电层电容器而言，其介质层厚度即为对峙的电荷层间距，其值极小。因而，提高极板面积，即提高电极材料的表面积，是进一步提高容量的关键。

实际测量过程中，先获得器件的容量，然后再计算得到其中材料的容量。对于对称型双电层电容器（两电极材料种类与质量均相同），由一个正极与一个负极构成的器件的容量与单电极容量的关系为：

$$1/C_{cell} = 1/C^+ + 1/C^-$$

式中，C^+ 和 C^- 分别为电容器正极和负极电容。

因此，两个极片的双电层电容器的电容值为单个电极电容的一半，即 $C_{cell} = C_e/2$，式中，$C_e = C^+ = C^-$。同理，多极片叠合的双电层电容器可按上述公式推导出其器件容量。对于锂离子电容器，其一极为双电层电容电极、另一极为锂电极时，锂电极的能量要大得多，因此，其器件能量将受限于双电层电容电极侧。对于两极片构成的锂离子电容器，其器件能量将比相同的极片构成的双电层电容器能量大一倍。

电极的比容量（质量比容量）C_e（F/g）计算如下：

$$C_e = \frac{2C_{cell}}{m_e}$$

式中，m_e 为单个电极活性物质的质量，g。相反地，将 C_e 除以 4，就能够得到整个单元组件（基于一个活性物质）的质量比容量。比容量也以标准比容量（单位面积的比容量）的形式报道，其定义为：

$$C(\mu F/cm^2) = \frac{C_e(F/g)}{SA(m^2/g)} \times 10^2$$

式中，SA 为活性电极材料的比表面积。通常，炭的比容量在 $10 \sim 30 \mu F/cm^2$。

目前科研文献中所述的单个碳电极的电容，既可能来源于电极与参比电极和对电极所组成的三电极测试系统，又可能来自于纽扣形电容的双电极测试系统。前者是偏高的。另外，只有器件尺寸变大时，才能降低各种不直接贡献能量的辅件的重量或体积占比。因此，基于器件讨论体积能量密度或质量能量密度更有意义。基于纽扣形电容时，则以讨论电极材料的特性与比容量为宜。

然而，实际电极的容量并不只是采用一个大的比表面积材料那样简单。根据双电层理论，在数学表达上，电极-电解质界面双电层的电容（C_{dl}）由紧密层电容（C_H）和扩散层电容（C_{diff}）两部分组成。C_H 和 C_{diff} 作为整个双电层电容 C_{dl} 的共轭元件（在单个电极上），其关系为：

$$1/C_{dl} = 1/C_H + 1/C_{diff}$$

因此，决定双电层电容的因素包括：电极材料（导体或者半导体）、电极面积、电极表面的可接触性、跨越电极的电场和电解液/溶剂的特性（即它们的界面、大小、电子对亲核性和偶极矩）。

2.3.1.2 材料结构与比容量的关系

实际使用的双电层电容器的电极材料多为高孔隙率、复杂表面的结构，因此，描述多孔表面的双电层行为非常繁杂。材料的孔可分为微孔与介孔（即介孔为 $2\sim50nm$，微孔小于 $2nm$），在微孔内的双电层的尺度与孔的有效宽度非常接近。孔隙中扩散层的扩展导致与相反表面的扩散层重叠，进而引起扩散层中离子的重新排列。当离子含量低时，这种在表面上的离子浓度再分布能力会加强。传统活性炭中的孔大都是刻蚀出来的凹形孔。在凹形孔中，电容效应取决于孔结构与不同的电解液的匹配。研究表明，1nm 以下孔的标准化电容值大于 $2\sim4nm$ 孔的标准化电容值。阴阳离子尺寸不同，所得标准化电容值也显著不同。当电极材料的孔径与尺寸相当且略大的电解质离子匹配时，可以呈现出最佳电容性能。

近来，碳纳米管、石墨烯、纳米洋葱碳（碳量子点）等新型材料的出现改变了大家的认识。这些材料可以没有孔，但仍然具有巨大的比表面积或界面，形貌以略微弯曲的"凸面"为主体，既能够高效吸附离子，同时由于没有扩散阻力，吸附或脱附效率大大提升。精密的测量表明，石墨烯的量子电容可达 $21\mu F/cm^2$，超越了以前的认识。为此，Huang 等基于密度泛函理论计算、实验数据的分析，以及通过引入适当的曲率条件，以考虑孔壁的曲率来计算电容。他们发现，对于明显的大孔（$>50nm$），其曲率并不明显，可以近似为平面，其电容完全可以利用传统的平板双电层电容器理论描述。然而，对于较小孔的曲率，其比容量的计算要考虑电极表面特性（孔径、比表面积）和电解质特性（浓度、离子大小和介电常数等）。通过假设这些介孔为圆柱形的，提出了一个模型。通过溶剂化的反离子进入孔中到达圆柱孔壁，使得吸附的离子在圆柱内表面排列以形成一个带电双层柱电容器（EDCC）。然而对于微孔而言，其孔的宽度无法容纳一个溶剂化的反离子，不会形成双层柱。因此，在柱状微孔内部，溶剂化离子（去溶剂化离子）排列形成单列的反离子，形成电线芯圆柱电容器（EWCC）。这个模型对各种各样的碳和电解液显示了良好的普适性，也解释了 1nm 微孔中电容器容量反常增加的原因。同时该解释暗含离子在其进入细微的孔隙之前，部分或者全部去溶剂化的前提。

综上所述，基于多孔材料的双电层电容器储能机制仍然是通过电荷分离的方式实现的。只不过，大比表面积的多孔材料（如活性炭、石墨烯等）创造了更多的界面，使得双电层电容器比传统的金属电容器的储存能量高好几个数量级。对于凸形孔或开放表面的大比表面积材料（石墨烯和碳纳米管），电极和电解液界面之间的双电层的厚度也较薄，贡献了更多的能量密度。比如，单壁碳纳米管（内径大于 0.5～0.6nm）的内外壁都可以用作界面。而多壁碳纳米管（可视作多层单壁碳纳米管的嵌套结构），其层间距（为 0.35～0.4nm）太小，无法容纳离子，不能贡献能量，降低了能量密度。不考虑器件组装时，单层石墨烯两面均可吸附离子，基于材料的比容量高达 550F/g。

2.3.2 功率密度

功率密度代表双电层电容器承受大电流的能力，是指单位质量或单位体积电容器所输出的功率。

考虑双电层电容器的功率时，需要考虑电容器的电势差和内部组件（集流体、电极、电解质和隔膜等）的电阻。

图 2.4(c) 是图 2.4(a)、(b) 描述的双电层电容器的一个简化的等

效 RC 电路。其中，C_+/C_- 和 R_{f+}/R_{f-} 分别为正极和负极的电容和法拉第阻抗，R_f 是整个元件放电产生的阻抗，R_s 是整个元件的等效串联电阻（ESR）。

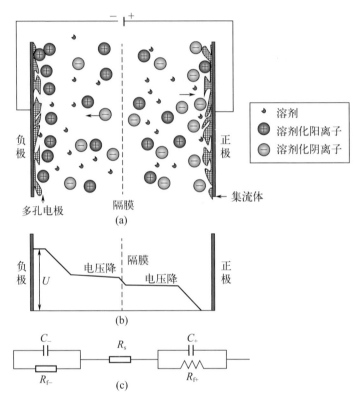

图 2.4 双电层电容器的一个简化的等效 RC 电路

可见，双电层电容器的整个性能主要取决于电极材料（决定器件的电容大小）与电解液（决定工作电压）。而影响器件内部电阻 ESR 的因素则比较多，包括：

① 电极材料本身的电子电阻；

② 活性电极材料和集流体间的界面电阻；

③ 离子进入小孔的离子（扩散）阻抗；

④ 离子通过隔膜的离子迁移电阻；

⑤ 离子在电解液中的迁移阻抗；

⑥ 高的内阻将限制电容器功率容量的大小，以及影响其最终的应用。

为了获得不同的性能（如更高的电压与容量），需要将多个电容器串联或并联。由于持续的过电压易导致电容器失效，因此当多个电容器串联时，通过每个电容器元件的电压不应超过单体的额定电压。当串联中单体的等效串联电阻差异大时（由质量控制问题或偶尔失效所致），整个模块就很容易失效。因此有必要引入一个单体的平衡系统，它用的是无源的旁路组件（或用一个有源的旁路电路），来控制通过单个单件的电流和电压。

双电层电容器的电势差主要取决于电解液的窗口电压。而等效串联电阻的存在会产生电压降，一定程度上影响双电层电容器在放电过程中的最大电势差，进而限制了电容器的最大功率。电容器的最大功率可表示为：

$$P_{max} = \frac{U^2}{4\mathrm{ESR}}$$

式中，P_{max} 为双电层电容器的最大功率；U 为电势差；ESR 为等效串联电阻。

影响器件的 ESR 的主要因素可归纳为三类：集流体、电极以及二者间的界面电阻；离子在电解液主体、通过隔膜的迁移阻抗，进入电极材料主体的离子扩散阻抗。因而，电极和电解液的电导率，以及电解液离子的扩散阻力是影响等效串联电阻的重要因素。

除双电层特性变化外，多孔材料的复杂网络结构限制了离子的传输。离子扩散往往是快速充放电的限制环节。这显示了能量特性（依赖于细孔炭的高孔隙率的比表面积）与功率特性（电解液在微孔中的极低扩散速率）的不可调和性。与金属平板电容器相比，多孔材料的双电层电容器的响应时间显著变缓。显然，电解质离子在双电层电容器（EDLC）的多孔网络中的迁移受多重因素的限制，包括有限尺寸的孔径、碳材料整体上比较曲折的传输路径与长度、孔口处的离子筛选/排斥效应，以及电解液的离子尺寸或黏度等。特别地，在孔径与离子尺寸接近时，去溶剂化过程耗时是显著因素。因此，充电时，多孔电极的所有表面不会同时被电解质吸附/浸润。同理，放电时，离子脱附的速率不同，也导致电容器的电量不会放尽。这种孔结构决定了充放电过程的动力学特性及功率特性。

De Levie 开发了描述电容在多孔电极中分布的模型。图 2.5 显示的是单个小孔的一小部分，小孔假定为圆柱体，而且电容分布表示成一个简化的等效电路，由并联 RC 电路组成（单个电阻器和电容器组合），也称为传输线模型（transmission line model，TLM）。R_s 代表溶液体（电解液）阻抗，双电层电容 C_{dl} 分布在孔壁表面。将沿着孔壁分布每个区域的界面电容（C_{dl}）串联是额外的电解液电阻 R_x，其与离子在孔中的运动有关。随着电解液向狭窄的孔的深处移动，R_x 受到孔壁和孔

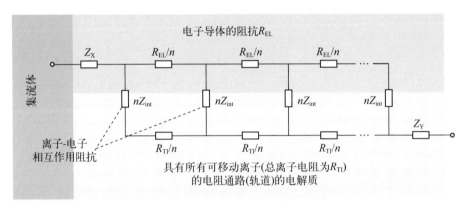

(a)

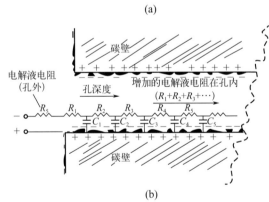

(b)

图 2.5 圆柱体孔和单个孔中的分布式电容的理想化模型（RC 回路）

［等效电路模型（传输线网络）描述了随着离子扩散距离的增加，电容网络阻抗增加的情形］

的几何形状相互作用而增强，反过来又影响材料的电容响应。因此，在靠近孔开口处形成储存电容，视作可由一条路径更短而电阻更小的路径而得到，由此引入了额外的电解液阻抗（$R_1 + R_2 + R_3 + \cdots$）。

显然，电荷的分布是非常复杂的，且响应时间也是复杂的，这种特性在高频时更加明显。当然，这种效应仍然属于物理吸附或脱附，因此，多孔炭的电化学电容器的响应速率一般还是小于几十秒或小于几分钟，远低于电池的响应时间。当然，不同的设计（选择不同结构的炭与电解液）会得到响应时间不同的电化学电容器。

由于快速的电荷弛豫，对多孔炭电极中的离子动力学的实验研究难度很大。Simon 等利用空腔微电极技术对不同浓度电解液中不同孔径的多孔炭电极的充电动力学进行了实验研究，观察到了电解质的损耗，证明低浓度、高过电位和小的孔径会引发电解质耗尽，从而降低充电动力学。他们提出，电解质耗尽时多孔炭充电过程如图 2.6 所示。在开路电位（OCP）状态下，电解质中不存在离子浓度梯度。在施加电位差时，孔隙的外表面或孔口会优先充电（相比于在内部多孔网络）。在发生电

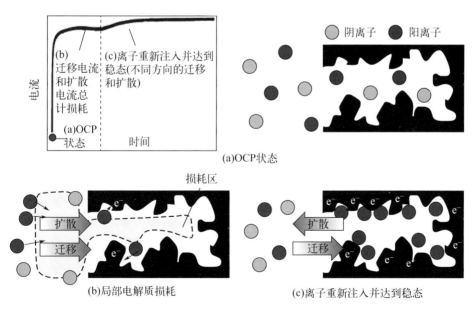

图 2.6 离子在多孔炭孔口扩散的不同状态

解质耗尽的情况下，这可能是由较高的施加电势、较低的电解质浓度或较小的平均孔径（离子传输的限制）触发的。因而，引发亚纳米孔内部和外表面上的电解质耗尽。然后，在电极附近形成传质膜并向孔内延伸，在"停滞扩散层（SDL）"中存在离子扩散和离子迁移共同作用，促进了电荷的积累。同时，耗尽区内有限的离子传输的电荷存储过程会有更长的时间延长，从而可达到双电层电容器（EDLC）的稳定充电状态。其中离子向带电的炭表面迁移，离子扩散从炭表面开始并延伸到电解液，它们在充电稳态结束时达到动态平衡。但是，一般情况下，电解质浓度高、电位偏压小和/或孔径大的情况下，不会发生电解质耗尽现象。极化导致离子吸附过程，会在孔内和外表面附近的溶液中形成离子浓度和电位梯度。

2.3.3 能量密度

能量密度代表双电层电容器可储存能量的多少，通常是指单位质量或单位体积电容器所存储的能量，或单位质量电极材料所提供的能量。

$$E = \frac{1}{2} C_{cell} U^2$$

式中，E 为双电层电容器储存的能量；C_{cell} 为双电层电容器整个组件的容量；U 为电势差。

从上述公式可知，能量与整个单元组件的容量成正比，与电势差呈平方关系。电容器的电势差主要取决于电解液的窗口电压，而容量主要受电极材料表面积的影响。因此，针对性地提高电势差与材料的容量，是提高双电层电容器能量密度的有效方法。

2.3.4 电容器的循环寿命

双电层电容器经历一次充放电过程称为一个循环。循环寿命代表了其可长期稳定工作的能力。由于双电层电容器的物理储能机理，其循环寿命通常可达 10^6 次以上。然而，当体系中存在杂质〔主要是指表面官能团（通常以氧、氮形式存在）和金属杂质〕时，易发生法拉第反应，虽可提供额外的赝电容，但长周期运行会出现分解电解液、生成气体等问题，严重影响双电层电容器的稳定性和安全性。

另外，实际测量一个双电层电容器的循环寿命是很难的。在现实工况使用中，双电层电容器可以使用 15 年以上。因此，有必要采用高温加速老化的方法来进行测定。考虑到双电层电容器中电极材料（炭）比电解液更加稳定，因此，高温加速老法方法实际测定的是在一定电压与温度下，由于电解液分解导致的内阻上升与容量下降趋势。目前，针对广泛使用的有机电解液基的双电层电容器（2.7V）已经建立起 65℃、1500h 的老化测试标准（1500h 后，相对容量须高于 80%，相对内阻增加值须小于 4 倍初始值）。然而，由于水系电解液基电容器（1.0V）与离子液体基电容器（3V）的运行经验很少，并没有成熟的高温加速老化标准可以参照。同时，提高温度与提高电压都导致电解液的分解速率非线性增加，因此制定相关标准充满挑战。

除了上述双电层电容器的规律以外，对近期出现的新型器件规律讨论如下。

2.3.5 混合型电容器与电池型电容器的容量、功率密度及能量密度

由于混合型电容器与电池型电容器使用了含锂材料，氧化还原反应的充放电特性与物理吸附、脱附的双电层机制有巨大差异，因此呈现相对较低的功率密度，但大得多的能量密度。功率密度与能量密度的影响因素与 2.3.2、2.3.3 相近。器件的容量既可以用 F（法拉）表示，也可以用 A·h（安·时）表示。

2.3.6 混合型电容器与电池型电容器的循环寿命

由于含锂的氧化还原反应产生大量的热量，因此，这些器件会有电解液加速分解的风险。

锂离子在正负极的迁移具有不可逆性。同时，负极还易产生锂枝晶，导致电池短路。

由于上述因素的影响，与双电层电容器相比，混合型电容器与电池型电容器的循环寿命会迅速下降，一般循环次数在 1 万～5 万次之间。但即使这样，其循环寿命仍然高于纯锂离子电池。反过来，可以视作加入电容材料，适当延长了锂离子电池的循环寿命。

参考文献

[1] （法）Francois B，Elzbieta F. 超级电容器：材料、系统及应用 [M]. 张治安，等译. 北京：机械工业出版社，2014：7.

[2] Jha N，Ramesh P，Bekyarova E，et al. High energy density supercapacitor based on a hybrid carbon nanotube‐reduced graphite oxide architecture [J]. Advanced Energy Materials，2012，2(4)：438-444.

[3] 杨裕生，徐乐乐，余荣彬，等. 一种高比电容量硬碳微球的制备方法：CN110668418A [P]. 2020-01-10.

[4] 张文峰，明海，张浩，等. 一种高比表面积活性炭微球的制备方法：CN109354018A [P]. 2019-02-19.

[5] 王森，郑双好，吴忠帅，等. 石墨烯基平面微型超级电容器的研究进展 [J]. 中国科学：化学，2016，46(08)：732-744.

[6] 梁骥，闻雷，成会明，等. 碳材料在电化学储能中的应用 [J]. 电化学，2015，21(06)：505-517.

[7] 李莉香，李峰，英哲，等. 纳米碳管/聚合物功能复合材料 [J]. 新型炭材料，2003，18(01)：69-74.

[8] 黄士飞，帖炟，佟琦，等. 基于超级电容的混合储能器件研究现状及展望 [J]. 自然杂志，2017，39(04)：265-282.

[9] 米红宇，张校刚，吕新美，等. 碳纳米管的功能化及其电化学性能 [J]. 无机化学学报，2007(01)：159-163.

[10] 郝亮，朱佳佳，张校刚，等. 电化学储能材料与技术研究进展 [J]. 南京航空航天大学学报，2015，47(05)：650-658.

[11] Jurewicz K，Delpeux S，Bertagna V，et al. Supercapacitors from nanotubes/polypyrrole composites [J]. Chemical Physics Letters，2001，347(1)，36-40.

[12] Yan J，Fan Z J，Wei T，et al. Fast and reversible surface redox reaction of graphene-MnO_2 composites as supercapacitor electrodes [J]. Carbon，2010，48(13)：3825-3833.

[13] Yan J，Wei T，Shao B，et al. Preparation of a graphene nanosheet/polyaniline composite with high specific capacitance [J]. Carbon，2010，48(2)：487-493.

[14] Moškon J，Gaberšček M. Transmission line models for evaluation of impedance response of

insertion battery electrodes and cells［J］. Journal of Power Sources Advances，2021，7：100047.

［15］de Levie R. Advances in Electrochemistry and Elec-trochemical Engineering（Vol. 6）［M］. Wiley-Interscience，New York，1967，329-397.

［16］Ge K K，Shao H，Taberna P L，et al. Understanding ion charging dynamics in nanoporous carbons for electrochemical double layer capacitor applications［J］. ACS Energy Letters，2023，8(6)：2738-2745.

第**3**章
碳电极材料种类与基础性能

超级电容器的主要结构由电极、电解液、隔膜、引线等组成。在已经商业化了的双电层电容器中,活性物质(活性炭)占总成本的$30\%\sim60\%$,是影响器件成本的最主要因素。

对于目前主流的双电层电容器来说,其储能机制是电极/电解液界面的离子可逆物理吸附/脱附。因此,提供大的界面、具有导电性、具有操作电压的稳定性(自身不分解,也不导致电解液分解)等性能成为了材料选择的关键。显然,除了金属外,碳材料具有导电性,又具有化学惰性,是成为主流电极材料的最关键因素。对于双电层电容器的正负极、锂离子电容器及混合型电容器的正极来说,其电极材料主要是大比表面积的碳材料,包括活性炭(AC)、碳纳米管(CNT)、石墨烯、碳气凝胶等。对于电池型电容器来说,正极可以添加上述碳材料,而负极则可以是软硬炭,如石墨、中间相炭微球等。

同时,电容器作为一个器件,在通用市场,以性价比(储电成本)为最重要的评价指标;在特殊市场,以某一最尖端的特性(如超高功率、超高温、超低温、超安全等)作为评价导向。事实上,这些评价指标对于碳材料从结构、功能上有了明确要求与限制。同时,也对综合的由材料到产品的制造工艺(受行业标准约束)最终能否占领市场提出了要求。

总的来说，电容器对电极材料的要求包括：

（1）储电与导电特性

    a. 孔特性（比表面积、孔容、孔径分布）；

    b. 导电特性。

（2）离子传输特性

    a. 孔特性（孔结构、孔径分布）；

    b. 表面亲水亲油性。

（3）装配特性

    a. 初始密度；

    b. 压实密度。

（4）稳定特性

    a. 纯度（灰分含量，金属杂质含量，水、氧、官能团及卤素含量）；

    b. 微观结构稳定性。

不同工艺路线的最终形成，都是自觉或不自觉地围绕着这些目标去进行优化的。本书将着重介绍关键的碳材料的制备方法分类、结构与电容性能的关系，以及规模化制备进度及电容市场应用的成熟度。对于电池型电容器的正极，其属于电池材料，已经由电池行业的标准与要求进行了规范、限制，以及提出了路线图，不在本书范围内。

3.1 活性炭

微孔活性炭是一类具有悠久发展历史、具有巨大比表面积的碳材料，也是目前商业上使用最广泛的电容碳电极材料。活性炭具有丰富的孔，从而是一切气体、液体的良好的吸附材料。相对而言，用于电容电极材料的活性炭，由于需要多种性质兼备，是活性炭中的高端产品。

对于电容器的使用来说，一种是能量型电容器，需要储能数值高的活性炭，常需要比表面积巨大的微孔活性炭；另一种是功率型电容器，需要离子传输快速的特性，因此，需要提高电极材料中的介孔比例，需要介孔类活性炭。因此，分以下两类进行介绍。

3.1.1 微孔活性炭

微孔活性炭的特征是以 $0.5\sim1nm$ 的微孔为主，比表面积常大于 $1000\sim1500m^2/g$。这样的活性炭目前被广泛用于有机电解液与水系电解液的双电层电容器中。水系电解液中的离子（如 K^+、OH^-、H^+、SO_4^{2-}）大小常小于 $0.5nm$，有机电解液中的离子〔如 BF_4^-、PF_6^-、$(C_2H_5)_4N^+$〕大小常大于 $0.5\sim0.7nm$，因此，活性炭的孔径与其具有良好的匹配关系，在施加电压时，阴阳离子定向排列到界面所扩散的距离也很短，因此具有很高的储能效率。

3.1.1.1 基于生物质原料的炭化与活化工艺

最早的活性炭类似于木炭，来源于植物的干馏。干馏的目的是将植物（主要元素组成为 C、H、O、N、S、P 及少量金属、金属氧化物杂质）中的挥发分去除，从而得到碳含量很高的产品，以便在室内清洁使用（不冒黑烟，不呛人）。究其实质，是有机物成分的逐渐分解与缩合的过程。当分解形成的 H_2O、CO_2、CO、CH_4、苯等分子不断从植物中释放时，剩下的炭骨架在高温下整形，形成了多孔的、具有较大比表面积的碳材料。因此，采用相似的原理，植物（如木材、果壳、秸秆、玉米芯、薯类等）、化石资源（如煤炭、石油焦），以及高分子材料（如塑料、树脂等）均可控制制备活性炭。

除了上述大分子进行热分解、活化造孔的方法，还可以把各种小分子有机化合物（葡萄糖）进行水热处理、脱水等反应，生成焦油状物质，在焦油中原位添加 KOH 等造孔剂，比固态原料更容易控制。这种方法也普遍适用于制备大比表面积的微孔活性炭。另外，活性炭的电导率较低且很难提高。对于液态有机原料来说，可将碳纳米管等高导电性物质加入，一起经过水热处理与 KOH 造孔活化后，形成碳纳米管嵌入活性炭体相中的独特结构。这种方法具有固体原料直接造孔达不到的技术效果(图3.1)。

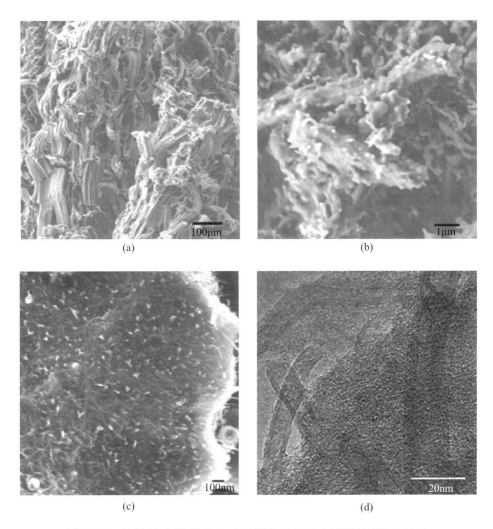

图 3.1 葡萄糖水热炭化-KOH 活化法及内嵌碳纳米管的结构

活性炭可用多种原料经 KOH、CO_2 等活化处理制得大比表面积、大容量的活性炭（以水系电解液评价），但 KOH 方法常导致电极炭的堆积密度降低，CO_2 活化得到的产品虽然孔容较小、比表面积较低（表3.1、图3.2），但具有较大的堆积密度和较高的体积电容值。

表 3.1　不同生物质原料利用 CO_2、KOH 活化的差异

生物质原料	CO_2 活化		KOH 活化	
	炭	比表面积/（m^2/g）	炭	比表面积/（m^2/g）
葡萄籽	SAC	819	SAK	1512
	SHAC	950	SHAK	1791
	SA900C	825	SA900K	1351
	SHA900C	965	SHA900K	1117
	SA927C	994	—	—
	SHA927C	956	—	—
葡萄渣	BAC	979	BAK	1335
	BHAC	906	BHAK	1545
葡萄茎	—	—	RAK	1682
	—	—	RHAK	1731
苹果渣	A1C	1070	A1K	2023
	A1HC	967	A1HK	1898

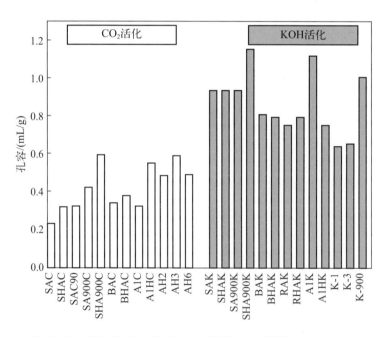

图 3.2　不同生物质炭用不同活化方法所得的孔容统计

（图中材料的代号与表 3.1 相同，表 3.1 没有的材料表示未测比表面积）

3.1.1.2　基于分子筛模板的微孔炭沉积工艺

ZTC（zeolite-templated carbon，沸石矿模板炭）炭是利用微孔分子筛的孔道有序性，以及碳源的热解技术，在分子筛孔道中生成相连的碳结构。利用 HF 或 NaOH、KOH 等将分子筛去除，则可以得到活性炭。这类炭的最大特点是完全复制了分子筛的孔道有序性，相比于生物质造孔生成活性炭的方法，孔道结构更加可控（图 3.3）。

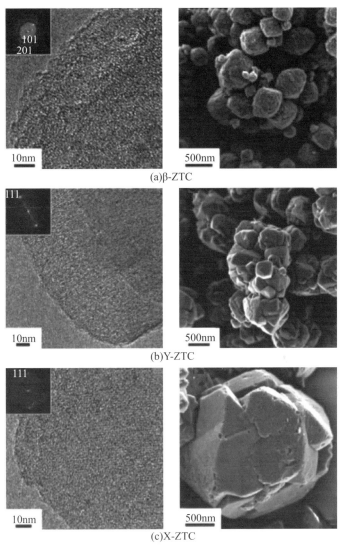

(a)β-ZTC

(b)Y-ZTC

(c)X-ZTC

图 3.3　乙烯在 β、Y、X 分子筛上制得的 ZTC 炭的电镜图片

在 β、Y、X 分子筛上裂解乙烯，可以得到不同微孔比例的活性炭（图 3.4）。三者中，以 β 分子筛为模板，得到的炭的小微孔（＜1nm）最高。并且，利用 HF 与 NaOH 去除分子筛模板时，HF 处理所得到的炭的比表面积更大、导电性更好，且在有机电解液中的电容值更高。NaOH 处理可提高氧含量，增加了亲水性，降低了导电性，但提高了 ZTC 炭在水系电解液中的电容性能。同时，在 ZSM-5 上负载 Li^+、

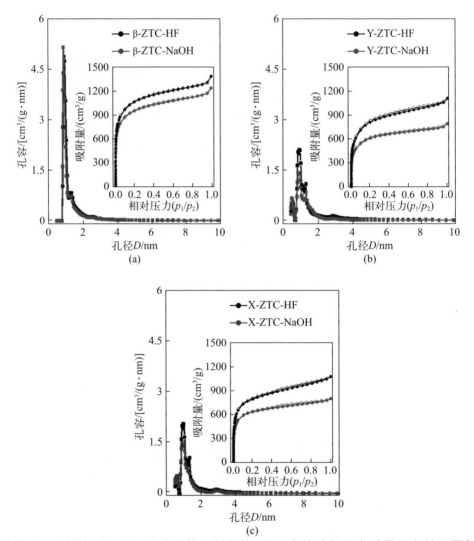

图 3.4 乙烯在 β、Y、X 分子筛上制得的 ZTC 炭的孔径分布（另见文前彩图）

（β-ZTC-HF 代表用 HF 处理得到的 β 分子筛上的 ZTC 炭；NaOH 代表用 NaOH 处理的样品）

Na$^+$、Ca^{2+}等可以调变沉积炭的精细结构。与 Li$^+$ 负载的结构相比［图 3.5（a）］，Ca^{2+} 可适当降低 0.5nm 微孔的比例，增加 1.2nm 与 2.6nm 孔的比例，可提高炭的功率特性［图 3.5（b）］。

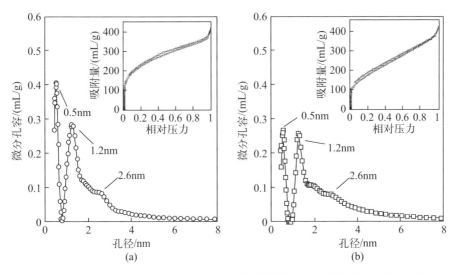

图 3.5 在 ZSM-5 上负载 Li$^+$、Ca^{2+} 后所得 ZTC 炭的孔径分布差异

由于很容易制得 Coffin 结构的 ZSM-5 纳米晶，因此也能够获得对应的规则的 ZTC 炭（图 3.6）。同时，可以利用 XRD 等技术研究在有分子筛骨架或没有分子筛骨架时形成炭的电子密度的精细分布结构（图 3.7），这也是理解制备 SP^2 杂化的单晶态碳的基础。

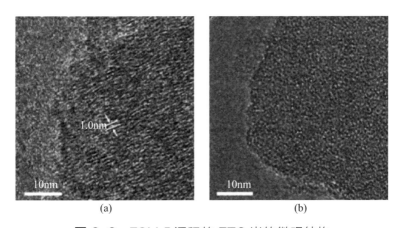

图 3.6 ZSM-5 沉积的 ZTC 炭的微观结构

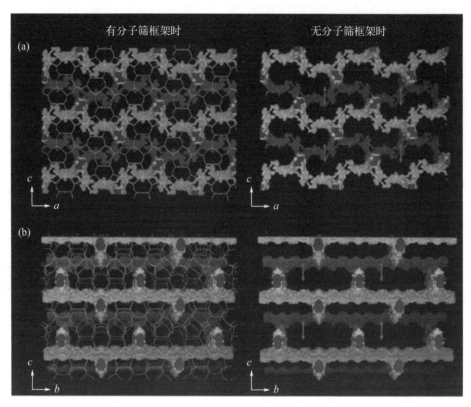

有分子筛框架时　　　　　　　　　无分子筛框架时

图 3.7　ZSM-5 分子筛炭化后的电子密度差异

这类炭在 KOH 电解液中的比容量可达 300F/g，显示出比单纯的 ZTC 以及传统的活性炭更高的比容量，以及更好的功率特性 [图 3.8 (a)]。其比表面积高达 $2000\sim3500m^2/g$，而商用的 YP50（椰壳活性炭）仅为 $1500\sim1600m^2/g$。以 F/m^3 为单位来评价不同炭的性能，可获得其孔道利用率，见图 3.8 (b)。由于 Li^+、Ca^{2+} 的负载处理增加了介孔比例，提高了离子到达内部微孔的概率。在低电流密度（0.2A/g）下，体积比容量为 $0.32F/m^3$，是普通 ZTC 与活性炭的 3 倍。当电流密度增大到 2A/g 时，体积比容量仍保持在 $0.13F/m^3$，是 ZTC 与活性炭的 2 倍。改变工艺，得到的 ZTC 炭性能可以在极宽的范围内调节（表 3.2）。

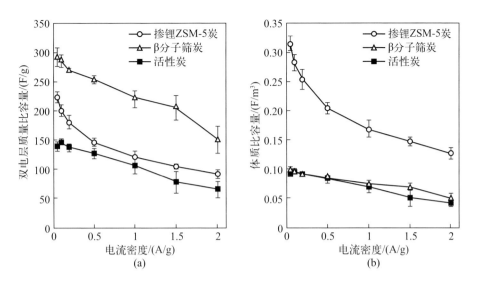

图 3.8 ZSM-5 分子筛炭化后的电子密度差异与 ZTC 炭的功率性能

表 3.2 ZTC 炭的具体工艺与性能

序号	碳源	方法	比表面积/（m²/g）	孔径/nm	比容量
1	ZIF-8	直接炭化（600～1000℃）	520（700℃）～1100（1000℃）	1.06～1.27	最大 214F/g（900℃，5mV/s）
2	乙烯	β/X/Y 型沸石为模板，乙烯热解炭化	2000（Y 型）～3050（β 型）	约 1nm	390F/g（0.2A/g）～133F/g（10A/g）
3	乙腈（含氮）	Y 型沸石为模板，CVD 法长碳	2760	无	273F/g（H₂SO₄），224F/g（KOH）
4	吡咯	Y 型沸石与吡咯等静压复合及热处理炭化	2169（等静压为300MPa）	约 1.2nm	253F/g（1.25A/g）～164F/g（62.5A/g）
5	乙炔	锂离子交换 ZSM-5 为模板，乙炔热解炭化	710	0.5～1.2	295F/g（0.1A/g）～160F/g（2A/g）

　　然而，分子筛成本高，ZTC 炭收率低，HF、NaOH 处理成本高，一定程度上阻碍了这类炭的推广应用。但随着石化工业的发展，Y 型分子筛的成本已经大幅度下降，已经低于 2 万元/吨。ZSM-5 分子筛的价格也低于 5 万元/吨，有利于这类炭的低成本制备。但 β 分子筛仍然相当昂贵。

3.1.2　介孔活性炭

传统活性炭微孔多，适于目前商业化的有机电解液体系双电层超级电容器。但对于新一代离子液体双电层超级电容器，介孔炭材料更为匹配。同时，介孔炭（孔径2～50nm）的传输特性好，有利于提高器件的功率特性。从制备方法来讲，既可由有机大分子原材料直接形成介孔炭；也可将微孔炭扩孔形成介孔炭；还可以利用模板法，运用化学气相沉积方法，由碳原子自组装为介孔炭。分述如下。

3.1.2.1　在微孔炭基础上扩孔的工艺

利用水蒸气不断活化RP-20活性炭，发现孔容增大，介孔明显增多（图3.9）。而且不同温度下，水蒸气处理主要增加了2nm左右的孔，对电容性能贡献大。扩孔后，活性炭孔壁的平均厚度由0.7nm变为0.41nm（表3.3）。扩孔效应还体现在，随着工作电压从2.7V上升到3.0V及3.2V，材料的电容值明显增大。

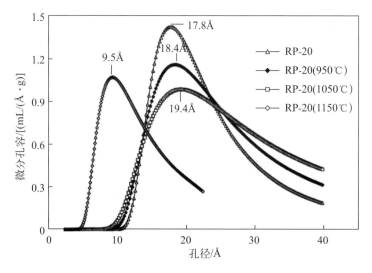

图3.9　RP-20活性炭扩孔后的孔径分布

表 3.3 水蒸气活化对于活性炭的孔壁的减薄作用

纳米碳	平均孔壁厚度/nm
RP-20	0.70
RP-20（950℃）	0.58
RP-20（1050℃）	0.41
RP-20（1150℃）	0.48

继续扩孔使用的介质可有多种选择，可以包括 CO_2、KOH、金属盐，以及金属盐与 CO_2 等的结合物（表 3.4）。

表 3.4 微孔炭继续活化扩孔的工艺及效果

活化分类	扩孔剂	原微孔活性炭	扩孔方法	扩孔效果
气态造孔剂	水蒸气	RP-20	升温至 1050℃，N_2 携带加热至 75～80℃ 的蒸馏水，反应 2.5h	孔容增大、介孔增多，实现了扩孔，但是器件电容值只有小幅提高
	CO_2	KOH 活化后的高微孔率马尾藻基活性炭	升温至 900℃/950℃，在 2L/min 的 CO_2 氛围下反应 1.5h	比表面积由 3155m^2/g 减小至 2776m^2/g，但介孔比表面积由 181m^2/g 增大至 538m^2/g，2～8nm 介孔增多，比容量明显增大
固态造孔剂	KOH	商业活性炭	850℃下用 KOH 处理	活化后其比表面积大幅提升至 1300～1500m^2/g，质量比容量是原来的 3 倍；在低电流密度（50mA/g）下，水性电解质（1mol/L H_2SO_4 和 6mol/L KOH）中其比容量达到 200F/g 的值，在 1mol/L (C_2H_5)$_4$NBF$_4$ 中的乙腈溶液中其比容量达到 150F/g

活化分类	扩孔剂	原微孔活性炭	扩孔方法	扩孔效果
气态与固态造孔剂联用	$NiCl_2$ 催化，CO_2 二次活化	商业活性炭	于 0.43%（质量分数）的 $NiCl_2$ 溶液中在 80℃下搅拌 4h，110℃干燥过夜，然后于 CO_2 氛围 850℃下活化 3h	扩孔后的活性炭 R_{ct}（R_{ct} 为电荷转移电阻）电阻减小，比容量由 47.30F/g 提升至 58.76F/g
	硝酸钇/硝酸铈溶液催化，水蒸气二次活化	桃壳基商业活性炭	1.0%（质量分数，相对于 AC）硝酸钇，在 0.5%/1.0%/2.0%（质量分数）硝酸铈复合溶液中浸渍，然后于 120℃下干燥 5h，后于 680℃/740℃/800℃/870℃下水蒸气活化不同时间	在 800℃以下，促进介孔的形成，2~10nm 孔径分布增多；而在 800℃以上，由于催化剂颗粒的聚集，催化活性会降低
	Fe/Co/Cu 硝酸溶液催化，水蒸气氛围下二次活化	沥青基球形活性炭	在 0.3%硝酸盐溶液中浸渍 12h，干燥后以 2mL/min 流量，水蒸气氛围 900℃下活化 0.5h	比表面积和介孔率都增大，2~4.3nm 孔径分布增加
	K/Fe/Cu 复合硝酸溶液催化，水蒸气二次活化	商业活性炭	样品 1：脱灰后的活性炭在 1.2%复合溶液中煮沸并冷却回流 2h，干燥后以 3mL/min 流量，水蒸气氛围 800℃活化 4h。样品 2：直接水蒸气活化	对比亚甲蓝值（介孔孔容）：样品 1>样品 2。碘值（微孔孔容）：样品 1 略大。对比孔径分布：样品 1 在 3.5~4nm 孔径明显增加

用 CO_2 与 $NiCl_2$ 共同活化时，炭的比容量随着活化温度提高持续提升，约在 850℃ 达到比容量峰值（图 3.10）。再继续提高活化温度，性能不再下降，但材料的收率持续下降。大电流密度时，放电能量下降不多，确证了介孔的作用。这类方法比较简便、能耗低、形成市场产品的周期短，值得重视。

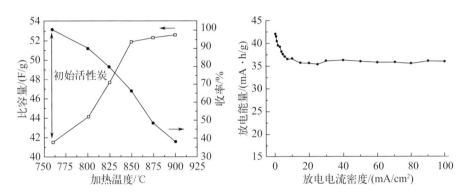

图 3.10 联合活化法对于炭电容性能的提升与收率下降的影响及炭的功率特性

3.1.2.2 基于金属碳化合物的刻蚀制备 CDC 炭的工艺

CDC（carbide derived carbon，碳化物衍生炭）炭主要是去除碳化物中的非碳原子，剩余碳原子弛豫形成的一种纳米骨架碳复合材料。目前 CDC 炭主要由卤素刻蚀法制备。卤素刻蚀法是将碳化物（如 B_4C、TiC、ZrC、Ti_3SiC_2、FeC_3、Ti_2AlC、SiC、Mo_2C 等）置于卤素或易分解的卤素化合物气氛中，在一定温度下，使碳化物中的金属原子以卤化物的形式被逐层去除。根据反应时间和深度的不同，最终得到纯净的碳化物衍生炭或者涂层。以氯气作为刻蚀剂为例，碳化物衍生炭的合成反应如下：

$$M_aC_b(s) + \left(\frac{ab}{2}\right)Cl_2(g) = bC(s) + aMCl_b(g) \qquad (3.1)$$

图 3.11 显示了碳化硅钛化合物典型的晶体特性，硅与钛原子在体相中占比高，原子直径也大。当把分子中的硅与钛原子全部与氯气反

应，生成氯化钛、氯化硅进行升华的过程会留下明确的孔道。一方面，大量原子流失后，剩下的炭骨架会在高温下自动整形，形成比较紧密的结构。另一方面，氯化钛与氯化硅的分子蒸气不断从体相中逸出，导致扩孔效应。这两个因素是相互制约的。

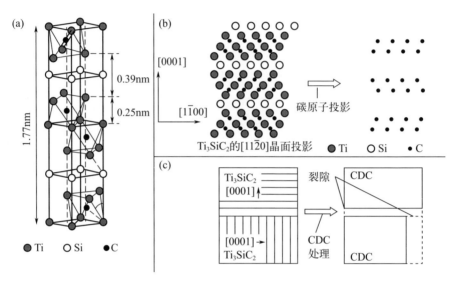

图 3.11 Ti$_3$SiC$_2$ 化合物晶体结构及去除 Ti 与 Si 原子后的结构变化

图 3.12 显示，800℃下碳化硅钛与氯气反应的热力学平衡中，在氯气过量时，体系中主要存在四氯化硅（气态）、炭（固态）与四氯化钛（气态）。其他固态相（如 TiC、TiSi$_2$、SiC、TiCl$_3$）会随着氯气量的增大而迅速减少。由固态杂质相或中间相来看，TiC 在体系中的含量最高，其去除技术与去除程度在后期值得关注。

另外，刻蚀温度对过程中的产物演变也非常关键。在极少量氯气的条件下，TiCl$_3$、C 与 SiC 相在 500℃之前保持稳定。然而超过 600℃后，TiCl$_4$（气态）迅速增多，C 含量随之迅速下降，下降幅度达 50% 左右。同期，TiC 相（固）显著增加。同时，TiC 相在 600～1200℃ 范围内的含量保持稳定。当进一步加大氯气量到过量的程度时，由于氯化是强放热反应，观察到 TiCl$_4$（气相）、SiCl$_4$（气相）在 150℃以上就变成主体

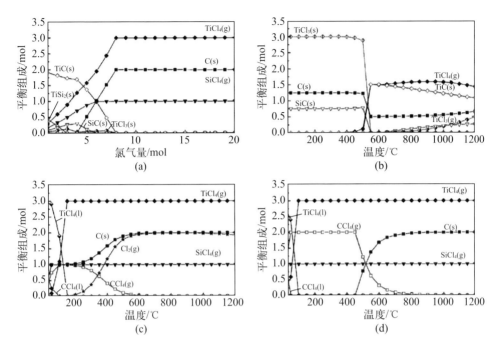

图3.12 不同氯化温度对于 Ti 原子与 Si 原子去除的程度

相，且浓度始终恒定。而这时炭（固相）含量也始终保持恒定。显然，过量的 Cl_2 使得 TiC 相迅速发生了转变。继续加大氯气的过量程度时，会将 Ti 与 Si 在低温下去除得非常快。然而，也加大了副产物 CCl_4 的量。这时反而需要升温到 $500\sim600℃$ 来抑制 CCl_4 的生成，以保留更多的固相炭。

从电镜照片（图3.13）看，在 $300℃$ 下刻蚀时，剩余的炭主要是无定形炭。在 $700℃$ 下，无定形炭量减少。而在 $1200℃$ 下，无定形炭通过高温整形生成石墨态炭，其层间距在 $0.34nm$ 左右。显然，在高温及过量氯气条件下能够保留下来的炭，一定对应着更加稳定的结构。

由 SiC 所得的 CDC 炭也具有非常明显的石墨层排列结构［图3.14（a）］。其比表面积为 $1619m^2/g$，与目前的商用活性炭 YP50 相当。但 BET（吸附比表面积测量法）吸附等温线上，在相对压力 p/p_0 为 $0.6\sim0.8$ 的范围内，有明显的气体脱附滞回环［图3.14（b）］。除

0.5~0.7nm 的大量微孔外，在 1~2nm 处也具有非常大的孔容。同时，在 3~7nm 处也有明确的介孔峰。

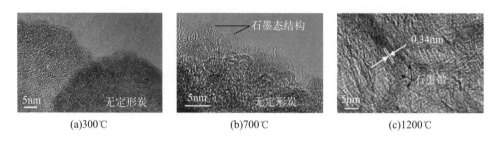

(a)300℃ (b)700℃ (c)1200℃

图 3.13 在 300℃、700℃、1200℃下刻蚀形成的 CDC 炭的微观结构

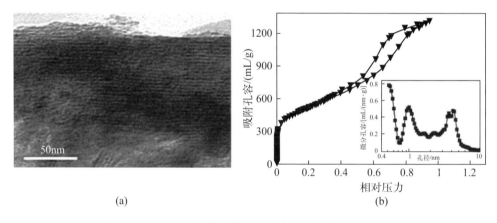

(a) (b)

图 3.14 SiC 氯化后的炭的微观结构与孔径分布

　　微介孔共存的结构既提供了大的离子吸附界面，又提供了充足的扩散通道。在有机电解液（2.5V）中评测其电容性能时，循环伏安法（CV）曲线在 20~500mV/s 下保持的矩形性良好 ［图 3.15(a)］，比容量达到 100F/g。对其功率性能进行测评，扫速在 1V/s 以下时，比容量较稳定 ［图 3.15(b)］。扫速在 1V/s 以上时，比容量迅速下降。不同扫速下，其质量比容量与面积比容量的衰减幅度差不多。

　　在将 TiC 变为 CDC 炭的过程中，也呈现出随温度升高，炭层逐渐由湍层炭到石墨态炭转变的过程（图 3.16）。

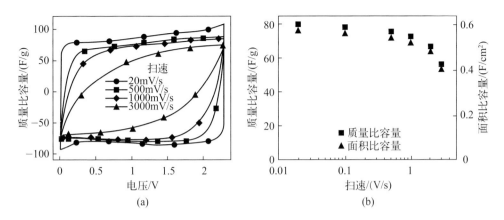

图 3.15 SiC 制备的 CDC 在高扫速下的质量比容量与面积比容量

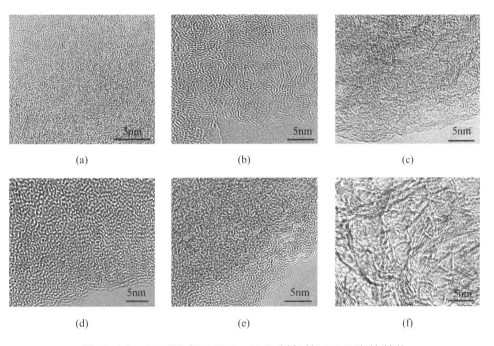

图 3.16 不同温度下 TiC、ZrC 制备的 CDC 炭的结构

在 1mol/L H₂SO₄ 电解液中，对比了 ZrC、TiC 刻蚀过程中形成的不同孔对于电容的影响（图 3.17）。由 TiC 制得的 CDC 炭具有更高的比容量。但 800～850℃ 制得的炭都具有最高的比容量峰值，这说明刻

蚀孔径在此处得到了优化。研究不同孔对比容量的贡献时发现：1nm的孔具有最佳的比表面利用率与性能；2nm的介孔，其对应的比容量要显著低于1nm的微孔，但可强化离子传递。

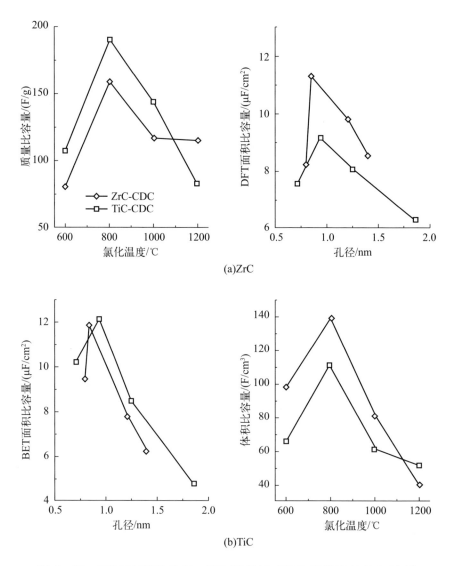

图 3.17 不同温度下 ZrC、TiC 制得的 CDC 炭的孔结构与性能

（DFT—密度泛函理论）

卤素刻蚀法得到的 CDC 炭的工艺与性能见表 3.5。

表 3.5　卤素刻蚀法得到的 CDC 的工艺与性能

序号	前驱体	方法	比表面积/（m²/g）	孔径/nm	比容量
1	TiC	高温氯化（200～1200℃）	1200（400℃）～1800（1000℃）	0.7～1.4	最大 130F/g（600℃）
2	ZrC	高温氯化（600～1200℃）	800（600℃）～1900（1200℃）	0.8～1.4	81.5F/g（600℃）～159F/g（800℃）
3	SiC 纳米线	原位熔融盐电化学刻蚀（800～1000℃）	1182	2～4	260F/g（1A/g）～95F/g（10A/g）
4	TiC	氯气刻蚀（800℃）+氧化（掺杂氧原子）	1643（硝酸氧化）	无	最大 244F/g（0.5A/g，硝酸氧化），未氧化时最大 140F/g（0.5A/g）
5	SiC	氯气刻蚀（1100℃）+CO₂ 活化	1580～2230（CO₂ 活化温度不同）	0.7～2	129～170F/g

　　该方法所使用的卤素气体刻蚀剂为剧毒气体，尾气需用 NaOH 溶液吸收处理。同时要关注氯气等介质在高温下对于反应器壁的腐蚀性。

　　由于其气相刻蚀机制是在原子层次从碳化物的体相去除金属或其他元素，因此，该方法为其他碳材料中微量金属杂质的去除提供了一个可以借鉴的技术。然而，从炭的结构形态控制，以及温度、尾气处理等工艺综合考虑，该炭的纯度控制与成本下降也具有非常大的挑战。

　　欧洲有公司报道，采用 CDC 炭与石墨烯的组合，制得了超级电容器产品，这是一个成功的介孔炭市场化的案例。从其报道的内阻值（表 3.6）来看，该产品采用乙腈为溶剂的 TEA BF₄ 类电解液。

表 3.6　用 CDC 炭制作的电容器件（3.4V，3200F）的性能

电流/A	时间/s	电容/F	接触电阻/mΩ	时间常数 RC/s
50	107.7	3205		

电流/A	时间/s	电容/F	接触电阻/mΩ	时间常数 RC/s
100	52.7	3193		
200	25.5	3178	0.475	1.51
300	16.5	3173	0.467	1.48
400	12	3168	0.468	1.48

3.1.2.3 将聚合物纤维预氧化并刻蚀为介孔炭

考虑到活性炭的生物质原料可能含有各种天然矿物（构成了灰分与金属杂质等），以及 CDC 炭工艺的腐蚀性与苛刻高温，作者提出了利用聚合物纤维进行预氧化、炭化与活化的技术路线。其出发点在于：

① 这条路线是制备高强度碳纤维的方法，而高强度碳纤维的各种杂质含量要求极低，这对于电容炭的制备相当于事先提供了一个巨大的纯度控制空间。

② 原料来源于大宗化学品，具有产量大、工艺成熟、供应稳定、原料质量可追溯、价格可预期的优点。

③ 纤维状的原料，既可以提供纤维状的电极炭用于柔性器件，也可破碎成粉用于传统的电容器件。

④ 碳纤维制备工艺为前期的原料预处理工艺优化提供了基础。该技术开发只需要专注于炭化及活化造孔过程。

如图 3.18 所示，将预氧化丝经过炭化去除非炭的元素，以及利用 CO_2 刻蚀造孔后，仍然呈现纤维状特征，表面沿轴向为显著规则条纹。这个炭产品可以使用卷对卷的设备进行连续加工。

刻蚀过程中，内部的实心核在逐渐变小 [图 3.19(a) ～ (c)]，而外部径向的孔则保持良好，说明刻蚀是从外表面到内部逐渐深化的过程 [图 3.19(d) ～ (g)]。能谱仪（EDS）元素分析显示，该材料主要由 C（92.3%）组成 [图 3.19(h)]，N 元素的含量（5.1%）比初始下降了约

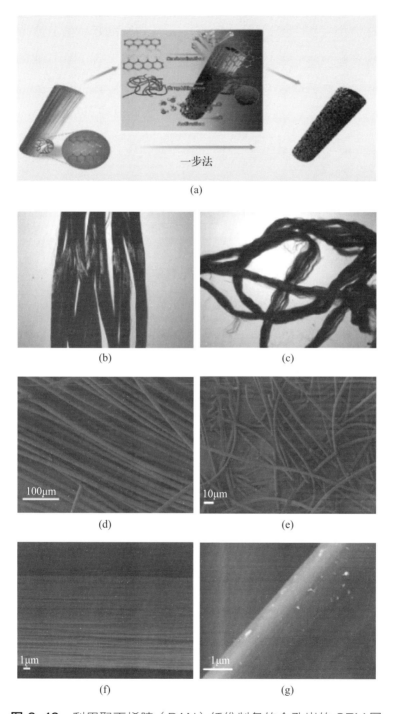

一步法

(a)

(b)   (c)

100μm   10μm

(d)   (e)

1μm   1μm

(f)   (g)

图 3.18 利用聚丙烯腈（PAN）纤维制备的介孔炭的 SEM 图

90%，说明高温刻蚀已经使大量不稳定的 N 元素被去除，剩余的 N（以石墨态氮为主，吡啶态氮为辅）与 C 元素结合良好，稳定性高［图 3.19(i)］。EDS 表征显示，总体 O 含量约 2.7%［图 3.19(h)］。但 XPS 表征［图 3.19(i) 和图 3.19(h)］显示表面氧含量高达 19.6%，这与 EDS 表征［图 3.19(g)］一致。说明 O 元素主要集中在外壳边缘，作为封端元素存在。预示了这个材料既具有良好的界面浸润性，又具有优异的化学稳定性。

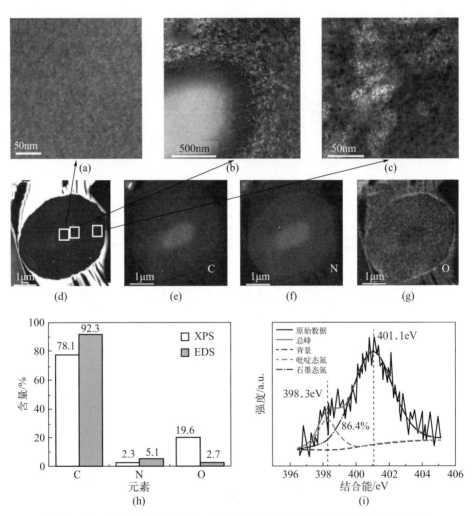

图 3.19 介孔炭的 TEM、 EDS 与 XPS 表征（另见文前彩图）

(TEM—透射电子显微镜；XPS—X 射线光电子能谱)

该材料在 p/p_0 值为 $0.4 \sim 0.6$ 的范围内具有明显的滞回孔 [图 3.20(a)]，与由 SiC 获得的 CDC 炭的特征显著不同。其介孔特征明显，有大量 3nm 与 10nm 介孔，同时也具有显著的 1nm 微孔。另外，由于该材料长径比大，其导电性远高于粉状的单壁碳纳米管（SWCNT）、石墨烯纳米纤维（GNF），以及活性炭 YP50F [图 3.20(b)]。根据需要，将其破碎成粉料（MACF）用于超级电容器电极时，其导电性也明显优于其他材料。

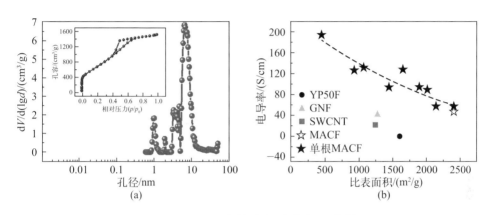

图 3.20 介孔炭的孔径分布与导电性

用于 4V 离子液体的纽扣形电容器时，CV 曲线在 1V/s 扫速下保持良好的矩形形状（图 3.21）。与 YP50F 在大量离子液体中相比，接触电容及纯 EDLC 响应特性均更加优异。从 Galvanostatic 充放电曲线来看，一直到 50A/g 的大电流密度下，仍然保持良好的响应。仅当电流密度增加到 100A/g 时，在放电曲线的起始处才显露明显的电压降。因此，该材料具有优异的功率性能，与石墨烯纤维相持平或略好，远优于 YP50F（微孔炭）。基于材料质量计算，该材料在极宽（$1 \sim 40$kW/kg）的功率密度下保持基本恒定的高能量密度（达 100W·h/kg），优于石墨烯纤维，且远优于 YP50F。

总之，该材料的高介孔率、良好导电性、大比表面积保证了离子液体的离子快速扩散到电极/电解液界面，既具有高的能量密度又具有高

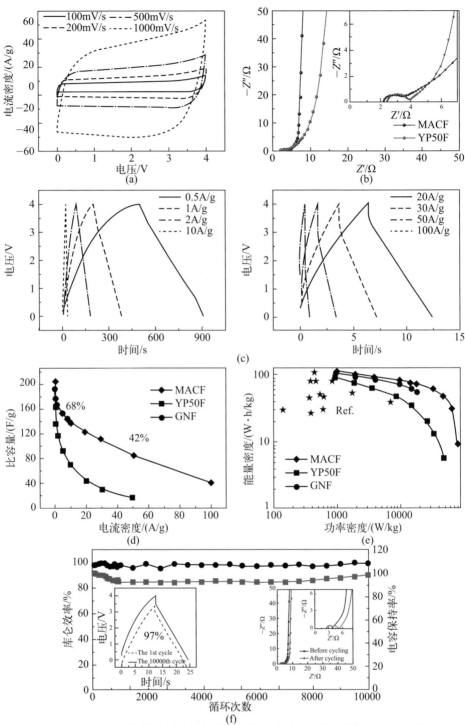

图 3.21 介孔炭的电容性能（4V 离子液体，纽扣形电容器）及与其他炭的对比（另见文前彩图）

的功率密度，为将来的高电压 EDLC（4V）应用提供了材料基础。

YP50F 在 3V 电解液中表现优良，在 4V 纯离子液体中表现不佳（图 3.22）。而介孔炭在 3V 电解液与 4V 纯离子液体中的性能均佳。然而，在高电压 EDLC 未充分市场化之前，EDLC 的竞争仍然集中于 2.7～3V 电压区间的性能。该材料利用 EMIM BF$_4$-GBL（EMIM BF$_4$，1-乙基-2,3-二甲基咪唑四氟硼酸盐；GBL，γ-丁内酯）双元电解液在 3V 评测时，也略优于 YP50F 及其他介孔炭，2.7V 也显示类似的特征。总之，该方法提供了一种既在低电压区有容量的竞争性，又在高电压区具有更大的能量优势，为不同功能需求的 EDLC 器件的构筑提供了新的材料基础。

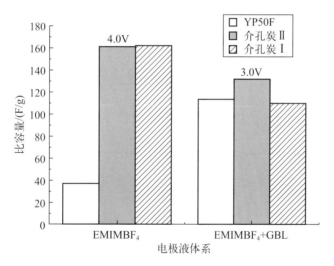

图 3.22 介孔炭与微孔炭在不同电解液中的性能对比

3.1.2.4 直接利用模板方法制备介孔活性炭

（1）介孔二氧化硅模板

文献[14]以 SBA-15 介孔分子筛为模板，通过不同有机物添加调变，利用聚糠醇 CVD 制备了介孔炭（OMC），利用甲烷 CVD 制备了少壁的介孔炭（OMFLC），利用甲烷与 NH$_3$ CVD 制备了少层的掺氮介孔炭（OMFLC-N）（图 3.23）。用 HF 去除 SiO$_2$ 模板后，所得的炭具有良好的孔道排列（图 3.24），孔径分布在 2～4nm。通过 CVD 方法，可以控制不同的壁厚度。掺氮的优点在于显著增加了界面亲水性与导电性，以及 2nm 孔的比例。拉曼光谱表征显示少层介孔炭以及少层掺氮介孔炭具有良好的 G 峰与非常明显的 2D 峰，显示出有序石墨烯的特征（图 3.25）。由于下文提到的其他三维石墨烯也很难有如此强的 2D 峰（I_{2D}/I_G 值越大，说明石墨烯的片刻尺寸越大），这是一个由于高温甲烷 CVD 导致的高度石墨化与长程有序的介孔模板的协同结果。

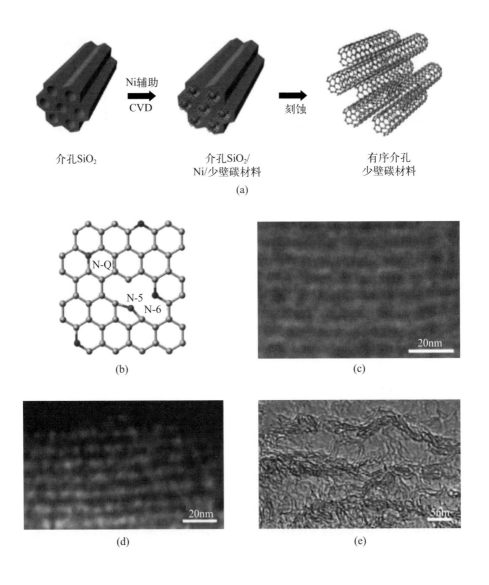

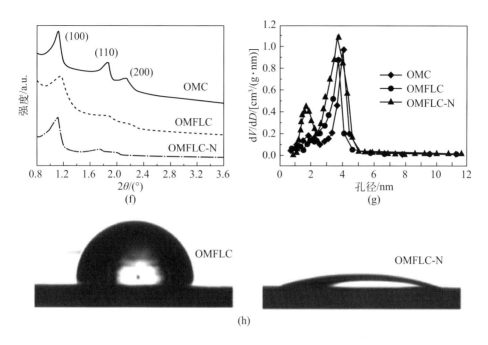

图 3.23 SBA-15 模板制得的介孔炭、 TEM 与孔径分布（另见文前彩图）

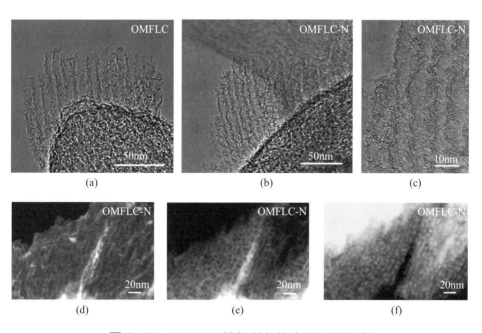

图 3.24 SBA-15 模板制备的少层石墨烯炭

改变碳源与制备温度，所得的碳材料具有极大的区别。普通的介孔炭（OMC）石墨化程度并不高，导电性也不突出，其电容性能并不比YP50F的性能优异。只有使用甲烷CVD在高温下制得的介孔石墨烯（图3.24），才能将亲水性、介孔、石墨烯导电性与大比表面积这几个电极炭所需的性能综合在一起。不同炭的BET、拉曼光谱与导电性对比如图3.25所示。在图3.26中清晰地显示，将这几个优异的性能结合起来后，CV曲线中所围的面积持续增大［图3.26（a）］，CP充放电曲线的时间明显延长［图3.26（b）］，阻抗谱上接触电阻更低，以及曲线尾部呈现接近纯双电层电容响应特征［图3.26（c）］，比容量不断增加［图3.26（d）］。该碳材料（OMFLC-N）在水系电解液中具有比YP50F更优异的电容性能（表3.7）。掺氮品种的炭，其电容性能最高可达到855F/g。这也说明，将活性炭的SP^{3}杂化的湍层碳结构变成SP^{2}杂化的碳结构是技术发展趋势。

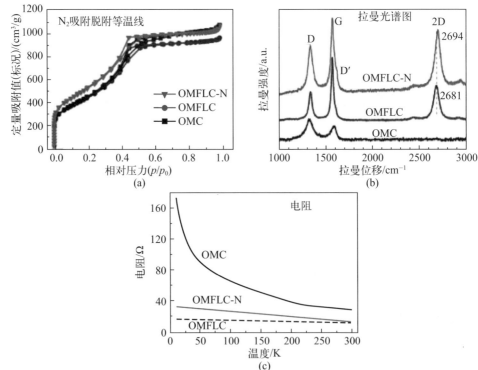

图3.25 不同炭的BET、拉曼光谱与导电性对比（另见文前彩图）

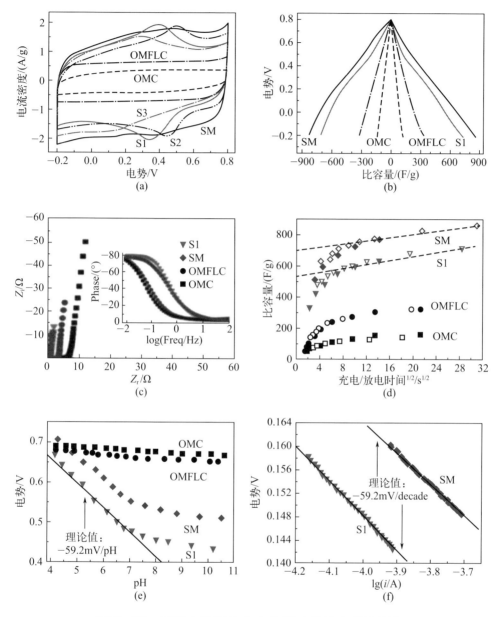

图3.26 不同介孔炭的电容性能（另见文前彩图）

CVD方法将碳源和氮源生长成氮掺杂有序介孔少壁炭，从而具有了良好的导电性与在水系电解液中的表面浸润性。

表 3.7 不同介孔炭的电容性能对比

| 样品 | 电解质 | 1A/g 条件下的 CC 测试 | | | | 2mV/s 条件下的 CV 测试 | | |
		3-电极比容量/(F/g)	对称电极比容量/(F/g)	能量密度/(W·h/kg)	功率密度/(kW/kg)	3-电极比容量/(F/g)	对称电极比容量/(F/g)	能量密度/(W·h/kg)
YP50F	H_2SO_4	175	155	6.0	17.5	180	165	8.0
	Li_2SO_4	160	150	12.5	25.5	170	160	14.0
OMC	H_2SO_4	135	130	5.5	8.5	165	155	7.5
	Li_2SO_4	115	105	8.0	10.0	145	135	11.5
OMFLC	H_2SO_4	325	315	14.0	19.5	330	320	15.5
	Li_2SO_4	300	290	22.5	30.5	300	285	25.0
OMFLC-N (S1)	H_2SO_4	715	625	25.5	34.5	665	575	28.5
	Li_2SO_4	690	590	40.0	40.5	630	540	47.5
OMFLC-N (S2)	H_2SO_4	730	640	27.0	38.0	675	590	29.0
	Li_2SO_4	690	590	40.5	45.0	635	550	48.0
OMFLC-N (S3)	H_2SO_4	665	595	24.5	32.5	615	545	27.0
	Li_2SO_4	600	530	38.0	38.0	565	495	43.0
OMFLC-N (SM)	H_2SO_4	855	840	36.5	42.5	820	790	39.5
	Li_2SO_4	780	740	54.5	44.0	725	715	63.0

注：CC—恒流模式；CV—恒压模式。

该炭产品在水系电解液中具有卓越的性能，这与其丰富的氮、氧含量及孔道密不可分。但应用于有机电解液或离子液体电解液时，需要去除这些官能团，电容效果仍需检验。

（2）利用可溶性模板制备介孔炭

鉴于介孔硅不易去除，利用易溶的双盐模板则更加便于后处理。如图 3.27 所示，凝胶化的生物质在热水中熔化，然后与 $Fe(NO_3)_3$ 盐混合，通过 Fe 之间的强配位形成了溶胶明胶生物聚合物（含有 Fe^{3+} 和含氧、氮的官能团）。之后添加第二种盐 NaNO₃，将所得溶胶在冰箱中预冷，然后进行液氮处理并冷冻干燥。脱水变成棕色气凝胶。将其进一步退火以获得块状整体材料。两种不同的盐均匀地限制在生物聚合物气凝胶的框架内。在退火过程中，NaNO₃ 盐既充当大孔的硬模板，又充当介孔的活化剂，而 Fe(NO₃)₃ 充当催化剂，以进一步石墨化并提高电导率。由 SEM 与 TEM 表征可知，氮掺杂介孔炭（NMHC）同时具有丰富的大孔和介孔。大孔通道横穿 NMHC 的整个骨架，而介孔分布在大孔通道的两侧，形成了具有大量大孔与中孔的夹心型纳米结构。

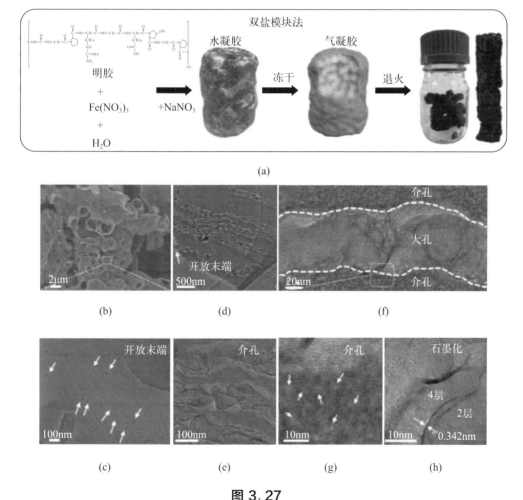

图 3.27

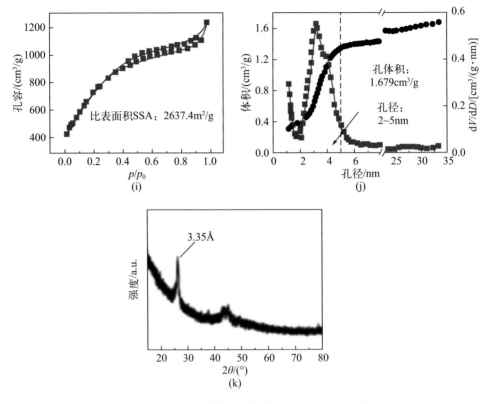

图 3.27 用易溶模板制备的介孔炭与孔径分布

介孔的形成源自 NaNO₃ 分解产物的蚀刻-膨胀效应，通过控制相应的盐模板研究了独特的大孔通道的形成。用 NaNO₃ 盐形成的大孔没有相互连接；当使用 Fe(NO₃)₃ 盐时，出现了具有石墨化孔壁的介孔，但没有形成大孔。因此，长的大孔通道可以由 NaNO₃ 盐模板的空位诱导，而 Fe 基颗粒的迁移和渗透是由高温驱动的。同时，由于铁基盐的催化作用，退火时孔壁高度石墨化。

NMHC 比表面积达 2637.4m²/g，孔容为 1.679mL/g。其 2～5nm 的孔容在总孔容中的占比约为 68%，可为电解质提供许多吸附位点和快速的离子扩散途径。X 射线衍射（XRD）检测产品的石墨层间间隔为 0.335nm，显示了高度石墨化特征。

3.2 碳纳米管

碳纳米管（CNT）是由一层或多层石墨层沿一定矢量方向卷曲闭合形成的空心管状结构的材料，其电导率、机械强度、比表面积（SSA）、化学稳定性等性能优异。特别地，多壁碳纳米管已经成为锂电池与超级电容器关键的导电剂之一。而少壁碳纳米管，特别是单壁碳纳米管，具有比表面积大的优点，是下一代高电压电容体系的候选电极材料之一。

3.2.1 碳纳米管的种类与导电性

碳纳米管根据管壁数的不同，可分为单壁（single-walled carbon nanotube，SWCNT）、双壁（double-walled carbon nanotubes，DWCNT）及多壁碳纳米管（multi-walled carbon nanotube，MWCNT），其中层数为2～10层的碳纳米管也可称为少壁碳纳米管（few-walled carbon nanotube，FWCNT）。单壁管典型直径为0.6～2nm，多壁管最内层直径可达0.4nm，最粗可达数百纳米，但典型管径为2～100nm。

螺旋角（或手性角）θ 定义为向量 C 与向量 a_1 之间的夹角。习惯约定 $n \geq m$。其中，（n，m）为碳纳米管的手性指数，可指定碳纳米管的手性矢量 r（$r = na + mb$，其中 n 和 m 为整数，a 和 b 为二维六边形晶格的单位矢量）。根据石墨片卷曲的形式，可将单层碳纳米管的结构分为扶手椅型、锯齿型和手性型（图3.28）：当 $n = m$ 时，为扶手椅型（armchair，$\theta = 30°$）；当 $n > 0$，$m = 0$ 时，为锯齿型（zigzag，$\theta = 0°$）；而当 $n > m \neq 0$ 时，为手性型（chiral，$0° < \theta < 30°$）。由于 n、m 值不同，有1/3的单壁碳纳米管呈现金属性，而2/3的单壁碳纳米管呈现半导体性。对于电容器电极材料的应用来说，单壁碳纳米管在碳纳米管中的比表面积最大（可达 $1000 \sim 1200 \text{m}^2/\text{g}$，对应最高的电容值）。同时，材料的导电性显著影响离子的定向迁移与界面排列。这两个特性综合起

来，金属型的单壁碳纳米管是电容器电极材料的优选。另外，单壁碳纳米管的导电性还有助于强化电池正极材料与负极材料的性能，这对于电池型电容的开发具有益处。

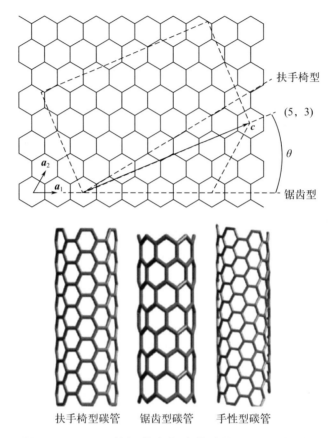

图 3.28 石墨的螺旋角与卷曲成的不同碳纳米管

　　双壁碳纳米管可以看成是两层单壁管的套管。从金属型（M）与半导体型（S）来看，双壁管可以为 25％ M-M、25％ M-S、25％ S-M、25％S-S 内外层的结构组合，再结合单壁管 1/3M、2/3S 型的概率，由于前三种组合都是导电的，因此，总体上导电型双壁管的含量远高于半导体型双壁管。因此，用于电容器电极材料也是适宜的。依此类推，碳纳米管的管壁数越多，导电性的概率越大。然而，随着管壁数的增加，碳纳米管的比表面积显著减小，不利于比容量的提升。

目前，可宏量制备单壁管与双壁管，常用甲烷为碳源在 900～1000℃裂解制得。由于甲烷不易裂解，因此，单壁管与双壁管表面的无定形炭相对较少，其直径大小的分布范围小、缺陷少，具有更高的均匀一致性。多壁管则主要由烯烃、醇类、炔烃、芳烃等活泼碳源在 700～800℃裂解制得。这些有机物的热裂解反应占比大，因此多壁管表面可能有无定形炭。同时，多壁管的碳层排列不够整齐，常具有大量缺陷。

3.2.2 碳纳米管的聚团性

多根碳纳米管排列在一起，形成多种复杂的聚集结构，总体可分为无序随机缠绕的聚团状碳纳米管与平行排列的规整阵列碳纳米管。在湿法制备电容器极片的加工过程中，需要将上述材料进行分散并制成浆料才能使用。缠绕状聚团碳纳米管不易分散，通常需要极强的机械力（如研磨）将其打断来进行分散。平行排列的碳纳米管则相对容易分散，用在液体中超声加搅拌等方式即可实现。值得注意的是，对于平行排列的碳纳米管，随着长度的增加与直径的减小，其管与管间的范德瓦耳斯力急剧变大，变得难以分散。同理，碳纳米管直径越大、长度越短，越容易分散。从壁数的角度，分散的困难程度为：单壁碳纳米管＞双壁碳纳米管＞三壁及以上的多壁碳纳米管。

分散良好的碳纳米管，主要以外凸型表面吸附电解液的离子，用作电极/电解液界面，比"内凹"型的活性炭孔具有更好的离子吸附与脱附速率。

另外，碳纳米管由于长径比巨大，可能适合于干法制备电容器极片的加工过程。此时，分散性主要体现在与粉状黏结剂的机械混合，然后再进行热压与拉伸。这方面的研究较少，是一个新兴领域。

3.2.3 碳纳米管的制备方法与成本

原理上，碳纳米管的形成可以通过碳原子的蒸发和有序的、可控的沉淀（激光、电弧、高温或催化剂辅助）驱动碳原子自组装来实现。碳纳米管的合成方法主要包括电弧放电、激光烧蚀和化学气相沉积等方法（表3.8）。

表3.8 不同方法的条件与产量对比

序号	制备方法	反应条件	优缺点	产量
1	电弧放电法	反应器主要由电极组成，阳极是石墨棒，在电弧放电期间可移动以保持恒定的距离。电流通过后，电极之间产生电弧。在大于1700℃的温度下，石墨不断蒸发，多壁碳纳米管与一些杂质沉积在阴极上。制备单壁管时，将金属（Fe、Co、Co／Ni、Co／Y）掺入气体中	（1）主要用于制备聚团状碳纳米管 （2）高温导致单壁管结晶性好 （3）高温导致无定形杂质多 （4）高温导致金属碳包覆	（1）反应器昂贵，难放大 （2）产品目前可达每天几克级
2	激光烧蚀法	机理与电弧放电的机理相似，只是蒸发碳和金属的能量供应源不同。激光直接照射在阳极靶上。蒸发后，碳和金属的混合物通过插入气流被带到冷却器区域，并沉积在收集器上		
3	化学气相沉积法（CVD）	使反应前驱体在气相中发生化学反应，然后在底物或催化剂的表面上形成固体沉积物。对于CNT的合成，反应前驱体是几种气态碳源，主要是甲烷、乙烷、乙烯、乙醇等	优点：反应温度低，实验参数调节灵活，反应装置简单，结构和形态可控的可能性大，成本低。 经过20多年的发展，CVD法已成为最重要的方法，可实现碳纳米管直径、长度和排列、取向、密度等的控制制备	（1）反应器易放大 （2）多壁碳纳米管产量达70～100kg/h （3）单壁碳纳米管产量可达1～3kg/h （4）初级产品的纯度越来越高，金属杂质越来越少

几类代表性碳纳米管的制备技术如下：

（1）聚团状多壁碳纳米管

清华大学最早开发成功了流化床批量制备碳纳米管技术，多壁碳纳米管的生长倍率可达 70 倍（基于催化剂重量）。这意味着碳纳米管粗品中的灰分（催化剂载体等）仅为 1.4%。利用酸处理可将碳纳米管的纯度提高至电池级/电容级产品的使用要求。该产品直径约为 8～15nm，导电性良好，产量每年已达数千吨。目前该产品的售价（吨级）与 YP50F 活性炭相当。该产品主要用作锂离子电池与电池型电容的导电剂。目前也有少量的双电层电容器添加该导电浆料，以便在活性炭颗粒间构筑起导电网络，提高电极材料的功率性能。

（2）阵列状多壁碳纳米管

阵列状多壁管与聚团状多壁管相比，直径相似，电容值相似，但导电性更优，分散性更佳。这有助于降低浆料制备中的成本。

长期以来，阵列状多壁管主要基于硅片基板进行生长，长度达几十微米至几毫米。但是硅基板法成本太高，无法满足工业需要。清华大学利用在云母、蛭石或水滑石（LDH）等层状化合物中负载金属（图3.29），批量制备了粉体状的层状催化剂（由成千上万层薄片组成，同时每层上负载了无数个纳米催化剂）。在流化床中，这些粉体催化剂可以一次性装填几十千克或百余千克，可以连续化生产吨级产品。

阵列状多壁管笔直性好，方便做成无纺布形式，同时充当电极材料与集流体。另外，控制制备比较长的阵列管，可以充当其他碳材料的导电性龙骨，在有机电解液中发挥良好的作用。

（3）阵列状单壁碳纳米管

阵列状单壁管既具有规则的离子扩散通道，又具有良好的导电性，还具有非常大的比表面积，是碳纳米管品种中最适宜用作超级电容器电极材料的。日本先进科学研究所（AIST）发展了在硅片上沉积亚纳米的铝层（形成氧化铝层）再沉积氧化铁的技术，大幅度提高了硅片上金属催化剂的密度，再利用水辅助的乙烯 CVD 法，实现了高密度阵列状

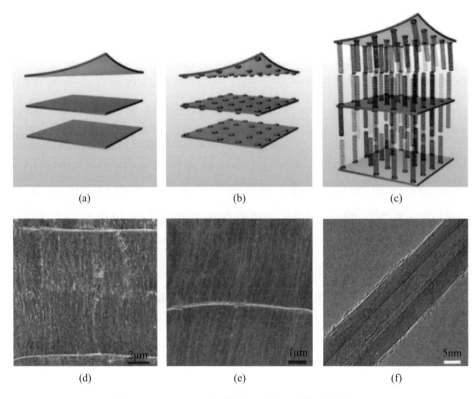

(a)   (b)   (c)

(d)   (e)   (f)

图 3.29 LDH 负载金属生长碳纳米管阵列

单壁管的生长，高度超过了 1mm。

然而，阵列状单壁管仍然面临着绝对产量小、成本过高的瓶颈，还需要继续发展。

（4）聚团状的单壁管与双壁管

相比于硅基板生长阵列的技术，粉体状的载体就有更多选择，通常包括氧化铝、氧化硅、氧化镁、分子筛等。其均可以负载 Fe、Co、Ni 等过渡金属，得到种类繁多的催化剂，用于制备聚团状的单壁管。由于高温下纳米晶粒不稳定，易烧结聚并，这类单壁碳纳米管常伴生双壁碳纳米管。

北京大学较早报道了使用 Fe/MgO 催化剂裂解甲烷可控制备 SWCNT。对比多种比表面积不同的多孔氧化镁载体发现，载体的比表面积大，利用金属的分散对提高单壁碳纳米管的收率至关重要。清华大学从工程角度考虑，使用 MgO 碱性载体与 Al_2O_3 酸性载体和 SiO_2 中性载体相比，具有抑制无定形炭的形成及后处理容易、成本低的优点，这对于制备高纯的单壁碳纳米管产品非常重要。首先通过催化剂颗粒进行压制处理，发现显著抑制了 SWCNT 的收率，且增加了洋葱碳的含量，降低了 SWCNT 的纯度。由此开发了许多策略来破碎生长过程中催化剂颗粒的结构，暴露更多的活性位，促进单壁管的生长。例如，在 Fe／MgO 催化剂的甲烷分解中原位引入 CO_2。CO_2 优先与 MgO 载体相互作用形成 $MgCO_3$ 相。$MgCO_3$ 相和 MgO 相之间的晶格失配最终导致 MgO 基体崩溃。许多内部活性位点容易暴露于甲烷，从而提高了 SWCNT 的收率。同样，在制备 Fe／MgO 时，可以通过引入 Al_2O_3 物质原位破坏 MgO 基质。Al_2O_3 可有效地与 MgO 形成 $MgAl_2O_4$ 的尖晶石，从而破坏 MgO 基体。另外，可以用乙醇热法代替水热法直接制备多孔 MgO 结构。在催化剂干燥过程中，乙醇的蒸发产生的表面张力比水弱，从而形成了多孔载体。同样，超临界干燥催化剂也是获得多孔催化剂的有效方法。

3.2.4 碳纳米管的电容性能

3.2.4.1 单壁碳纳米管的极限电容探索

研究材料的极限电容值，寻求电极结构优化，是非常有用的。然而，在大电流密度下，离子扩散受限，常无法测得材料的极限电容值。借鉴工业上测试活性炭电容的标准方法（如先恒流充电，再恒压充电，再恒流充放电的模式）来研究材料的极限电容。这种充放电模式将在最高工作电压下出现一个平台（图 3.30），在工业产品的测试标准中运用得比较多。

将聚团状单壁碳纳米管分散在离子液体中，检测不同电压下的极限比容量（图 3.31），在 2V、3V 电压窗口下，两种充电方法测出的比容

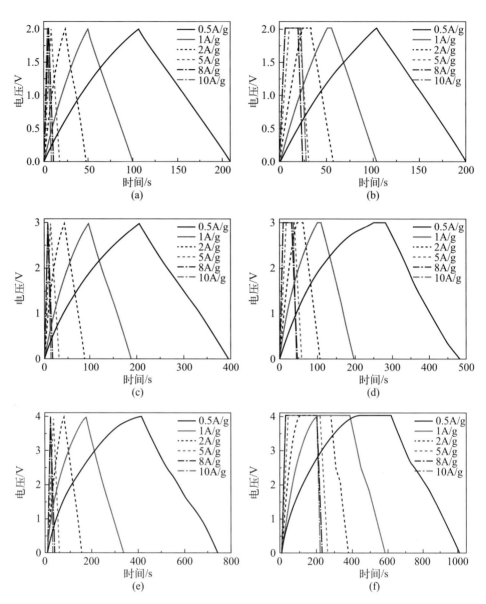

图3.30 不同电压下恒流充放电及新充电方法的充放电曲线（另见文前彩图）

量相差不大，说明在2V、3V体系下并没有较大的离子孔道传递阻力限制。值得指出的是，在3V时，单壁碳纳米管（比表面积约1000m^2/g）的比容量约120F/g，与YP50F（比表面积约1500m^2/g）的性能差不多。这说明了聚团状单壁管的外表面能够充分利用，体积比容量值高。

在 4V 下，其极限比容量为 $160 \sim 200 \mathrm{F/g}$ 或 $15 \mu \mathrm{F/cm^2}$，而目前公认的最理想石墨烯材料的极限比容量值为 $21 \mu \mathrm{F/cm^2}$。同时，电容性能与理论值的差距变大，说明在高电压下随着离子密度的增大，孔道内的阻力显著影响了电容性能，是电容内阻的限制环节之一。

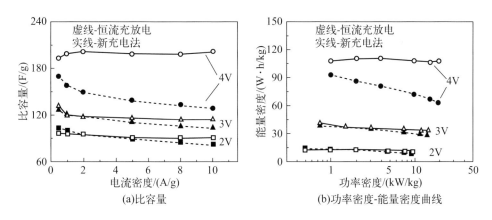

图 3.31 不同电压窗口下理论比容量与实测电容性能

3.2.4.2　材料的孔道结构设计与性能关系

考虑到单壁管外表面积大、长径比大、管间范德瓦耳斯力大的特点，可以利用少量离子液体来分散单壁管，然后制备成单壁碳纳米管纸的方法（图 3.32）。这种方法使用的离子液体特别少，但可起到一定的分散性，具有半干法的特征。离子液体和 SWCNT 的束缚效应增加了电极与电解质之间的接触界面，降低了电阻，因此提高了超级电容器的性能。离子液体的使用既分散了 SWCNT，也可以作为超级电容器中的电解质发挥作用。这样高负载率的 SWCNT 薄片可以制造出具有高体积能量密度的实用超级电容器。

日本先进科学研究所（AIST）发现，在有机电解液中，阵列状单壁碳纳米管型器件的能量密度与电压的三次方成正比。原因是高电压促进离子在单壁碳纳米管表面沉积，使电压与电容成正比关系，这充分证明了单壁碳纳米管用作电极的潜力。Futaba 等利用液流拉链效应对单壁管阵列致密化处理，获得了同向排布且间距较小的 CNT 阵列

（图 3.33）。这种定向排布的空隙结构非常利于电解液扩散和离子传输，用作电极材料时，其比容量随电流密度增大衰减很少。材料能量密度达 94W·h/kg 的同时，功率密度达 2kW/kg。其构筑的小型器件，基于器件的比容量为 40F/g，则预示着基于材料的比容量为 160F/g。说明在器件制作过程中，材料性能损失很小。该材料在非常宽的电流密度范围（0.2～20A/g）内，器件的电容性能不衰减。相比较而言，活性炭只在小的电流密度下具有较好的性能。这充分显示了单壁碳纳米管表面利用率高、导电性好的优势。目前这些电容性能仍然代表着碳纳米管的最高电容技术水准之一。

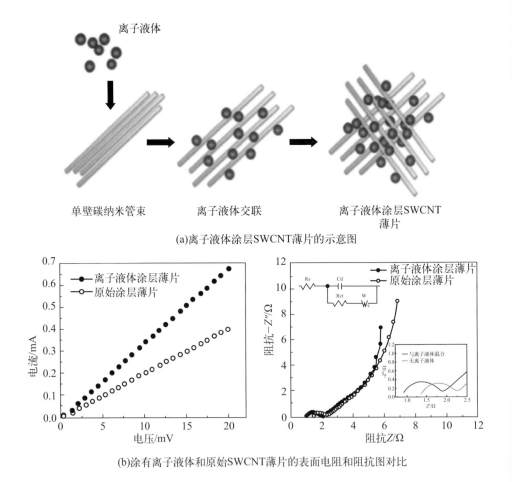

(a)离子液体涂层SWCNT薄片的示意图

(b)涂有离子液体和原始SWCNT薄片的表面电阻和阻抗图对比

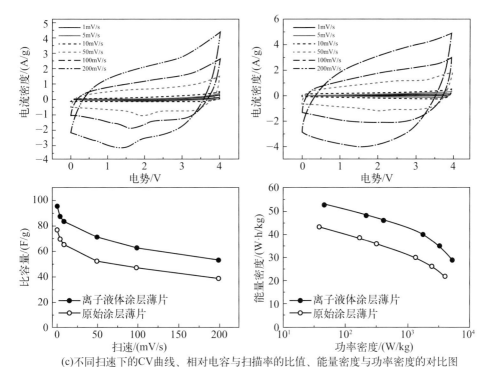

(c)不同扫速下的CV曲线、相对电容与扫描率的比值、能量密度与功率密度的对比图

图 3.32 利用少量离子液体来分散单壁管,再制备成
单壁碳纳米管纸的方法(另见文前彩图)

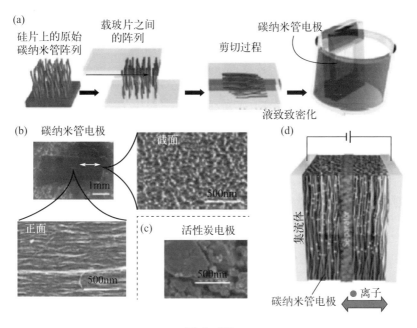

图 3.33

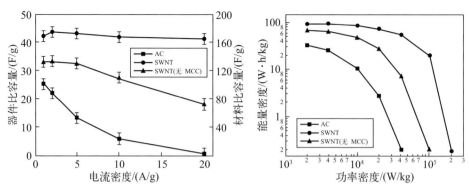

图 3.33 阵列状单壁碳纳米管的制备及电容性能（另见文前彩图）

（MCC—微晶纤维素）

类似地，也有报道发现，阵列状多壁碳纳米管电极比聚团状多壁碳纳米管电极的离子扩散通道更通畅、阻力更小，其双电层电容器原型表现出更小的等效串联电阻、更大的比容量和更优的倍率性能。这些研究为构建规则的扩散孔道提供了依据。

目前，日本公司利用清华大学的单壁碳纳米管原料，结合离子液体电解液，制得了电压大于 3V、体积能量密度大于 12.4W·h/L 的器件（最大约 A4 纸大小的叠片型双电层电容器），比相同制造工艺的活性炭电容器的体积密度高 3.4 倍。

3.3 石墨烯

3.3.1 二维石墨烯

石墨烯是 SP^2 杂化碳构建的六边形晶格在平面周期性拓展而成的二维结构材料。石墨烯具有大理论比表面积（2630m²/g）、高电子迁移率 [2×10⁵cm²/(V·s)]、高热导率 [约 5×10³W/(m·K)]、高杨氏模量（约 1.0TPa）等优异特性。其制备方法包括机械剥离法、外延生长法、化学气相沉积法、氧化石墨还原法等。

基于单层石墨烯材料的双电层比容量高达 550F/g。把极少量的单层石墨烯径向生长在集流体上，可利用其大比表面积，充分利用功率特性，构筑毫秒级的超快速响应电容。然而，追求器件的高能量密度时，必须将大量电极材料压实，且采用尽可能少的电解液。加工过程中，极强的范德瓦耳斯力使石墨烯片层堆叠，从而大幅度损失有效比表面积。发展特殊石墨烯结构，克服石墨烯层间堆叠劣势，是技术改进的方向。

3.3.2 三维石墨烯

3.3.2.1 三维石墨烯的结构优势

（1）三维多孔结构弱化范德瓦耳斯力

Luo 等将紧密叠合的二维石墨烯纸状结构转变为三维石墨烯团状结构（图 3.34），显著减小了石墨烯片层间的相互作用面积。该材料在用作双电层电容器的电极材料时，比表面积得到了充分的利用，比容量有极大的提升。

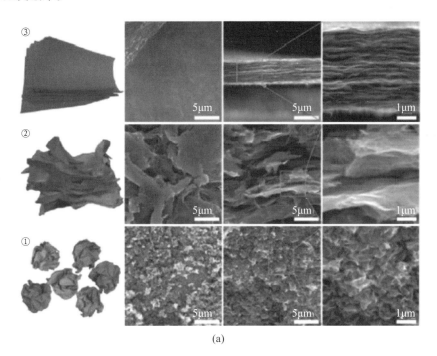

(a)

图 3.34

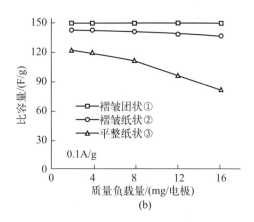

图 3.34 不同形貌的石墨烯及其电容性能

（2）三维多孔结构改善离子输运能力

大电流密度下，电极材料的比表面积利用率取决于离子运动的距离和速度。优化电极材料结构，提供足够多的离子扩散通道，可减小输运阻力。也可设计全连通的孔道结构，缩短了离子从电解液主体到达电极界面的距离。两种策略均可提高双电层电容器的倍率性能。Park 等通过石墨层间自组装结合 CO_2 活化的方法制备出了具有多级孔结构的石墨烯电极材料及双电层电容器（图 3.35），佐证了上述观点。

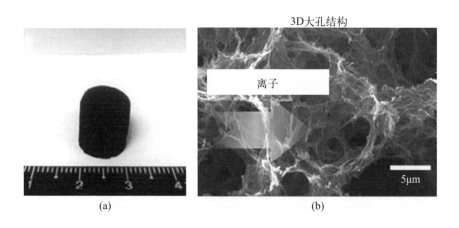

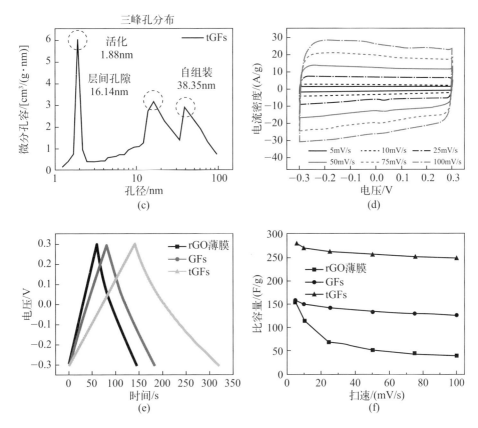

图3.35 多级孔结构石墨烯及电容性能（另见文前彩图）

3.3.2.2 三维多孔石墨烯的制备方法

多孔石墨烯的制备方法主要有活化法、模板法和石墨层间自组装法（图3.36）。

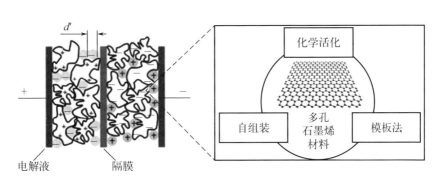

图3.36 三维多孔石墨烯结构的制备方法

（1）活化法

将石墨烯前驱体和固体活化剂（如 KOH、H_3PO_4、$ZnCl_2$）混合，经高温（450～900℃）处理，可得到多孔石墨烯。KOH 主要与碳元素发生氧化还原反应达到造孔的效果，H_3PO_4 和 $ZnCl_2$ 发挥的是脱水剂的作用。

Ruoff 等用 KOH 对微波剥离的氧化石墨烯 GO（MEGO）进行表面活化，所得多孔石墨烯（a-MEGO）的比表面积高达 $3100m^2/g$，电导率约为 500S/m，碳/氧原子比为 35（图 3.37）。MEGO 的微孔和介孔孔径分别为 1nm 和 10nm。基于电极材料计算，在 BMIM BF_4/AN 电解液中 3.5V、5.7A/g 的电流密度下，比容量为 166F/g，能量密度和功率密度高达 70W·h/kg 和 250kW/kg。

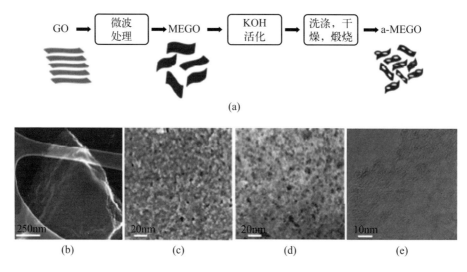

图 3.37 KOH 活化法制备多孔石墨烯结构

Park 等对具有大孔与介孔的石墨烯进行气体活化剂（CO_2）活化，孔增加了 1.88nm 左右，使材料的比表面积和孔容分别提高至 $829m^2/g$ 和 2.829mL/g。在 1mol/L H_2SO_4 电解液中，5mV/s 下比容量达 278.5F/g，是未经造孔的石墨烯性能的两倍。

活化法既可提高孔容量，又能增加材料的比表面积。但当活化法所造孔结构多为微孔时，无法显著提高材料的功率性能。

（2）模板法

模板法中，可以使用固体颗粒堆积体为模板〔如 SiO_2、MgO、Ca- CO_3、H_2O（s）、聚合物等〕，将含微小石墨烯片或氧化石墨烯片的液体浸渍于固体堆积体的缝隙中，形成三维连接体，然后去除模板，得到三维石墨烯。这种方法中，石墨烯材料是现成的，同时利用的是固体堆积体的外表面间的缝隙。

比如，复旦大学用平均直径为 27.7nm 的 SiO_2 为模板、GO 为石墨烯前驱体进行实验。嫁接了甲基基团的 SiO_2 小球由于呈疏水性，在水中与同样呈疏水性的 GO 内部表面相贴合，形成自组装的层状结构（图 3.38）。通过惰性气体中的高温煅烧和 HF 刻蚀，形成多孔石墨烯结构。该多孔石墨烯的比表面积约 $851m^2/g$，孔容为 4.28mL/g，形成的多孔结构的孔径分布主要在 32.5nm，与模板尺寸相吻合。

Chen 等以在水溶液中呈单分散的聚甲基丙烯酸甲酯（PMMA）颗粒为模板、GO 为石墨烯前驱体进行多孔石墨烯的制备。通过水中组装三明治结构、过滤后高温煅烧除去 PMMA 模板以及还原 GO，得到了孔尺寸为 107.3nm、比表面积为 $128.2m^2/g$ 的多孔石墨烯结构（图 3.39）。以 1mol/L H_2SO_4 为电解液，相比于没有经过模板造孔的石墨烯，该大孔富集的多孔石墨烯表现出了极好的倍率性能。

另一类方法中，可以设计多孔的固体模板，利用化学气相沉积法，使含碳的化合物裂解，所得石墨烯原位生长在固体模板（ZnS、SiO_2、Al_2O_3、分子筛、MgO）的孔中，以及堆积的间隙中。

比如，MgO 模板具有容易去除的特性，从而比其他模板更加容易制备灰分很低的、高纯度的三维石墨烯。学者们逐渐发展了许多方法来制备各种结构的 MgO 模板，以达到控制石墨烯结构的目的。比如，Xie 等以 MgO 颗粒为模板、苯为碳源，制得了石墨烯纳米笼结构。调变反应温度（900～650℃）可实现比表面积和孔径分布的可控调节。马衍伟等用原位生成 $MgCO_3$ 与氧化镁的方法，以 CO_2 为碳源，通过 Mg 的还

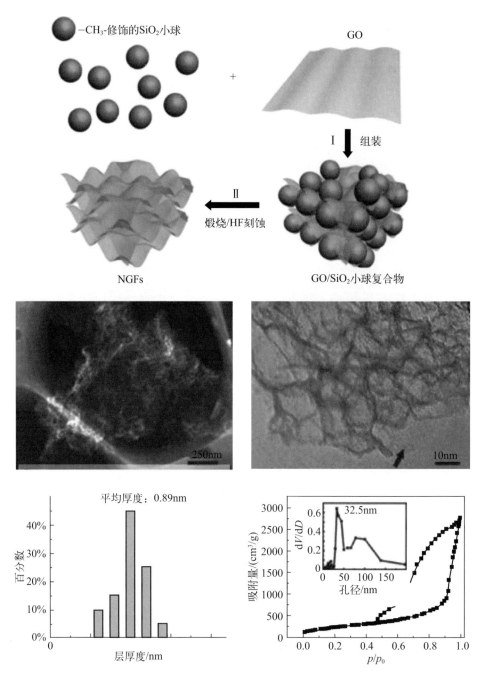

图 3.38 SiO₂ 为模板制备的多孔石墨烯

（NGFs—多孔纳米石墨烯泡沫；GO—氧化石墨烯）

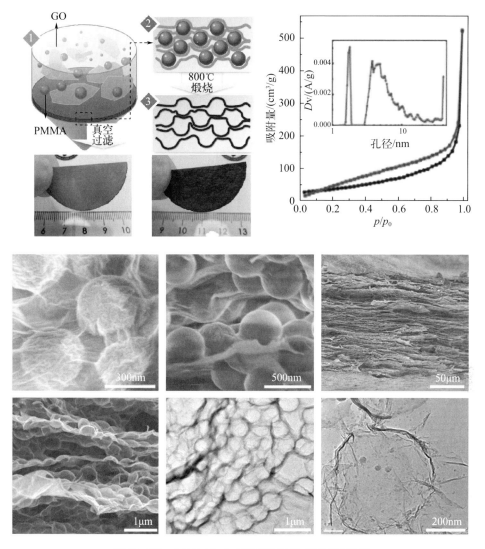

图 3.39 PMMA 为模板制备的多孔石墨烯

原，CO_2 既供应了氧源，生成 $MgCO_3$ 与 MgO，又同时供应了碳源，沉积获得石墨烯。

另外，从碳源的角度来看，甲烷最惰性，裂解速率慢，易得到少层的三维石墨烯。因此，MgO-CH_4-CVD 体系得到了充分研究。宁国庆等通过水热处理得到了片状氢氧化镁，经过高温煅烧，得到多孔片状 MgO 模板（图 3.40）。利用 CH_4-CVD 过程，制得 1～2 层的多孔石墨烯结构。该结构的比表面积在 $1700m^2/g$ 左右，介孔分布在 $4 \sim 8nm$、$10 \sim 20nm$ 范围内，并且含有一定比例的大孔。

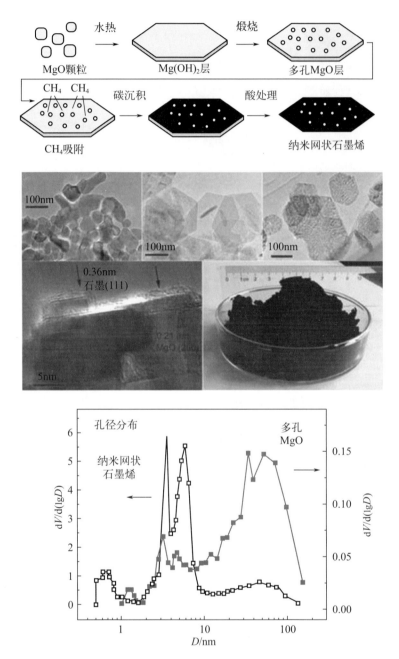

图 3.40 MgO 为模板制备的多孔石墨烯

崔超婕等合成了三水合碳酸镁纳米纤维，在焙烧的过程中，通过水与 CO_2 的释放，得到多孔的 MgO 纤维。利用甲烷 CVD，可以在 950℃下，制备获得宏观上呈现一维纳米线、微观上全由 1～2 层的石墨烯卷曲而成的石墨烯纳米纤维（图 3.41）。产品比表面积可在 1200～1800m²/g 范围内调节。该产品由于是一维结构，导电性是多壁碳纳米管的 3 倍。石墨烯的三维自支撑结构保证了宏观不堆叠特性。离子可以在孔隙内自由穿梭。根据图 3.42 的数据计算可得，其在高电压离子液体中的最大能量密度和最大功率密度能分别达到 105W·h/kg 和 18.5kW/kg（图 3.42），是一种比较优异的石墨烯材料。

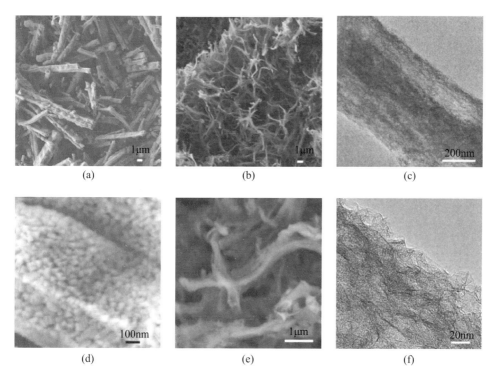

图 3.41 石墨烯纳米纤维的形貌

从工程方面讲，制备这类三维石墨烯的 MgO 模板，易利用 HCl 等在室温下完全去除，纯度完全可以保证，且不会引入过多的官能团，比 ZTC 炭的分子筛模板更容易去除，而且 HCl 比 NaOH 便宜得多。因

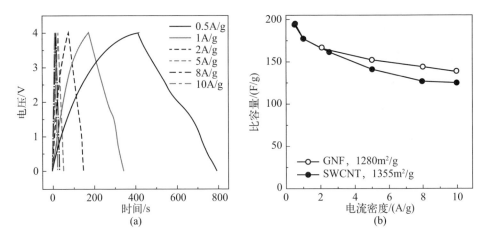

图 3.42 石墨烯纳米纤维的电容性能（另见文前彩图）

此，研究重点是如何提高三维石墨烯的收率。

（3）石墨层间自组装法

除了活化法和模板法外，二维石墨烯的自组装也是实现三维石墨烯的有效途径。Shi 等通过一步水热法制备出自组装的石墨烯水凝胶结构（图 3.43）。该结构具有相互连通的三维网状孔结构，其形成被解释为是由还原石墨烯上残留的亲水官能团以及强的 π-π 作用而导致的。其宏观体除具有极高的强度外，电导率也高达 $5×10^{-3}$ S/cm。将该三维结构的多孔石墨烯用作双电层电容器的电极材料，以 5mol/L KOH 作电解液进行电容性能评价，在 10mV/s 和 20mV/s 的电压扫速下，比容量分别为 175F/g 和 152F/g。

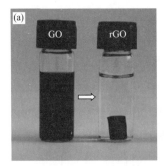

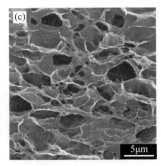

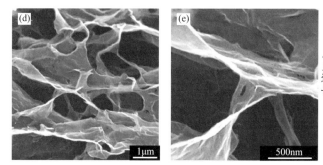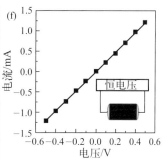

图 3.43　含有电解液介质的石墨烯薄膜

（rGO—还原后的氧化石墨烯）

由表 3.9 可知，不同模板法制得的石墨烯比表面积差异巨大，多孔模板内部生长的石墨烯比表面积更高。在水系电解液中评价时，比表面积低的产品有时也具有较高的比容量值，这与赝电容贡献有关。当材料的电容性能接近时，模板的成本及整体制备的成本成为了产业化的关键。

表 3.9　模板法制备的多孔石墨烯的结构及电容性能

材料名称	模板剂	比表面积/(m²/g)	电解液	比容量/(F/g)
石墨烯纳米网	MgO	1654	6mol/L KOH	255
微孔石墨烯	MgO	1754	6mol/L KOH	303
大孔泡状石墨烯膜	PMMA	128	1mol/L H_2SO_4	93
多级孔还原石墨烯	$CaCO_3$	540	1mol/L H_2SO_4	201
多孔石墨烯	沸石 Ni-MCM-22	794	6mol/L KOH	233
石墨烯气凝胶	H_2O（s）	463	6mol/L KOH	366
多孔石墨烯	嵌段聚合物 F12	546	6mol/L KOH	242
抗堆叠还原石墨烯	—	1436	6mol/L KOH	236.8

将代表性的石墨烯与单壁碳纳米管阵列的高电压电容性能（3.5～

4V）相比（表 3.10），石墨烯的电容性能更优。主要原因是：石墨烯的比表面积大，具有灵活的孔结构调变空间。石墨烯的比容量在水系电解液与离子液体电解液中均可以超过 200F/g。这些性能已经被不同的方法与实验多次验证。由于在高电压体系中，材料主要表现出双电层电容效应，其比容量突破 200F/g，超出了原来理论的估计。这又促使科学家重新思索双电层电容的模型。这是碳纳米管与石墨烯这类特殊结构的材料为电容领域带来的特殊贡献。

表 3.10　不同材料在高电压体系下的电容性能

材料名称	比表面积 /(m^2/g)	电解液	比容量 /(F/g)	能量密度 E/(W·h/kg)
单壁碳纳米管阵列	1250	$Et_4N\ BF_4$/PC 4.0V	160	94
3D 多孔石墨烯	3523	$EMIM\ BF_4$ 3.5V	231	98
石墨烯纳米纤维	1284	$EMIM\ BF_4$ 4V	202	107
3D 多孔石墨烯骨架	830	$EMIM\ BF_4$ 3.5V	192	123

3.4　石墨烯与碳纳米管杂化物

将碳纳米管置于石墨烯层间，是阻止石墨烯叠合又同时贡献电容值的有效策略。Kim 等将石墨烯和碳纳米管机械混合，克服石墨烯片层间的面-面接触，显著提高了混合电极材料在 BMIM TFSI 离子液体中的电容值（图 3.44）。在 2A/g 的电流密度下，混合电极材料的比容量高达 201F/g，是单一碳纳米管电极材料的 2 倍，单一石墨烯电极材料的1.5 倍。

除机械混合外，直接在石墨烯层间生长碳纳米管也是有效的策略。Dai 等在高度有序的热膨胀石墨层间生长阵列状碳纳米管，制备得到刷状的石墨烯/碳纳米管杂化结构。Sun 等用 GO、尿素和钴在 900℃的热

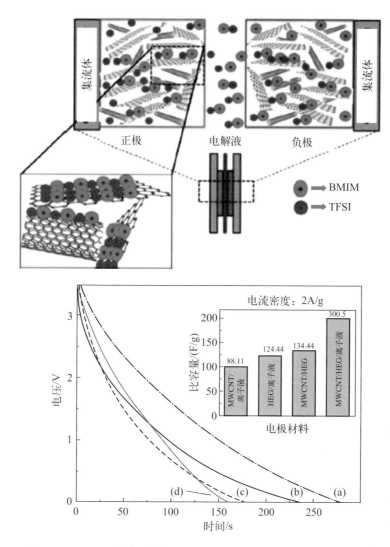

图 3.44 石墨烯与碳纳米管的混合电极示意图及电容性能

反应，制备出碳纳米管长度可控的石墨烯/碳纳米管复合物。

魏飞等以 MgAl LDHs 为模板，制得石墨烯-碳纳米管杂化物（GNH），且实现了量产，产品的比表面积在 $1200\sim1800\text{m}^2/\text{g}$ 范围内可调。当比表面积为 $1800\text{m}^2/\text{g}$ 时，产品中以石墨烯为主体。当单壁碳纳米管含量高时，比表面积为 $1200\text{m}^2/\text{g}$ 的杂化物碳管分布较多（图 3.45）。产品的平均孔径在 $5\sim6\text{nm}$ 之间，孔容在 $1.3\sim2.5\text{mL}/\text{g}$ 之间。

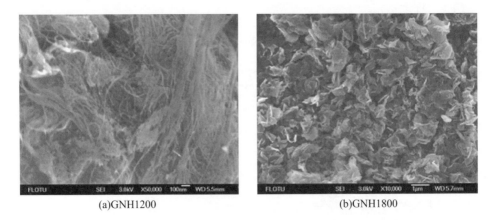

(a)GNH1200   (b)GNH1800

图 3.45 GNH1200 和 GNH1800 的扫描电镜照片

　　该材料具有疏水性，更加适用于有机电解液或离子液体电解液，在 EMIM BF$_4$ 中材料的比容量为 160～185F/g。对其表面改性，也可以用于水系电解液，KOH 电解液中比容量约为 173F/g（图 3.46）。

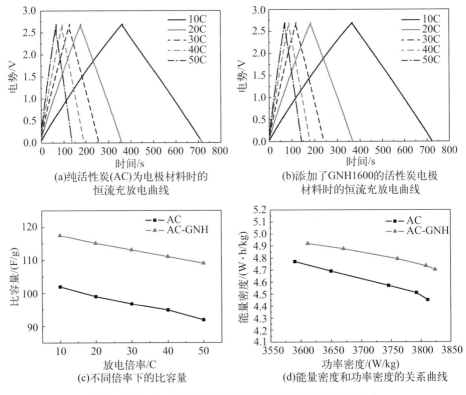

(a)纯活性炭(AC)为电极材料时的
恒流充放电曲线

(b)添加了GNH1600的活性炭电极
材料时的恒流充放电曲线

(c)不同倍率下的比容量

(d)能量密度和功率密度的关系曲线

图 3.46 软包型电容器的性能（另见文前彩图）

GNH 材料既可以独立用作电极材料，也可与活性炭复合使用。仅活性炭为电极材料时，软包电容器的内阻为 60mΩ。而在添加 GNH1600 之后，软包电容器的内阻降为 29mΩ。在软包电容器制作过程中，保持极片的涂布厚度一致，组装条件相同时，添加 GNH1600 使得电容器的容量从 85F 提高到 90F，比容量提高 5.8%。

3.5 碳气凝胶

碳气凝胶是由 Pekala 等在 1989 年发现的纳米级多孔（典型孔径尺寸小于 50nm）、低密度（0.05～1.0g/mL）、高比表面积（比表面积为 200～1000m²/g）和高电导率（10～25S/cm）的非晶碳材料，是通过高温炭化有机气凝胶制得的，也是电化学电容器等的电极候选材料。

碳气凝胶的制备一般分为四个过程：溶胶-凝胶、溶剂置换、常温干燥及高温炭化。其制备中重要的一步是溶胶-凝胶过程（图 3.47）。在碳酸钠存在下，以间苯二酚（代号 R）、甲醛（代号 F）为反应物，合成 RF 碳气凝胶；采用在原料中引入间苯三酚（代号 P），制得间苯三酚-间苯二酚-甲醛（PRF）气凝胶，再进行高温炭化得到 PRF 碳气凝胶。其机制大致如下：间苯三酚、间苯二酚-甲醛体系的溶胶-凝胶聚合过程是典型的酚醛缩合反应。间苯二酚和间苯三酚含有苯环这种特殊结构和—OH（供电子基团），使得苯环邻位和对位上的碳电子云密度增多，首先邻位和对位碳与甲醛发生加成反应，在苯环上引入—CH₂OH，随后间苯二酚、间苯三酚单体之间相互缩聚，形成许多间苯二酚、间苯三酚缩聚体胶粒，由于胶粒上具有—CH₂—和—CH₂OH 两种官能团，随着反应时间的延长，胶粒进一步缩聚变大形成团簇，最终使网络结构趋于稳定。

近几年，在碳气凝胶的制备工艺、多孔结构控制、优化孔径分布及性能改性方面取得长足进步。常丽娟等以间苯二酚和甲醛为原料，引入三聚氰胺，制得氮掺杂的碳气凝胶，用 CO_2 活化后制得的碳气凝胶比

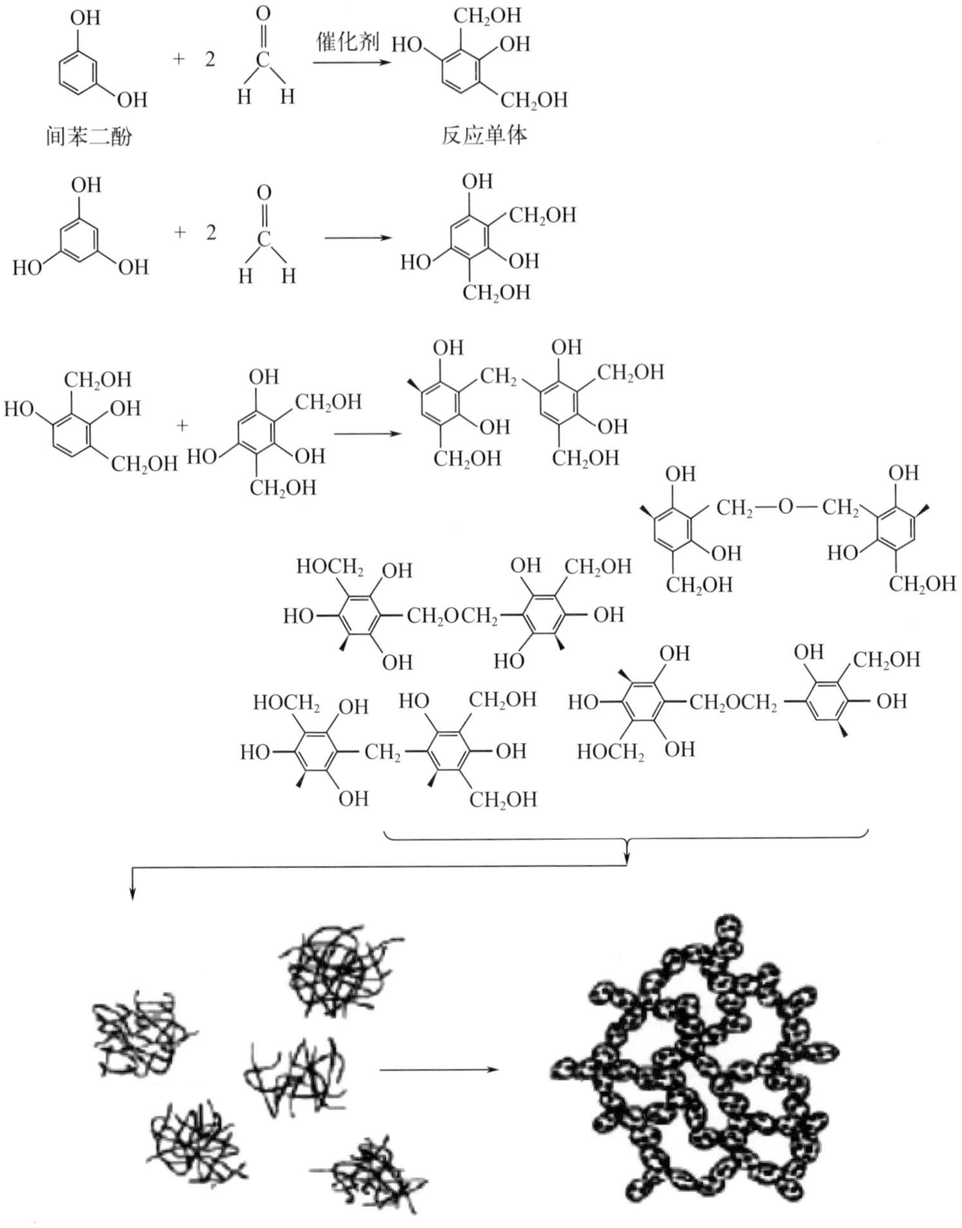

图 3.47 溶胶-凝胶过程

表面积达 $4082m^2/g$。不同方法制得的碳气凝胶的比容量在 $110 \sim 125F/g$ 之间，且由于结构稳定，所制成的电容器具有较好的循环寿命。另外，将碳气凝胶与金属氧化物及导电聚合物进行复合，可制备多功能电极材料。

目前碳气凝胶制备工艺仍比较烦琐，成本高，制备周期长，有待持续改进。

3.6 碳电极材料发展展望

对于器件性能来说，不但要求其材料的容量，更加要求其堆积密度与压实密度。另外，由于高电压电容器更有利于提高器件的能量密度，因此，面向未来高电压电容器的碳材料应该是比表面积、介孔率、固液比、堆积密度、导电性、纯度这六大特性都不能有明显的短板。杨裕生院士对电容碳材料的综合性能提出了"六高，一好，一少"的制备指导意见，具体技术指标见表 3.11。

表 3.11 对功能电容电极炭的性能要求

性能要求	具体技术指标
高比表面积	$>1000\text{m}^2/\text{g}$
高介孔结构	$C=C_{me}S_{me}+C_{mi}S_{mi}$（$C$ 表示比容量值，S 表示比表面积）
高电导率	$>2\text{S/cm}$
高堆积密度	$>0.3\text{g/mL}$
高纯度	灰分$<0.1\%$
浸润性好	—
析气少	—

将目前几种代表性碳材料的性能进行了对比，见表 3.12。

表 3.12 代表性碳材料的性能对比

材料	介孔碳纤维	YP50F 活性炭	石墨烯纤维	单壁碳纳米管
固液比/%	25	28	16	18

材料	介孔碳纤维	YP50F 活性炭	石墨烯纤维	单壁碳纳米管
电导率/（S/cm）	46.7	10^{-2}	40	21
比表面积/（m²/g）	1500～2404	1600	1280	1250
介孔率/%	50～92.8	8	79	83
堆积密度/（g/cm³）	0.25	0.31	0.023	0.03

由对比可知，目前市场上占优的活性炭，主要优点为微孔多、比表面积大、堆积密度大、固液比大，但导电性差。因此，微孔活性炭的主要短板是功率性能。而单壁碳纳米管与石墨烯纤维的主要缺点是堆积密度小、固液比小，其主要缺点主要反映在器件方面（第7章），不是材料方面的。显然，利用聚合物纤维炭化得到的介孔炭，有效地综合了微孔活性炭与纳米碳的几方面的优点，成为下一阶段重点发展的材料。

将上述功能绘制成五角图（图3.48），每个角的顶点代表最好的性能，则可以清楚地看到不同炭材料的优点与缺点，也能够很好地指导未来材料的开发。当然，也可以以类似的方法绘制六角图或七角图，显然，要求的功能越多，现实中越不容易满足。

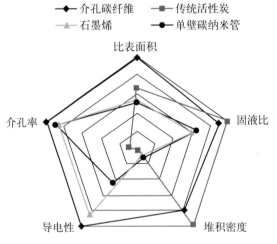

图3.48 对电容炭多功能的要求示意图（另见文前彩图）

目前，在比表面积、介孔率、导电性的调变方面已经有了明确的方法论与准则，而在如何调变其固液比与堆积密度方面，则还有很大的探索空间。这两个特性更加需要多维度的思考方法。

总之，活性炭、碳纳米管、石墨烯可以用作双电压电容器的正负极材料，锂离子电容、混合型电容器及电池型电容的正极材料。锂离子电容、混合型电容器与电池型电容的负极以及石墨、中间相碳微球等碳材料，这类材料不以电容效应为主，故不赘述。

参考文献

[1] Pandolfo A G，Hollenkamp A F. Carbon properties and their role in supercapacitors [J]. Journal of Power Sources，2006，157(1)：11-27.

[2] Zhang L L，Zhao X S. Carbon-based materials as supercapacitor electrodes [J]. Chem Soc Rev，2009，38(9)：2520-2531.

[3] Lu Y H，Long G K，Zhang L，et al. What are the practical limits for the specific surface area and capacitance of bulk sp^2 carbon materials? [J]. Science China Chemistry，2015，59 (2)：225-230.

[4] Dash R，Chmiola J，Yushin G，et al. Titanium carbide derived nanoporous carbon for energy-related applications [J]. Carbon，2006，44(12)：2489-2497.

[5] Chmiola J，Yushin G，Dash R，et al. Effect of pore size and surface area of carbide derived carbons on specific capacitance[J]. Journal of Power Sources，2006，158(1)：765-772.

[6] Zou X L，Ji L，Hsu H Y，et al. Designed synthesis of SiC nanowire-derived carbon with dual-scale nanostructures for supercapacitor applications [J]. Journal of Materials Chemistry A，2018，6(26)：12724-12732.

[7] Gu Y，Zhang R J，Wu W Y，et al. Study of the correlation between the doped-oxygen species and the supercapacitive performance of TiC-CDC carbon-based material [J]. Nano，2019，14 (11)：23-27.

[8] Tee E，Tallo I，Thomberg T，et al. Supercapacitors based on activated silicon carbide-derived carbon materials and ionic liquid [J]. Journal of the Electrochemical Society，2016，163(7)：A1317-A1325.

[9] Chaikittisilp W，Hu M，Wang H J，et al. Nanoporous carbons through direct carbonization of a zeolitic imidazolate framework for supercapacitor electrodes [J]. Chemical Communications，2012，48(58)：7259-7261.

[10] Park H J，Terhorst S K，Bera R K，et al. Template dissolution with NaOH-HCl in the synthesis of zeolite-templated carbons：effects on oxygen functionalization and electrical energy storage characteristics [J]. Carbon，2019，155：570-579.

[11] Jose Mostazo-López M J，Ruiz-Rosas R，Castro-Muñiz A，et al. Ultraporous nitrogen-doped zeolite-templated carbon for high power density aqueous-based supercapacitors [J]. Carbon，2018，129：510-519.

[12] Teng C L，Han Y，Fu G Y，et al. Isostatic pressure-assisted nanocasting preparation of zeolite templated carbon for high-performance and ultrahigh rate capability supercapacitors [J]. Journal of Materials Chemistry A，2018，6(39)：18938-18947.

[13] Lee T，Ko S H，Cho S J，et al. Ultramicroporous carbon synthesis using lithium-ion effect in ZSM-5 zeolite template [J]. Chemistry of Materials，2018，30(18)：6513-6520.

[14] Lin T Q，Chen I W，Liu F X，et al. Nitrogen-doped mesoporous carbon of extraordinary capacitance for electrochemical energy storage [J]. Science，2015，350(6267)：1508-1513.

[15] Kistler S S. Coherent expanded aerogels and jellies [J]. Nature，1931，127(3211)：741-744.

[16] 谢青，田佳瑞，何宫樊，等. 石墨烯-碳纳米管杂化物在超级电容器中的应用 [J]. 储能科学与技术，2016，5(6)：861-868.

[17] Tian J R，Cui C J，Zheng C，et al. Mesoporous tubular graphene electrode for high performance supercapacitor [J]. Chinese Chemical Letters，2018，29(4)：599-602.

[18] Yu Y T，Cui C J，Qian W Z，et al. Full capacitance potential of SWCNT electrode in ionic liquids at 4V [J]. Journal of Materials Chemistry A，2014，2(46)：19897-19902.

[19] Peng H J，Huang J Q，Zhao M Q，et al. Nanoarchitectured graphene/CNT@ porous carbon with extraordinary electrical conductivity and interconnected micro/mesopores for lithium-sulfur batteries [J]. Advanced Functional Materials，2014，24(19)：2772-2781.

[20] Zheng C，Qian W Z，Yu Y T，et al. Ionic liquid coated single-walled carbon nanotube buckypaper as supercapacitor electrode [J]. Particuology，2013，11(4)：409-414.

[21] Zhao M Q，Zhang Q，Huang J Q，et al. Towards high purity graphene/single-walled carbon nanotube hybrids with improved electrochemical capacitive performance [J]. Carbon，2013，54：403-411.

[22] Zheng C，Qian W Z，Cui C J，et al. Hierarchical carbon nanotube membrane with high packing density and tunable porous structure for high voltage supercapacitors [J]. Carbon，2012，50(14)：5167-5175.

[23] Zheng C，Qian W Z，Wei F. Integrating carbon nanotube into activated carbon matrix for improving the performance of supercapacitor [J]. Materials Science and Engineering B-Solid State Materials for Advanced Technology，2012，177(13)：1138-1143.

[24] Fan Z J，Yan J，Zhi L J，et al. A three-dimensional carbon nanotube/graphene sandwich and its application as electrode in supercapacitors [J]. Advanced Materials，2010，22(33)：3723-3728.

[25] Yan J，Wei T，Shao B，et al. Electrochemical properties of graphene nanosheet/carbon black composites as electrodes for supercapacitors [J]. Carbon，2010，48(6)：1731-1737.

[26] Xu C G，Ning G Q，Zhu X，et al. Synthesis of graphene from asphaltene molecules adsorbed on vermiculite layers [J]. Carbon，2013，62：213-221.

[27] Zhu X，Ning G Q，Fan Z J，et al. One step synthesis of a graphene-carbon nanotube hy-

brid decorated by magnetic nanoparticles [J]. Carbon，2012，50(8)：2764-2771.

[28] 邱介山，肖南，王玉伟，等．一种沥青基碳纳米片的制备方法及其应用：CN108163832A [P]．2018-06-15.

[29] Ye S B，Feng J C，Wu P Y. Deposition of three-dimensional graphene aerogel on nickel foam as a binder-free supercapacitor electrode [J]. ACS Applied Materials & Interfaces，2013，5(15)：7122-7129.

[30] Yoon Y，Lee K，Baik C，et al. Anti-solvent derived non-stacked reduced graphene oxide for high performance supercapacitors [J]. Advanced Materials，2013，25（32）：4437-4444.

[31] Nardecchia S，Carriazo D，Ferrer M L，et al. Three dimensional macroporous architectures and aerogels built of carbon nanotubes and/or graphene：synthesis and applications [J]. Chem Soc Rev，2013，42(2)：794-830.

[32] Futaba D N，Hata K，Yamada T，et al. Shape-engineerable and Highly Densely Packed Single-walled Carbon Nanotubes and Their Application as Super-capacitor Electrodes [J]. Nature Materials，2006，5(12)：987-994.

[33] Wu D Q，Zhang F，Liang H W，et al. Nanocomposites and macroscopic materials-assembly of chemically modified graphene sheets [J]. Chemical Society Reviews，2012，41(18)：6160-6177.

[34] Li C，Shi G Q. Functional gels based on chemically modified graphenes [J]. Adv Mater，2014，26(24)：3992-4012.

[35] Chabot V，Higgins D，Yu A，et al. A review of graphene and graphene oxide sponge：material synthesis and applications to energy and the environment [J]. Energy & Environ Sci，2014，7(5)：1564-1596.

[36] Xu Y X，Sheng K X，Li C，et al. Self-assembled graphene hydrogel via a one-step hydro-thermal process [J]. ACS Nano，2010，4(7)：4324-4330.

[37] 骞伟中，呼日勒朝克图，崔超婕．一种高导电性的活性炭及其制备与用途：CN109887760A [P]．2019-06-14.

[38] 储伟，李敬，骞伟中．一种利用盐模板制备高比表面积大孔-介孔碳的方法及应用：CN109553098B [P]．2023-03-14.

[39] Wang Y，Sun H，Zhang R，et al. Large scale templated synthesis of single-layered graphene with a high electrical capacitance [J]. Carbon，2013，53：245-251.

[40] Wei D C，Liu Y Q，Zhang H L，et al. Scalable synthesis of few-layer graphene ribbons with controlled morphologies by a template method and their applications in nanoelectrome-chanical switches [J]. J Am Chem Soc，2009，131(31)：11147-11154.

[41] Teng P Y，Lu C C，Akiyama-Hasegawa K，et al. Remote catalyzation for direct formation of graphene layers on oxides [J]. Nano Letters，2012，12(3)：1379-1384.

[42] 陈新，胡征，王喜章，等．微波等离子体辅助化学气相沉积法低温合成定向碳纳米管阵列 [J]．高等学校化学学报，2001，22(05)：731-733.

[43] 胡征．碳基纳米管的生长机理、结构调控及能源导向的功能化研究 [J]．自然杂志，2011，33(04)：198-201.

[44] 叶江林，朱彦武. 氢氧化钾活化制备超级电容器多孔碳电极材料 [J]. 电化学，2017，23 (05)：548-559.

[45] 陈冠雄，谈紫琪，赵元，等. 面向能源领域的石墨烯研究 [J]. 中国科学：化学，2013，43(06)：704-715.

[46] 郎俊伟，张旭，王儒涛，等. 超级电容器能量密度的提升策略 [J]. 电化学，2017，23 (05)：507-532.

[47] 谢小英，张辰，杨全红. 超级电容器电极材料研究进展 [J]. 化学工业与工程，2014，31 (01)：63-71.

[48] Safron N S，Kim M，Gopalan P，et al. Barrier-guided growth of micro-and nano-structured graphene [J]. Adv Mater，2012，24(8)：1041-1045.

[49] Wang H J，Sun X X，Liu Z H，et al. Creation of nanopores on graphene planes with MgO template for preparing high-performance supercapacitor electrodes [J]. Nanoscale，2014，6 (12)：6577-6584.

[50] Gu Y，Wu H，Xiong Z G，et al. The electrocapacitive properties of hierarchical porous reduced graphene oxide templated by hydrophobic $CaCO_3$ spheres [J]. J Mater Chem A，2014，2(2)：451-459.

[51] Wu Q，Yang L J，Wang X Z，et al. From carbon-based nanotubes to nanocages for advanced energy conversion and storage [J]. Accounts of Chemical Research，2017，50 (2)：435-444.

[52] 杨全红，唐致远. 新型储能材料——石墨烯的储能特性及其前景展望 [J]. 电源技术，2009，33(04)：241-244.

[53] 朱家瑶，董玥，张苏，等. 炭/石墨烯量子点在超级电容器中的应用 [J]. 物理化学学报，2020，36(02)：30-45.

[54] 范壮军. 超级电容器概述 [J]. 物理化学学报，2020，36(02)：9-11.

[55] Simon P，Gogotsi Y. Capacitive energy storage in nanostructured carbon-electrolyte systems [J]. Acc Chem Res，2013，46(5)：1094-103.

[56] Lu W，Qu L T，Henry K，et al. High performance electrochemical capacitors from aligned carbon nanotube electrodes and ionic liquid electrolytes [J]. Journal of Power Sources，2009，189(2)：1270-1277.

[57] Lu W，Hartman R，Qu L T，et al. Nanocomposite electrodes for high-performance supercapacitors [J]. The Journal of Physical Chemistry Letters，2011，2(6)：655-660.

[58] Li Z，Zhang L，Amirkhiz B S，et al. Carbonized chicken eggshell membranes with 3D architectures as high-performance electrode materials for supercapacitors [J]. Advanced Energy Materials，2012，2(4)：431-437.

[59] Wei L，Yushin G. Electrical double layer capacitors with activated sucrose-derived carbon electrodes [J]. Carbon，2011，49(14)：4830-4838.

[60] Hasegawa G，Aoki M，Kanamori K，et al. Monolithic electrode for electric double-layer capacitors based on macro/meso/microporous S-containing activated carbon with high surface area [J]. Journal of Materials Chemistry，2011，21(7)：2060-2063.

[61] Gu W T，Yushin G. Review of nanostructured carbon materials for electrochemical capaci-

tor applications: advantages and limitations of activated carbon, carbide-derived carbon, zeolite-templated carbon, carbon aerogels, carbon nanotubes, onion-like carbon, and graphene [J]. Wiley Interdisciplinary Reviews: Energy and Environment, 2014, 3 (5): 424-473.

[62] Jänes A, Kurig H S, Lust E. Characterisation of activated nanoporous carbon for supercapacitor electrode materials [J]. Carbon, 2007, 45(6): 1226-1233.

[63] Yang H, Yoshio M, Isono K, et al. Improvement of commercial activated carbon and its application in electric double layer capacitors [J]. Electrochemical and Solid-State Letters, 2002, 5(6): A141.

[64] Teng H, Chang Y J, Hsieh C T. Performance of electric double-layer capacitors using carbons prepared from phenol-formaldehyde resins by KOH etching [J]. Carbon, 2001, 39 (13): 1981-1987.

[65] Hulicova-Jurcakova D, Puziy A M, Poddubnaya O I, et al. Highly stable performance of supercapacitors from phosphorus-enriched carbons [J]. J Am Chem Soc, 2009, 131 (14): 5026-5027.

[66] Luo J Y, Jang H D, Huang J X. Effect of sheet morphology on the scalability of graphene-based ultracapacitors [J]. ACS Nano, 2013, 7(2): 1464-1471.

[67] Xie K, Qin X T, Wang X Z, et al. Carbon nanocages as supercapacitor electrode materials [J]. Adv Mater, 2012, 24(3): 347-352.

[68] Chen C M, Zhang Q, Huang C H, et al. Macroporous 'bubble' graphene film via template-directed ordered-assembly for high rate supercapacitors [J]. Chem Commun, 2012, 48(57): 7149-7151.

[69] Tamailarasan P, Ramaprabhu S. Carbon nanotubes-graphene-solidlike ionic liquid layer-based hybrid electrode material for high performance supercapacitor [J]. J Phys Chem C, 2012, 116(27): 14179-14187.

[70] Du F, Yu D S, Dai L M, et al. Preparation of tunable 3D pillared carbon nanotube – graphene networks for high-performance capacitance [J]. Chem Mater, 2011, 23 (21): 4810-4816.

[71] Yang Z Y, Zhao Y F, Xiao Q Q, et al. Controllable growth of CNTs on graphene as high-performance electrode material for supercapacitors [J]. ACS Appl Mater Interfaces, 2014, 6(11): 8497-8504.

[72] Zhang H, Cao G P, Yang Y S, et al. Comparison between electrochemical properties of aligned carbon nanotube array and entangled carbon nanotube electrodes [J]. J Electrochem Soc, 2008, 155(2): K19-K22.

[73] Yoon Y H, Lee K S, Kwon S G, et al. Vertical alignments of graphene sheets spatially and densely piled for fast ion diffusion in compact supercapacitors [J]. ACS Nano, 2014, 8 (5): 4580-4590.

[74] El-Kady M F, Strong V, Dubin S, et al. Laser scribing of high-performance and flexible graphene-based electrochemical capacitors [J]. Science, 2012, 335(6074): 1326-1330.

[75] Yun S, Kang S O, Park S, et al. CO$_2$-activated, hierarchical trimodal porous graphene

frameworks for ultrahigh and ultrafast capacitive behavior [J]. Nanoscale, 2014, 6 (10): 5296-5302.

[76] El-Kady M F, Kaner R B. Scalable fabrication of high-power graphene micro-supercapacitors for flexible and on-chip energy storage [J]. Nat Commun, 2013, 4: 1475.

[77] Zhang X, Zhang H T, Li C, et al. Recent advances in porous graphene materials for supercapacitor applications [J]. RSC Advances, 2014, 4(86): 45862-45884.

[78] Huang X D, Qian K, Yang J, et al. Functional nanoporous graphene foams with controlled pore sizes [J]. Adv Mater, 2012, 24(32): 4419-4423.

[79] Ning G Q, Fan Z J, Wang G, et al. Gram-scale synthesis of nanomesh graphene with high surface area and its application in supercapacitor electrodes [J]. Chem Commun, 2011, 47 (21): 5976-5978.

[80] Chen Z P, Ren W C, Gao L B, et al. Three-dimensional flexible and conductive interconnected graphene networks grown by chemical vapour deposition [J]. Nat Mater, 2011, 10 (6): 424-428.

[81] Zhu Y W, Murali S, Stoller M D, et al. Carbon-based supercapacitors produced by activation of graphene. Science, 2011, 332(6037): 1537-1541.

[82] Li C, Zhang X, Wang K, et al. Scalable Self-Propagating High-Temperature Synthesis of Graphene for Supercapacitors with Superior Power Density and Cyclic Stability. Advanced Materials, 2017, 29(7): 1-8.

[83] 常丽娟, 袁磊, 付志兵, 等. 超高比表面积氮掺杂碳气凝胶的制备及其电化学性能 [J]. 强激光与粒子束, 2013, 25(10): 2621-2626.

第**4**章
电极炭的工程制备技术

商业化使用的超级电容器电极活性炭，需要关注制备工艺（产品的可控性与品质一致性）、孔容与孔径分布（关系到容量）与材料的微观结构稳定性（关系到长期使用、是否塌陷），以及原料种类与炭的收率（关系到制备成本）。

4.1 主要制备工艺

经过长期探索，行业总结出活性炭的制备工艺包括：原料预处理与炭化、活化、清洗、干燥、高温热处理等关键步骤（表 4.1）。根据原料品质的不同，各工艺及控制条件的取舍均不相同。

表 4.1 活性炭制备的关键工艺与作用

编号	关键工艺步骤	目的	适用性	例外
1	原料预处理	将天然原料表面的污物去除	几乎所有的天然原料	人造树脂、化学试剂
2	炭化	通过热分解和缩聚反应，使原料内部的晶格结构排列趋于有序，且形成初始孔隙并具有一定的机械强度	适用于一切初始碳元素占比不高的原料	焦炭

编号	关键工艺步骤	目的	适用性	例外
3	活化	进一步去除杂质、形成孔隙、增大比表面积、产生物理吸附与化学吸附效果。活化的原理是在初始孔隙的基础上经过活化剂的刻蚀进一步形成大量的新孔隙，使初始孔隙得以进一步的扩展，并使孔隙间发生合并与连通	全适用	
4	清洗	深度去除金属杂质与灰分，并使产品达到中性	几乎所有的原料	
5	干燥	控制水分含量	几乎所有的原料	
6	高温热处理	减少活性炭表面的含氧官能团。含氧官能团的存在极大影响电容器的循环寿命。高温处理原理为有机官能团的裂解以及含氧官能团的还原	几乎所有的原料	

4.1.1 炭化工艺

炭化是第一个比较关键的步骤。以木质素含量不高的植物来说，其含水量可能高达 $60\%\sim95\%$，大量的无用成分在炭化过程中被去除（表 4.2）。需要注意三大方面：①炭化需要提供能量，促使原料分解；②需要控制速率，不至于使大量气体瞬时从原料中释放，生成许多不必要的大孔（导致产品堆积密度下降与强度下降）；③防止可能发生的急剧的相态变化，比如快速失水过程中，藻类有可能形成焦油，增大了工程处理难度。

表 4.2 不同原料的炭化收率举例

原料种类	分子式	失去的分子	炭化收率
椰壳	$(C_xH_y)_n(H_2O)_m$	H_2O, CO_2, CO	$10\%\sim20\%$

原料种类	分子式	失去的分子	炭化收率
蓝藻	$(C_xH_y)_n(H_2O)_m$	H_2O，CO_2，CO	$<10\%$
聚丙烯腈	$(CH_3CHCN)_n$	CH_4，C_xH_{2x+n}，CO_2，CO，N_2，H_2，HCN	$10\%\sim20\%$
酚醛树脂	$(C_7H_6O)_n$	CH_1，C_xH_{2x+n}，CO_2，CO，H_2	$20\%\sim30\%$
褐煤	$(C_xH_r)_{150}$	$C_1\sim C_{10}$ 烃，H_2，CO，CO_2，H_2O	$20\%\sim30\%$

经过炭化处理后，原料变成了初级产品，重量与体积均显著下降，附加值增高，既方便运输，又使后序活化装置小型化，节省投资。同时炭化可与活化过程独立进行，具备分工合作与异地建厂的可能。

4.1.2　活化工艺

活化工艺是利用不同的介质对炭化后的初级产品进行进一步造孔的过程，是活性炭制造技术的核心。制备微孔活性炭时，要考虑造孔介质的直径不宜过大。根据造孔介质的相态来区分，造孔剂可以分为气态造孔剂与固态造孔剂两类（表4.3）。

表4.3　不同造孔剂的活化原理与优缺点

活化方法	造孔剂	大致的反应方程	温度范围/℃	优缺点
气态造孔法	H_2O	$H_2O+C_xH_yO+C_xH_y \longrightarrow$ $CO+H_2+CO_2+CH_4$ $H_2O+C \longrightarrow CO_2+CO+CH_4+H_2$	$800\sim900$	气态造孔剂易混合均匀；吸热，能耗大，产品清洁，过程慢，但易控制；直接达中性
	CO_2	$CO_2+C_xH_yO+C_xH_y \longrightarrow$ $CO+H_2+CO_2+CH_4$ $CO_2+C \longrightarrow CO_2+CO$	$800\sim1000$	
	O_2	$O_2+C_xH_yO+C_xH_y \longrightarrow$ $CO+H_2+CO_2+CH_4$ $O_2+C \longrightarrow CO_2+CO$	$700\sim900$	放热，氧分压越高，越不易控制。产品清洁

活化方法	造孔剂	大致的反应方程	温度范围/℃	优缺点
固态造孔法	KOH (NaOH)	$KOH + C \longrightarrow CO + CO_2 + K_2CO_3 + H_2O$	800	固态造孔剂与产品需要均匀混合；产品孔结构易控，产品需要中和。高温下设备腐蚀严重，易析出碱金属，有爆炸隐患
	$ZnCl_2$、($CaCl_2$)	$ZnCl_2 + C_xH_yO_z \longrightarrow C + CO + HCl + ZnO_2 + H_2O$	500～700	
	固体 H_3PO_4	—	500～700	

气态造孔剂利用其在高温下的热氧化性，先与产品的有机物进行反应。这部分有机物自身热分解的同时，也缩合形成初级产品。到后期，气态造孔剂主要与炭初级产品反应，优先去除材料内部不稳定的碳结构（如无序的 SP^3 杂化的碳），保留结构规则、稳定性高的结构单元（如 SP^2 杂化的碳）。

活化过程的实质是材料的刻蚀过程。从动力学的角度来说，材料中先形成微孔，再逐渐形成介孔和大孔。适量介孔与大孔的存在，是活化过程能够顺利形成大量微孔的关键。因此，控制刻蚀工艺，可使大孔与介孔、微孔形成类似于肺的传输结构。在形成介孔与大孔的过程中，部分小孔有可能消失，相应的孔容动态变化，这是活化工艺控制的核心。活性炭的多级孔结构见图 4.1。

一般来说，比表面积（BET 法测量）、碘吸附值、孔容、振实密度对电容炭的容量有很大影响。比表面积越大、孔容越大，充放电过程中活性炭表面对电解液离子的吸附越多。此外，孔径分布对于活性炭的容量以及循环寿命有很大影响：微孔（孔径<2nm）对超级电容器的储能起主要作用，介孔（孔径 2～50nm）和大孔（孔径>50nm）为电解液离子的扩散通道。近期研究表明，微孔比例并不是越大越好。电解液离子无法进入超微孔（孔径<0.4nm），超微孔对储能贡献不大。

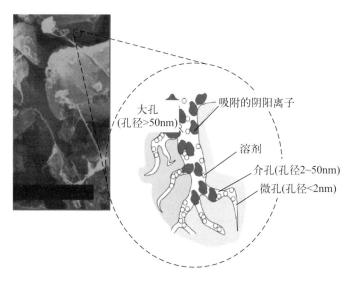

图4.1 活性炭的多级孔结构

另外，微孔活性炭虽是以微孔为主，但并不是完全没有介孔。一般来说，微孔活性炭的宏观颗粒越小，暴露的外比表面积越大，起离子传输作用的介孔的比例就会适当减少。

形成介孔与大孔时，会降低产品的堆积密度。同理，减小活性炭宏观颗粒的尺寸，堆积空隙增大，也会降低产品的堆积密度。因此，需要结合具体的应用场景（如能量型、功率型的要求）来决定活性炭的粒径。

从工程的角度讲，H_2O、CO_2 等气体分子的氧化性不太强，过程是强吸热反应，造孔过程缓慢但易控。H_2O 与碳反应的速率又要远快于 CO_2 与碳反应的速率。而 O_2 的高温氧化性太强，过程是强放热反应但不易控制。因此，将 H_2O、CO_2、O_2 进行混合活化造孔，原理上既可以提高速率，又降低能耗。核心是控制三种介质的比例，及开发保证三种介质同时起作用的工艺。目前，国内外著名的活性炭生产商均以椰壳为原料，并采用 H_2O 活化法制备超级电容炭。放大制备时，这个方法的产品品质高，值得重视。

特别指出，这类气体分子造孔的方法在活性炭行业内常被称为"物理活化法"，事实上，该活化过程有大量的化学反应参与，提请读者注意。

与上述气体分子的活化造孔过程相比，使用碱性（KOH、NaOH等）或酸性固态造孔剂，需要将活化剂与炭初级产品良好混合。这类试剂的化学活性高，有可能降低与碳反应的温度。以最常见的 KOH 活化为例，该法活化温度较低、活化时间较短，易对产品的孔隙结构和比表面积进行调整控制。KOH 活化的反应机理模型如图4.2所示。

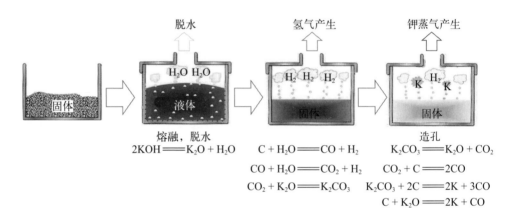

脱水　　　　　氢气产生　　　　　钾蒸气产生

熔融，脱水
$$2KOH \rightleftharpoons K_2O + H_2O$$

$$C + H_2O \rightleftharpoons CO + H_2$$
$$CO + H_2O \rightleftharpoons CO_2 + H_2$$
$$CO_2 + K_2O \rightleftharpoons K_2CO_3$$

造孔
$$K_2CO_3 \rightleftharpoons K_2O + CO_2$$
$$CO_2 + C \rightleftharpoons 2CO$$
$$K_2CO_3 + 2C \rightleftharpoons 2K + 3CO$$
$$C + K_2O \rightleftharpoons 2K + CO$$

图4.2 KOH 的活化机理

KOH 除了刻蚀植物类来源的炭（SP^3 杂化程度高），也可以刻蚀结构更加牢固的炭（如 SP^2 杂化的碳纳米管或石墨烯）。使用 KOH 刻蚀碳纳米管，在造孔的同时，可使碳纳米管沿轴向裂开形成石墨烯，进一步增大了比表面积。使用 KOH 对石墨烯造孔，形成活化石墨烯。这类样品既具有活性炭类似的丰富的微孔，而且其宏观结构是平面结构，更利于离子快速吸附/脱附。

除 KOH 造孔技术外，NaOH 造孔技术也广受关注。二者分子大小不同、活性不同、腐蚀程度不同，显著降低了造孔剂成本。有报道研究了 KOH、NaOH 对沥青焦造孔的影响。用 KOH 造孔的产品孔容大（图4.3），容量也高。但用 NaOH 造孔的产品微孔与介孔兼顾（图

4.4）。也有报道用 NaOH 处理 PS（聚苯乙烯）微球，得到 $2500m^2/g$ 以上的中空碳微球，显著提高了介孔率。由于 NaOH 比 KOH 的活化效率低，所得多孔炭具有较高的压实密度。对于同时考虑炭的压实密度与容量的器件设计来说，该类材料是一个有益选择。

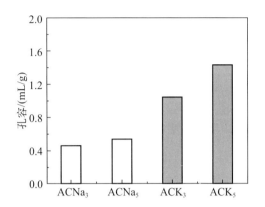

图 4.3 以 NaOH、KOH 造孔的产物的孔容对比

（其中，$ACNa_3$ 与 $ACNa_5$ 表示用 NaOH 活化的活性炭样品；ACK_3 与 ACK_5 表示用 KOH 活化的活性炭样品）

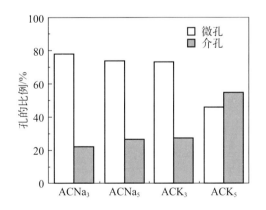

图 4.4 NaOH 活化与 KOH 活化的孔结构比例

国内外有许多企业采用 KOH 与 NaOH 活化法制备活性炭。放大制备时，要注意物料混合均匀问题、高温下钾蒸气累积产生的安全、器壁腐蚀问题，以及混入杂质等纯度问题。

原理上，也可以将气态造孔剂与固态造孔剂联合使用。先使用固态造孔剂，会增加原料活性，提供更多的初始活性位点，供气体活化剂进行孔内传输与造孔。利用该法可通过控制浸渍比和浸渍时间制得比表面积大且孔径分布合理的超级活性炭。然而，从 KOH 造孔的化学反应方程式可知，KOH 需要先高温脱水生成 K_2O，然后再生成 K_2CO_3。其与常用的气态造孔剂（H_2O、CO_2）均存在着复杂的平衡反应，导致这个过程非常复杂。并且在气态造孔剂的存在下，由于分压的原因，可能会导致 KOH 的分解及加速流失。

4.1.3 化学气相沉积技术

使用金属催化剂裂解碳源，生成碳纳米管的技术，以及使用多种无机模板剂裂解气相或气化碳源，生成石墨烯的技术，统称为化学气相沉积技术。

从工程的角度看，这些反应可以分为放热反应、吸热反应或近乎不放热或不吸热的反应。常用的反应类型如表 4.4 所示。

表 4.4　不同碳源对应的目的产品、过程特性与优点

碳源	目的产品	过程	优点
甲烷	少壁碳纳米管或少壁石墨烯	吸热反应，裂解温度 700～950℃；90～100kJ/mol	转化率低，碳沉积率低，壁数或层数容易控制
乙炔、乙烯、丙烯	多壁碳纳米管多层石墨烯	放热反应，裂解温度 600～800℃	转化率高，碳沉积率高，易批量生产
甲醇、乙醇	多壁碳纳米管	放热反应，裂解温度 600～800℃	转化率高，碳沉积率低于烃类，原料便宜，易批量生产
液化气、烷烃	多壁碳纳米管	吸热反应，裂解温度 700～800℃	转化率高，碳沉积率高，易批量生产

碳源	目的产品	过程	优点
催化柴油	多壁碳纳米管	多种组分，宏观上为不吸热或不放热反应，裂解温度 700~800℃	转化率高，碳沉积率高，原料便宜，易批量生产

4.1.4 气相热裂解反应

气相热裂解反应是指在高温下烃类直接裂解，进行缩合生成炭黑、硬炭、针状焦以及纳米碳纤维的反应，不需要有催化剂参与。

4.1.4.1 乙炔热裂解制备乙炔炭黑

乙炔气经过喷嘴进入裂解炉，在温度超过 800℃ 以上时自动裂解，且放出大量热量，一般把温度控制在 1600~1800℃。炉内裂解段需要设置厚度为 90~100mm 的石墨砖保护炉壁（图 4.5），夹套内用水冷却以保护炉衬且带走多余的热量。炉内设置特定的结构，通过上下往复运动，除掉附着在炉壁上与乙炔气喷嘴上的焦块。

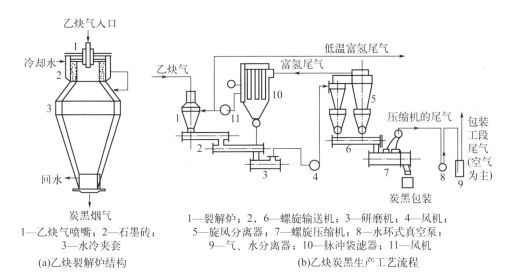

1—乙炔气喷嘴；2—石墨砖；3—水冷夹套

(a)乙炔裂解炉结构

1—裂解炉；2、6—螺旋输送机；3—研磨机；4—风机；5—旋风分离器；7—螺旋压缩机；8—水环式真空泵；9—气、水分离器；10—脉冲袋滤器；11—风机

(b)乙炔炭黑生产工艺流程

图 4.5 乙炔裂解炉结构及乙炔炭黑生产工艺流程

裂解尾气（主要成分是氢气）逸出裂解炉并换热后，部分再返回裂解炉，在适当位置引入，用于截焰冷却，终止生成炭黑的反应。

生成的炭黑经过两级螺旋输送机（带冷却装置）后被研磨粉碎、收集。在乙炔处理量为 $140\sim300\text{m}^3/\text{h}$ 时，乙炔炭黑产量为 $140\sim160\text{kg}/\text{h}$。

4.1.4.2 沥青或焦油裂解制备针状焦

生产针状焦的焦炭塔已经实现了大工业化，设备直径可达 $9\sim10\text{m}$，产量每年为百万吨级。焦炭塔是延迟焦化装置的关键设备，其操作条件十分苛刻，操作温度高，温度变化范围大，且在运行过程中升温、降温交替频繁，每 $30\sim48\text{h}$ 从常温到 $500℃$ 交替一次。这对设备的热处理与焊接及应力处理提出了极大挑战。控制其中的油分与温度，可以大量生产中间相碳微球，用作锂离子电池或电池型电容的负极材料之一。

4.1.4.3 胶化淀粉热裂解制备硬炭

陈成猛对酯化淀粉热解为硬炭的过程进行了详细研究（图4.6）。原料的含氧量高达 49%，还原温度在 $200\sim400℃$，炭化温度在 $1100℃$。还原气氛（H_2 或 Ar）对前驱体结构有很大影响，也会影响到样品的失重率。

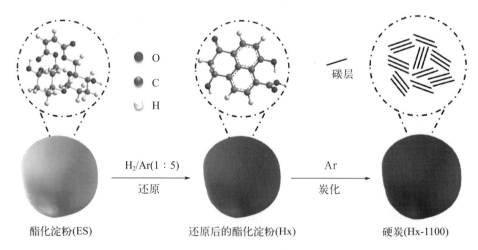

图4.6 酯化淀粉热解为硬炭过程示意图（另见文前彩图）

优化条件为300℃氢还原，再于1100℃炭化，可以得到比表面积为 2.96m²/g的硬炭（图4.7）。而在Ar气氛下，样品的比表面积为 5.26m²/g。对于用于锂离子电池或电池型电容器负极的硬炭来说，降低绝对比表面积，有利于提高器件的首效（即首次效率）。

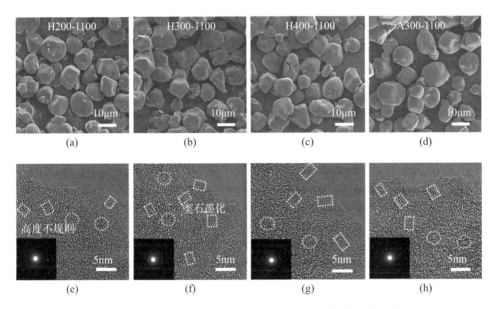

图4.7 不同温度还原及炭化所得产品的微观结构图

4.1.4.4 催化柴油热裂解制备炭颗粒

骞伟中团队对催化柴油热裂解生成炭颗粒的技术进行了详细研究。催化柴油是石化行业中比较难加工的品种，其含氢量只有9%左右（大致平均分子式可写为$C_{10}H_{12}$，富含萘系化合物），虽然比沥青的含氢量（6.2%，大致平均分子式可写为$C_{10}H_8$）大，但远低于石脑油（以$C_{10}H_{22}$、$C_{12}H_{26}$计时，含氢量分别为15.4%和15.3%）与轻质烷烃（甲烷、乙烷、丙烷的含氢量分别为25%、20%、18%）。因此，在新能源产业的冲击下，这部分原料炭化是很重要的技术方向。

本团队选择催化柴油热裂解技术的考虑如下：①不需要催化剂，炭产品灰分低；②与沥青、焦油等相比，催化柴油是馏分比较轻的产品，杂质少，也利于生产高纯度的碳材料；③催化柴油的价格远低于聚丙烯腈纤维或酚醛树脂、呋喃树脂等，且供应量大，品质易控。上述几点特性在未来将比生物质炭或树脂基炭更加有竞争力。

在900～1100℃的热裂解温度范围内（图4.8），高温有利于提高炭化率。其他碳元素主要以甲烷形态存在。同时，随着温度的升高，甲烷体积分率降低，氢气分率逐渐上升。

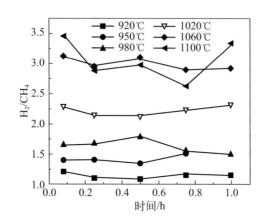

图 4.8 催化柴油热裂解时，尾气组成与温度、时间的关系图

由于催化柴油为烃类混合物，且尾气组成简单，因此，可用尾气中的碳氢组成来计算过程的物料平衡。当尾气中的 H_2/CH_4（摩尔比）为1时，热裂解的化学平衡式可写为 $C_{10}H_{12} = 8C + 2CH_4 + 2H_2$，此时对应的碳收率为72.5％。当尾气中的 H_2/CH_4（摩尔比）为4时，热裂解的化学平衡式可写为 $C_{10}H_{12} = 9C + CH_4 + 4H_2$，此时对应的碳收率为82％。这两个碳收率的数值基本决定了催化柴油在常压高温裂解的炭化收率。

另外，由于催化柴油比沥青的氢含量高，因此比沥青更加难以炭化。但也带来一个好处，炭化过程中产生的气体比例相对较大，生成的炭颗粒可以在气体中悬浮，可以利用流化床处理。

如图4.9所示，在下行床裂解过程中，生成的炭颗粒直径在 $1\mu m$ 左右。这为定向包裹性沉积生成 $5～6\mu m$ 的电极炭颗粒，直接用于涂布创造了条件。

图 4.9 1060℃热裂解条件下获得的炭颗粒 SEM 照片

相比较而言，炭化速率过快的过程（如沥青生成针状焦）会导致大块炭的产生，使得后续的工程化处理手段完全不同。

另外，利用化学气相沉积法与气相热裂解反应得到各种碳材料，还可以接着用活化剂（如 H_2O、CO_2、KOH 等）进一步造孔提高比表面积，以及提高孔的通透性。

4.2 炭化或活化的关键装备

由于活性炭、碳纳米材料、碳气溶胶等的制备温度均高达 $800\sim 1000$℃，所以，关键装备是控制产品质量的核心。同时，高温过程需要消耗大量的能源，因此，在大型生产过程中涉及的过程热管理（包括原料的预热、过程的热控制，以及尾气余热回收、固体产品的冷却）就变得非常关键。同时，装置实现连续化，有利于各装置的操作参数与结构处于相对稳定的状态，也对装置的寿命与成本等至关重要。同时，生产规模越大，不同处理工段的集成就越重要。

因此，大型化的生产流程常常考虑将装备与工艺紧密结合，保证产品的均一性以及过程的能量使用优化。

4.2.1 斯列普炉

斯列普炉是最流行的制备活性炭的大型化装置之一（图 4.10），以煤、生物质（如椰壳等）原料制备活性炭具有通用性。斯列普活化炉一般由炉本体、蓄热室和烟囱组成，呈现列式装备排放。根据炉本体的结构，将活化道自上而下分为 4 段，分别为预热段、补充炭化段、活化段和冷却段。所加工的原料放在活化道中，首先在预热段被预热除去水分；然后在补充炭化段，具有一定挥发分的炭化料被高温活化气体间接加热，使炭的温度不断提高，进行补充炭化；在活化段，炭与活化气体直接接触进行活化；在冷却段，产品的热量通过炉壁散热而进行自然冷却。

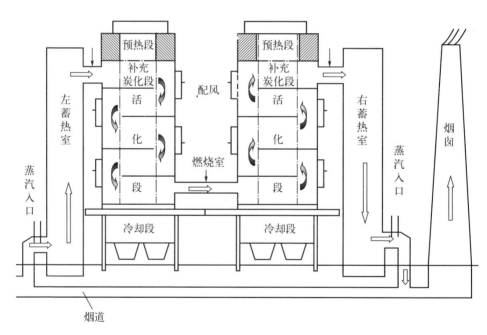

图 4.10 制备活性炭的流程与装置示意图

为了更好地利用热能，炉本体为方形结构，炉膛中间用耐火砖墙相隔分为左、右两个半炉，由下连烟道（燃烧室）将两个半炉连接起来。炉膛内的活化道（产品道）由耐火砖堆砌而成，在活化炉顶部又将炉本体分成八个互不相通的活化槽，即每个半炉有四个活化槽。每段在活性炭生产过程中起着不同的作用。同时，每个半炉设有一个蓄热室，通过上连烟道与蓄热室相连，蓄热室腔内用耐火砖堆成格状，起储存活化炉的热能与加热活化剂——水蒸气的功能。由此可见，活化炉通过蓄热室的调节使整个系统热量平衡，在正常操作时，一般不需要从外部补充热量。

如图 4.10 所示的左侧炉子中，水蒸气从顶部进入，和炭前驱体进行顺流接触且活化。水蒸气与炭反应，生成了大量的 CO、CO_2 和氢气，而由上而下水蒸气的含量逐渐降低。到达中间的燃烧室时，CO 与 H_2 和空气进行作用，生成 CO_2 和水，且放出大量热量。在右侧炉子中，高温 CO_2 与水蒸气和炭前驱体进行逆流接触且活化，又生成 CO 与 H_2。因此活化过程中，气氛是不断变化的。在气体通道上可以随时补加水蒸气，以及将部分烟道气放空，部分烟道气进行循环，从而来调节活化气体的组成。

原理上，斯列普活化炉适应各类颗粒炭的生产，采用水蒸气、烟道气交替活化，可实现连续生产，具有产量较大、产品质量较高、过热蒸汽温度稳定、不需外部供热等特点。从炭原料变成炭产品，大致需要 50～80h 的时间。由于该炉体主要由耐火砖构成，生产线的造价不太高，只是占地面积较大。但需要关注的是管理复杂、劳动强度较大及卸料时的环保问题。

对斯列普炉的改进，主要集中于如何增加换热面积、控制不同气体的走向，以及延长关键工艺段的停留时间。同时还包括扩大处理物料的腔室的有效体积占比。

斯列普炉的限制性环节包括：

① 升降温控制很慢，因此，无法适应原料变化后的工艺参数快速调整需求。

② 斯列普炉基本为微正压操作，无法实现较高压力下的活化操作。

③ 斯列普炉的反应区结构为气体与固体径向接触的固定床模式，

在轴向上属于缓慢移动的移动床模式。因此床层堆积方式要严格控制，大多用于处理 $1\sim2$mm 直径的颗粒。而最终的电极炭粒径常小于 $10\mu m$，需要进一步地破碎才能达到。在产品破碎的过程中，常有孔径塌陷现象，比表面积损失。因此，无法使工艺参数与产品质量形成直接的反馈控制关系。

4.2.2 卧式炭化炉与活化炉及配套设备

卧式炭化炉是一种外加热的烧炭炉（图 4.11）。用作炭化炉时，里面有高温保温棉铺衬，共有三层。炉子后面安装有烟气净化系统。炭化炉在炭化时，需要用薪棒在炉子底部点火，通过外源加热使炉子里面的木头均匀受热，分解出木焦油、可燃气体等。然后再通过烟气净化系统循环利用，可燃气体返还底部充分燃烧，可以实现节能效果。

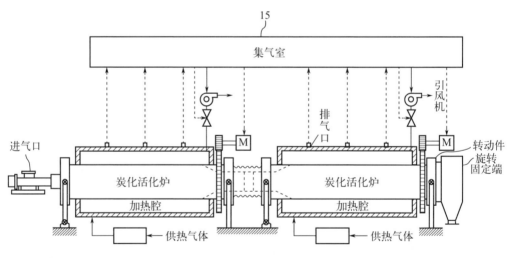

图 4.11 旋转式炭化炉设备

其生产工艺主要以纯木质炭为原料，不添加任何化学药品为活化剂，而主要以自身的碳元素，在空气（氢气）为助燃剂的情况下，在活化炉内旋转燃烧，使温度达到 1000℃ 以上，再以水蒸气、二氧化碳、氢气为活化介质，进行活化制取活性炭。

从多样化的原料（木屑、果壳、果核、竹片、椰壳片、棕榈壳）开始处理时，一般需要烘干、炭化、活化等的操作步骤。过程中需要供热装置，及蒸汽发生炉及活化炉，以及后续的产品冷却器、除尘系统、烟气处理系统、进料机、出料机、提升机、料仓、配电柜、风机等。

显然，旋转式炭化炉是保证混料均匀，获得优质产品的关键。但其他配套系统，则要注重热能的合理利用与环境保护以及过程的连续化。比如，烟气处理系统通常采用焚烧及喷淋装置，保证废气达标排放；除尘系统是减少粉尘飞扬、改善工作环境的必要设备；输送系统如斗式提升机、螺旋输送机、刮板输送机、链式提升机、爬坡机等是物料输送连续化的关键；包装系统可实现自动化，节省人力、物力和财力。

旋转式炭化过程中，产品的粒径会有较大变化，因此需要严格控制气流与颗粒的接触状态，保证均匀炭化。相较于斯列普炉，旋转式炭化炉中的粉料是快速运动的，有利于提高产品均匀性。但由于设备重量与高温设备旋转件的设置复杂性，其中的粉料运动速度与均匀性又不如湍动流化床。

4.2.3 碱活化炉

KOH 活化炉也是活性电极炭的重要装备之一（图 4.12），可以用隧道窑加履带输送的模式，实现连续动态、自动化煅烧。同时，相关外围炉衬的保温与维护经验成熟。由于温度高达 900℃以上，因此，碱腐蚀与金属钾蒸气控制是相关安全管理的核心。通常需要采用耐热合金钢来防止碱腐蚀。同时，通过气体保护的方式，实现可控活化与安全生产的目的。

图 4.12 KOH 活化炉装置

4.2.4 流化床

流化床一般是以气体或液体为流体，将固体悬浮起来的反应器形式。对于不同的碳电极材料制备来说，有两种路线。一是利用别的液相或气相碳源，经过裂解，实现碳的自组装，形成碳纳米管、石墨烯、纳米碳纤维、导电炭黑。二是基于已有的含碳元素的原料，经过炭化、活化，制造多孔炭。从工程的角度，可以总结为表4.5。

表4.5 不同材料对应的主流制备技术、过程特点及管理要点

品种	主流制备技术	过程特点	其他	管理要点
碳纳米管	化学气相沉积，由其他碳源分解，碳原子自组装制得	随着时间增加，反应器中的固相产品越来越多	需要大量的固相催化剂/模板剂作为原始固相介质，高温下碳源为气相，且作为流化介质	控制床层高度与压降，防止产品聚集后密度与粒径迅速增大
石墨烯				
纳米碳纤维、导电炭黑、针状焦、中间相碳微球				
活性炭	由固相物质经过炭化与活化制得	随着时间的增加，反应器中的固相产品越来越少	高温下使用H_2O、CO_2气体活化剂作为流化介质，或使用KOH等固相活化剂、其他惰性气体作为流化介质	监控床层压降，防止产品越来越少后气固接触效果变差或换热面积低效利用
多孔碳纳米管、多孔石墨烯				

由于涉及催化剂或炭原料在反应器气体中的悬浮，因此固体颗粒的粒径与密度成为流态化操作的关键。具体的参数如表4.6。

表4.6 不同碳材料制备体系的固体粒径、密度等特征

制备体系	固相	密度/（kg/m³）	粒径/μm	Geldart分类
碳纳米管	金属负载型催化剂	500～1200	30～100	A类颗粒

制备体系	固相	密度/（kg/m³）	粒径/μm	Geldart 分类
石墨烯	模板剂	300～800	10～50	A 类与 C 类颗粒
活性炭	炭化料	200～600	5～8	C 类颗粒
多孔碳纳米管	碳纳米管聚团	30～200	20～200	C 类颗粒

对于 CVD 加工过程来说，流化床反应器中碳源气体在催化剂或模板剂上进行高温转化（图 4.13）。当碳源气体逐渐裂解生成碳时，反应器中的固体体积与质量都是逐渐增加的。控制气固混合状态可以达到均匀的混合，从而实现温度均匀与浓度均匀，这对于高端材料的制备及实现连续化非常关键。

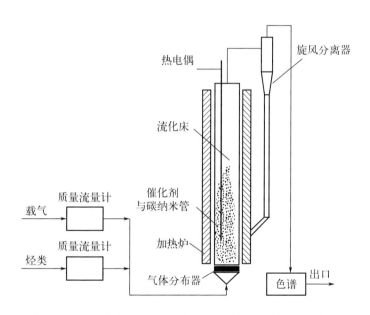

图 4.13 利用催化剂裂解烃类制备碳纳米管的流化床装置示意

4.2.4.1 碳纳米管与石墨烯的制造

利用纳米金属负载型催化剂或模板剂生长碳纳米管、石墨烯或者二者的杂化物（GNH）时，碳相体积增加显著。流化床中气流湍动，固相体积可能在悬浮气流中不断增加。因此，流化床的特殊流动结构满足了碳纳米材料自由生长的需求。本团队利用这类方法，分别利用丙烯-流化床 CVD 实现了多壁碳纳米管批量制备，利用甲烷-流化床 CVD 法成功实现了聚团状单壁管、三维石墨烯以及石墨烯与碳纳米管杂化物（GNH）的批量制备。

观察到多壁碳纳米管生长迅速，管径控制相对容易，核心是体积急剧膨胀的工程管理；石墨烯生长速率低，层数控制取决于模板，体积变化不大；最具有挑战的是单壁碳纳米管的生长控制，其中涉及金属晶粒的还原、成核与聚并。一旦控制不当，就会生成大量多壁碳纳米管或纳米碳纤维。另外，生长单壁管与双壁管的纳米金属晶粒非常小，极易在高温下团聚，在几秒钟内失活，从而变成产品中的杂质。这与活性炭活化过程中长达数小时的处理时间形成了鲜明对比。

为了解决催化剂的失活问题，本团队提出了下行床与湍动流化床相结合的反应器形式（图 4.14）。在下行床中催化剂种子仅停留 $2\sim4s$，自然升温，迅速还原，先还原出来的金属晶粒具有很高的活性。在极短时间内生长出占催化剂 $6\%\sim8\%$（质量分数）的单壁碳纳米管。继续在湍动流化床中操作时，由于单壁管事先在催化剂表面进行了空间占位，催化剂上继续还原出来的金属晶粒就不易再聚并。这种技术可以最大收率、最大选择性地生长单壁碳纳米管，为降低生产成本、简化纯化步骤、促进应用提供了基础。

4.2.4.2 活性炭的制造

对于生物质原料或化工原料的炭化来说，原理上只要把原料破碎到流态化合适的粒径，就可以利用流化床进行炭化。但实际上操作报道还比较少。其中的核心要素是炭化时间长、工艺简单，没有必要用流化床。同时，对于炭化过程中发生体积急剧收缩聚团的物料（比如酚醛树脂的炭化），也要注意固体颗粒的密度与粒度的急剧变化，导致流态化操作不稳定或失效。

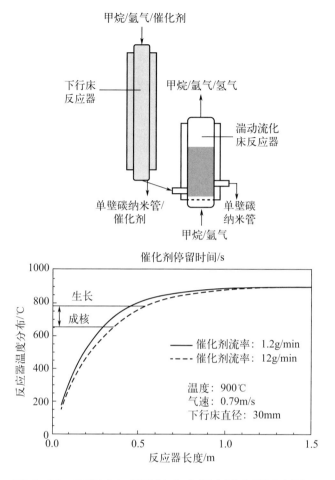

图 4.14 下行床与湍动流化床耦合反应器示意图，以及下行床中催化剂快速加热、成核与还原时间的计算

另外，将原料粉碎的过程需要消耗能量。由于炭化是一个显著失重的过程，炭化前粉碎的物料量要远大于炭化后破碎的物料量。这都是工程中要考虑的因素。

对于活性炭的活化制造来说，在煤化工过程中，也有利用流化床在高温气态水或 CO_2 条件下将煤炭变成多孔焦炭的过程。这个过程给超级电容器电极炭的控制制备提供了借鉴。但多孔焦炭制备与电极活性炭制备过程存在着极大的差异。多孔焦炭过程颗粒大，产品质量控制相对不严格。而电极炭的纯度与粒度控制都很严格，对反应器的材质要求也非常严格（金属蒸气会带来污染，耐温层会带来灰分）。

根据这些要求，本团队提出了利用水蒸气或 CO_2，以及其混合物为活化介质的加压流化床制备超级电容器电极炭的技术路线。压力可在常压到 1MPa 间方便控制。由于加压可以提高孔的刻蚀速率，因此可以实现快速活化。同时，流化床添加粉状原料方便，且固体与气体混合后，比热容很大，因此实现了快速升温。这两个优势均显著提升了产品的制备效率。另外，流化床中物料混合均匀性是最好的，也极大地提高了产品的一致性（产品的比表面积误差可在 1% 以内）。这几个优势在大批量制备过程中会逐渐显现出来。目前，本团队已经实现了直接利用比表面积低于 $50m^2/g$ 的原料，直接活化制备比表面积为 $1500 \sim 2200m^2/g$ 产品的技术，也实现了利用市售的大比表面积的微孔炭（介孔比例低）制备大比表面积的、微介孔兼顾的介孔碳，从而体现出流化床技术在制备能量型电极炭与功率型电极炭方面的通用性。

特别地，由于极片加工（涂布）过程以及器件的性能要求，最终的电极炭颗粒产品通常在 $5\sim6\mu m$（需要兼顾压实密度、充放电时的电子极化与离子极化现象）。这个粒径属于细颗粒或 Geldart C 类超细粉范畴，颗粒间的范德瓦耳斯力强，易聚团。细颗粒的流态化一直是国际性挑战，需要精细控制。另外，活性炭在流化活化过程中固相逐渐减少，反应器内的换热面积逐渐得不到有效利用，因此需要比较精细的床层高度控制。

本团队还发展了直接利用流化床活化直径 $5\sim7\mu m$ 的电极颗粒（超细粉）的技术，既可以添加大的颗粒来帮助超细粉流化，也可以添加碳纳米管聚团来帮助超细粉流化。等到达活化终点时，采取加大气速的方法，使不同的颗粒分级。添加碳纳米管聚团的特点在于：许多小的超细粉颗粒附着在碳纳米管聚团表面，因而空隙率大，容易活化反应。同时，碳纳米管为 SP^2 杂化结构的炭产品，热稳定性比活性炭（主要是 SP^3 杂化结构的炭产品）高，因而在活化过程中损失较少，便于循环使用。即使少量碳纳米管掺入电极颗粒中也不要紧,可以直接充当导电剂使用。

在使用酚醛树脂颗粒炭化与活化的过程中,常伴随着强烈气味的醛的产生,长期以来,后续尾气处理的环保问题引人关注。本团队利用多孔炭活化的温度高、余热可以利用的特点,发展了先制备多孔炭,再将尾气进一步转化为碳纳米管的串联转化技术,既使得综合炭收率显著提高,产品经济性提高,又解决了环保问题。同时,生成的碳纳米管可以用于电极超细粉颗粒的助流化操作。

在不同的反应装备与系统过程中,要充分关注热能的合理利用,以及不同活化尾气的处理。对于 CO_2 活化技术来说,所得产品气体中含有一定量的 CO。后期通过 CO 锅炉,得到高温烟气,能够通过间接换热的方式供 CO_2 活化流化床使用,使得过程比较节能。同时,在有条件的地方,可以用纯氧来促进 CO 完全燃烧,得到高纯 CO_2,在余热利用后,可以加压用作活化介质。实现过程中 CO_2 介质的自供应。对于 H_2O 活化来说,所得产品气体中含有合成气(H_2/CO),可以通过水煤气逆变换反应,得到 H_2 与 CO_2。该技术相当于副产了有用的氢气产品,可以提高过程的经济性。

4.2.5 研磨与破碎设备

斯列普炉等制备的活性炭颗粒,常采用研磨与破碎装置,将大的活性炭颗粒破碎为小于 $10\mu m$ 的电极颗粒,以方便制备浆料与涂布。研磨的设备常用球磨与砂磨设备。利用固相颗粒加磨料,以及添加少量液体的方式进行研磨,也可以采用撞击流设备进行颗粒粉碎。

研磨后的颗粒经过干燥与筛分后,变为成品。其中需要注意的是,磨细的颗粒外比表面积增大,易聚团。

另外,破碎过程中,也常导致颗粒的比表面积下降(包括部分孔壁破碎与孔被堵塞等效应),需要充分重视。

4.2.6 搅拌釜、磁选装置及真空加热炉

石墨烯的氧化活化，电极炭的纯化（如酸洗、碱洗）过程，电极浆料的混料均主要使用搅拌装置。因此，搅拌装置的大型化及保持良好的混合都是非常关键的。

炭中的金属杂质去除，除湿化学法之外，还可以用机械的磁选法与高温的真空加热蒸发法。相关设备也是非常关键的。磁选需要注意颗粒度与流场中的流动分选特征。特别地，高温纯化过程中，只有抽高真空的加热炉是操作条件苛刻的装置。还需要注意高温加热过程中材料的聚并（损失比表面积、孔结构塌陷、分散性变差）。

4.3 市场产品供应

目前来说，椰壳活性炭（微孔型）已经形成千吨级至万吨级的产线规模，可以满足双电层电容器的市场，全世界的椰壳产能与终端电极炭产能形成了一个价格与供应量的平衡制约关系。利用玉米淀粉、稻壳或其他木质素原料也实现了百吨级的微孔活化炭制备。由石油焦或酚醛树脂制得的功率炭为几十吨到百吨级规模，主要是与微孔炭掺混使用。

随着新能源调频市场的打开，以及其他储能材料中对多孔炭的较大需求，预计会有极大的市场爆发。

多壁碳纳米管的主要用途是作为锂离子电池与超级电容器（包括混合型超级电容器）的导电浆料，目前已经形成万吨级粉料与几十万吨浆料的市场供应。氧化石墨烯也已经形成千吨级至万吨级的规模，但还没有在超级电容器行业真正成为大宗产品。

单壁碳纳米管、单层石墨烯的市场规模不足百吨级/年。未来可以在特殊导电剂添加方面有用途，或与活性炭掺混使用。

介孔碳纤维已经在环保上有分支型产品，但在超级电容器上还没有

大量应用。由于碳纤维已经形成千吨级产线，有诸多成熟经验借鉴，这个产品将来会有较大的发展空间。

进口活性炭仍然占据着市场的大部分份额，如日本可乐丽公司、斯里兰卡黑卡博公司生产的椰壳活性炭，韩国 PCT 公司生产的石油焦基活性炭等。因此，形成自有知识产权的量产工艺与实现规模制备与应用非常关键。

参考文献

[1] 张文峰，曹高萍，张浩．一种高导电性介孔炭的制备方法：CN106365140A［P］. 2017-02-01.

[2] Zhu Y W，Murali S，Stoller M D，et al. Carbon-based supercapacitors produced by activation of graphene[J]. Science，2011，332(6037)：1537-1541.

[3] Zhang L L，Zhao X，Stoller M D，et al. Highly conductive and porous activated reduced graphene oxide films for high-power supercapacitors ［J］. Nano Letters，2012，12(4)：1806-1812.

[4] 骞伟中．利用碳纳米管聚团辅助流化的多孔炭制备系统与方法：CN117509641A［P］. 2024-02-09.

[5] 韩玉梅，大型焦炭塔设计特点介绍［J］. 化工设备与管道，2014，51(1)：1-5.

[6] 魏飞，刘毅，骞伟中，等．连续化生产碳纳米管的方法及装置：CN101049927B［P］. 2010-11-10.

[7] Zhang Q，Huang J Q，Qian W Z，et al. The road for nanomaterials industry：a review of carbon nanotube production，post-treatment，and bulk applications for composites and energy storage ［J］. Small，2013，9(8)：1237-1265.

[8] Song M X，Yi Z L，Xu R，et al. Towards enhanced sodium storage of hard carbon anodes：regulating the oxygen content in precursor by low-temperature hydrogen reduction ［J］. Energy Storage Materials，2022，51：620-629.

[9] Cui C J，Qian W Z，Zheng C，et al. Formation mechanism of carbon encapsulated Fe nanoparticles in the growth of single-/double-walled carbon nanotubes ［J］. Chemical Engineering Journal，2013，223：617-622.

[10] Yun S，Qian W Z，Cui C J，et al. Highly selective synthesis of single-walled carbon nanotubes from methane in a coupled Downer-turbulent fluidized-bed reactor ［J］. Journal of Energy Chemistry，2013，22(4)：567-572.

[11] 骞伟中，陈航，多尼，等．一种碳纳米材料宏观体、制备方法及吸附与过滤颗粒性能：CN106582520A［P］. 2017-04-26.

[12] 骞伟中，王宁，侯一林，等．一种自支撑介孔碳及其制备方法：CN106517140A［P］. 2017-03-22.

［13］ 魏飞，魏小波，张强，等．利用含镁化合物制备的包含碳纳米材料的混合物的处理方法：CN106145086A ［P］. 2019-07-23.

［14］ 骞伟中，谢青，余云涛，等．活性炭与石墨烯杂化物构成的复合颗粒、制备方法及应用：CN105118682A ［P］. 2015-12-02.

［15］ 魏飞，张兴华，骞伟中，等．一种去除单壁碳纳米管中碳杂质的方法：CN104310375A ［P］. 2015-01-28.

［16］ 骞伟中，崔超婕，汪剑．一种多孔炭的制备方法及其多段式流化床反应器：CN202310413886 ［P］. 2023-04-18.

［17］ 谢青，和冲冲，何宫樊，等．一种导电浆料及其制备方法、应用：CN107180667A ［P］. 2017-09-19.

［18］ 骞伟中，田佳瑞，杨周飞．一种千层饼状纳米石墨烯及其制备方法和应用：CN106653379A ［P］. 2017-05-10.

［19］ Wang J C，Kaskel S．KOH activation of carbon-based materials for energy storage ［J］. J Mater Chem，2012，22(45)：23710-23725.

第**5**章
电容器电解液技术

　　超级电容器的电解液是其重要的组成部分，承担着离子及电子载体的角色。其与电极材料的兼容性是超级电容器工作电压的决定因素。对电解液的要求包括：工作电压窗口宽、电化学稳定性高、离子浓度高、溶剂化离子半径小、电阻率低、黏度低、挥发性低、毒性低、成本低、电解液纯度高等。目前电解液主要分为五类：水系电解液、有机电解液、离子液体、固态电解质、凝胶电解质。

5.1 水系电解液

　　水系电解液具有内阻较低、离子半径小、浓度高等优点，是最早应用于超级电容器的电解液。水系电解液具备高离子电导率，浓度为$1mol/L$的硫酸在$25℃$时电导率为$0.8S/cm$，数值至少高出其他电解液一个数量级。高的离子电导率可有效减小等效内阻，功率输出性能好。该电解液通常以金属氧化物为电极，体系不需要严格控水，操作简单，无须在手套箱中进行工作。水系电解液通常分为三大类，即碱性电解液、酸性电解液和中性电解液。

5.1.1 KOH 电解液

碱性电解液常常采用氢氧化钾体系，因为其具备高的离子电导率。同时，KOH 电解液由于操作简单，常被学者们用于炭性能的评测，以及用于赝电容材料的评测。许多炭可由生物质经过 KOH 高温造孔而成，本身具有非常多的含氧官能团（亲水性）。使用 KOH 电解液，OH^- 离子能够很好地润湿炭的表面，既具有 EDLC 效应，也具有赝电容效应。如表 5.1 所示，许多生物质炭在 KOH 电解液中的比容量可达 300～400F/g。同理，具有氮掺杂效应的多孔炭在 KOH 电解液中也有良好的表现，最高比容量可达 860F/g。

表 5.1 KOH 电解液中的生物质炭的性能

材料	活化剂	比表面积 S_{BET} / (m^2/g)	比容量 / (F/g)	电流密度 / (A/g)	电解液
大米	KOH	3326	334	0.5	6mol/L KOH
云杉树皮	KOH	2385	305	0.2	6mol/L KOH
浒苔	KOH	2283	0.5	0.5	30%（质量分数）KOH
椰壳	$ZnCl_2$	1874	268	1	6mol/L KOH
木耳	KOH	1103	374	0.5	6mol/L KOH
柳絮	KOH	645	279	1	6mol/L KOH
蛋清	KOH	1405	409	0.25	1mol/L KOH
牛骨	NO	2096	258	5	EMIM BF_4
剑麻	KOH	2289	415	0.5	6mol/L KOH

而由高温 CVD 法制备的 SP^2 杂化炭，如碳纳米管或石墨烯以及其杂化物（GNH），由于含氧量极少，呈现较强的非极性或憎水性，其在水系电解液中的表现并不好。经计算，在 0.5A/g 电流密度下，GNH

材料在 KOH 电解液中的比容量是 80F/g，远远低于生物质炭或氮掺杂的炭。

以上文所述的碳纳米管-石墨烯杂化物为例，显著增加了官能团数量，有利于水系电解液的离子传导，更容易发挥碳材料的电容性质。根据公式可计算出两种材料在不同电流密度下的比容量 C_{spc}。酸化的 GNH 材料在 KOH 电解液中的比容量增加到 173F/g，几乎是在未酸化前材料性能的 2 倍。酸化后，能量密度从 2.8W·h/kg 增加到 6.0W·h/kg。这说明，官能团的赝电容贡献了 50％的电容。

但是，KOH 具有腐蚀性，器件易泄漏。有研究发现在氢氧化钾溶液中，利用小分子凝胶化合物自组装成凝胶电解质，可有效地解决泄漏问题，且具有优良的电化学性质。

5.1.2 H$_2$SO$_4$ 电解液

酸性电解液通常采用离子电导率较高的硫酸作为电解质，离子的浓度也会影响电导率的强弱。使用酸性电解液可以获得比中性电解液更加高的电容值，等效串联电阻低。

在利用相同电极材料时，酸性电解液的比容量高于有机电解液。这与前者的高离子电导率及亲水性以及官能团的贡献相关。

但是酸性电解液的腐蚀性易破坏壳体和电极材料，使超级电容器的性能逐渐衰减。因此，该体系即使在基础研究中也不太常用。

5.1.3 中性电解液

中性电解液主要为钠、钾、锂盐等，其腐蚀性弱。硫酸钠是最常用的中性电解液。研究发现，中性电解液的操作电压要高于前两种电解液，以活性炭为正负极，制备的超级电容器的分解电压能达到 1.6V。

中性电解液与酸碱性电解液的理化性质比较见表 5.2。

表 5.2　中性电解液与酸碱性电解液的理化性质比较

电解液名称	密度/（g/cm³）	电导率/（S/m）	相对介电常数	常见工作电压/V
KOH	1	22.3	81（H₂O）	1
H₂SO₄	1	24.6	81（H₂O）	1
KCl	1		81（H₂O）	1

但是，水系电解液也有明显缺点，其工作电压窗口低（<1.2V），难以提高器件功率和能量密度。如图5.1所示，同样的炭电极，在水系电解液与高电压的电解液中，能量密度与功率密度都有数量级的差异。这也是阻碍相关超级电容器商用的主要原因之一。

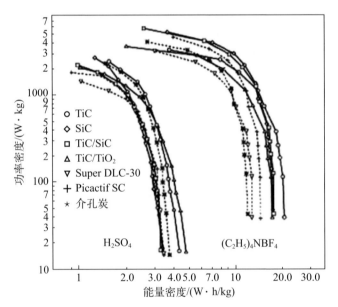

图 5.1　不同种类炭电极在水系和非质子溶剂中的能量密度和功率密度的关系

5.2　有机电解液

有机电解液是把导电的电解质［如氨基阳离子和氟基阴离子、四乙胺四氟硼酸盐（TEA BF₄）］溶解在有机溶剂中，形成溶剂化的离子。

在实验室研究中（使用气氛控制严格的手套箱），有机体系电解液的窗口电压可达 3.5～4V。在工业生产线上，由于成本关系，很少将所有操作全置于露点极低的环境中，有机电解液的工作电压有所降低，但也能够保持在 2.5～2.8V。同时，有机电解液还具有优异的低温性能，不少电解液可在 −25℃ 乃至 −40℃ 下工作，极大地拓宽了电容器的使用范围。

如表 5.3 所示，乙腈（ACN）和碳酸丙烯酯（PC）是目前最常用的溶剂。PC 操作温度可以在 −25～70℃ 范围内变化，ACN 可以在 −40～70℃ 范围内操作。其他被较多研究的有机溶剂包括四氢呋喃（THF）、γ-丁内酯（GBL）、环丁砜（SL）与 N，N-二甲基甲酰胺（DMF）等。由于有机溶剂普遍具有提纯工艺复杂、成本高、易燃易爆、有毒、易挥发、电导率低、介电常数小等缺点，因此安全生产是一个重要话题。

表 5.3　常见有机溶剂电化学及物理参数

溶剂	结构式	ε_r	η/cP	mp/℃	bp/℃	σ/(mS/cm)	E_{red}/V	E_{ox}/V
PC		65	2.5	−49	242	10.6	3.0	3.6
ACN		36	0.3	−49	82	49.6	2.8	3.3
GBL		42	1.7	−44	204	14.3	3.0	5.2
DMF		37	0.8	−61	153	22.8	3.0	1.6
NMP		32	1.7	24	202	8.9	3.0	1.6

溶剂	结构式	ε_r	η/cP	mp/℃	bp/℃	σ/(mS/cm)	E_{red}/V	E_{ox}/V
DMA	$-\overset{\overset{\displaystyle\text{C}}{\|\|}}{\underset{\text{O}}{}}-\text{N}\Big\langle$	38	0.9	20	166	15.7		
GVL		34	2.0	31	208	10.3	3.0	5.2

注：ε_r—相对介电常数；η—黏度；mp—熔点；bp—沸点；σ—离子电导率；E_{red}—极限还原电位；E_{ox}—极限氧化电位（用玻炭电极作为工作电极测量）。体系使用含有 0.65mol/L TEA BF$_4$、25℃ 的有机溶剂。

5.2.1　聚碳酸丙烯酯基与乙腈基电解液

乙腈（ACN）对大部分盐的溶解性都很好，且黏度较低，低温性能好，因此普遍使用。但是 ACN 的毒性大且沸点低，高温时溶剂易挥发，存在一定危险性。目前日本已经禁止使用 ACN 体系的有机电解液。聚碳酸丙烯酯 PC 的毒性相对较小，但其使用电压低于 ACN，且黏度在低温时变大，流动性差，电容量变化率增大，造成器件性能的不稳定。

可用在有机溶剂中的电解质盐的种类繁多，其中季铵盐应用广泛。季铵盐主要包括链状和环状两类。链状盐主要包括四氟硼酸四乙基季铵盐（TEA BF$_4$）、四氟硼酸三乙基甲基铵盐（TEMA BF$_4$）等。环状盐中四氟硼酸双吡咯烷螺环季铵盐（SBP BF$_4$）最为常见。另外，不仅是季铵盐类，金属阳离子盐以及含硫阳离子电解质盐也用作有机电解液的电解质盐。比如，Yu 等用 LiClO$_4$/ACN 作电解液，用 0.5A/g 的电流密度进行充放电测量，基于活性炭材料的能量密度达 54.46W·h/kg。几类代表性的有机电解液的特性如表 5.4 所示。

表5.4　几种代表性的有机电解液

电解液名称	密度/(g/cm³)	黏度/cP	电导率/(S/m)	相对介电常数	常见工作电压/V
1mol/L TEA BF₄/PC	1.2	2.5	1.3	69（PC）	2.7～3.5
1mol/L TEA BF₄/ACN	0.86	0.3	5.6	39（ACN）	2～2.7
1.5mol/L SBP BF₄/PC		4.5	1.7	69（PC）	2.8～3.5

盐的结构显著影响有机电解液的性能。比如，Ue 等发现，0.65mol/L 的 TEMA BF₄/PC 电解液的离子电导率为 10.68mS/cm，高于同浓度下 TEA BF₄/PC 电解液的 10.55mS/cm。这是因为 TEMA BF₄ 的对称性低，其具有更多的正电荷和较强的极化率，可以更好地溶解在溶剂内，因此电极材料的比容量更高。SBP BF₄ 具有螺环分子结构，分子尺寸小，电化学性能稳定，可以在有机溶剂中获得更高的浓度和更稳定的电化学性能。SBP BF₄/ACN 电阻小于 TEMA BF₄/ACN，且 SBP BF₄ 的流动性较高，具有更好的分离能力以及较小的阳离子粒径，有助于离子进入活性炭孔道中，减少界面电阻。

目前，TEA BF₄ 是有机电解液中最常用的盐。特别指出，2005 年后，TEA BF₄ 的合成工艺和提纯路线不再被专利垄断，对工业级超级电容器的发展起到了很大的推进作用。TEMA BF₄ 的合成要复杂一些，且在操作和包装上存在的困难较多，因此价格会高一些。SBP BF₄ 是近年来发展起来的新品种，正在大力拓展市场。

5.2.2　PC基与ACN基电解液的分解特性

在活性炭上，PC 的分解特性被广泛研究，传统的活性炭上具有较多的含氧官能团，在 2.7～3V 下，含氧官能团使得 PC 分解，丙烯是分解生成的主要产物。由于一般的活性炭含有金属杂质，金属杂质也会导致 PC 分解。然而，电容器具有木桶短板效应。当使用 CMC 与 SBR 胶时，PC 的分解就没有 CMC 与 SBR 严重，CO、CO_2、H_2 与一系列烃类成为主要产物。

降低有机电解液的黏度且保持导电性成为当今研究的热点。使用混合溶剂体系改善单一体系性能的不平衡性，Yu 等研究发现，PC 体系的电解液黏度较大，当添加 DMF 时，体系黏度明显降低，导电性增加。随后添加具有高介电常数和较高黏度的碳酸乙烯酯，三元溶剂体系导电性最高，黏度较高，满足高工作电压的需求。

5.3 "water in salt" 电解液

最近在锂离子电池领域，"water in salt" 概念非常盛行。一般认为水对于高电压体系的电池或电容器是不稳定的。但是最近的研究表明，通过控制盐与水的比例，形成一种特殊的结构，使得几乎没有游离水存在，则可以起到提高水系电解液的工作电压、降低黏度、提高离子电导率的作用。

相同的思路也可以用于超级电容器的电解液开发。比如，阎兴斌开发了 NaClO$_4$-H$_2$O "water in salt" 体系，操作电压达到 2.3～2.5V。基于成本（以美元计）的能量密度的估算，活性炭在 17mol/L NaClO$_4$/H$_2$O 中的性能在极宽的功率密度下远优于在 21mol/L LiTFSI/H$_2$O 中的性能，同时也优于商业乙腈或 PC 系有机电解液中的性能（图 5.2）。这是一个新兴的领域，值得继续研究。

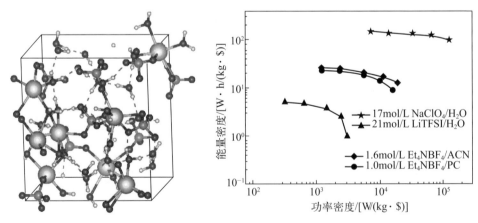

图 5.2 炭电极在高氯酸盐与水的电解液中与在其他电解液中的性能对比

同理，也可以发展水与有机溶剂及盐三元电解液，如图 5.3 所示。

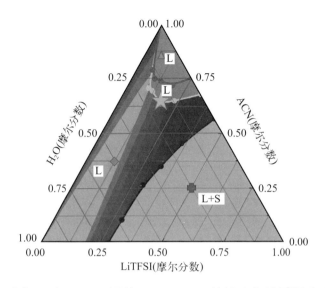

图 5.3 水与乙腈 ACN、锂盐 LiTFSI 三元的液态与液固混合态的相图

然而，实际的电容器操作过程中，各个组件（炭、薄膜、电解液）都含有水，在加工过程中也很难保证这些水分被彻底去除，且不同厂家的加工水平也是不同的。而电解液一般是独立制备与销售的，其加注一般在器件制作的最后阶段。因此，实际的加工工艺与质量控制给电解液的配方控制与反馈造成了极大的困难。

5.4 离子液体电解液

离子液体是一类室温下呈液态的有机盐的统称。由于本身就是由参与形成双电层的阴阳离子组成的，所以离子浓度高。离子液体阴阳离子的匹配种类复杂多样，可设计性强。P. Walden 等在 1914 年首次合成了第一种离子液体 [EtNH$_3$] [NO$_3$]，之后离子液体种类不断增加，目前已经形成巨大的离子液体数据库。阳离子种类包括季铵盐类、二烷基取代的咪唑盐、吡咯烷盐、哌啶盐等，阴离子主要包括氯铝酸盐、

[BF₄]⁻、[PF₆]⁻、六氟硼酸、双三氟甲磺酰亚胺等，如图 5.4 所示。与水系电解液及有机电解液相比，离子液体性电解液具有窗口电压高、毒且不易挥发（蒸气压很低）、不可燃、安全系数高、热稳定性好等优点，既利于提高超级电容器的能量密度，也是一些封闭空间的应用的首选。

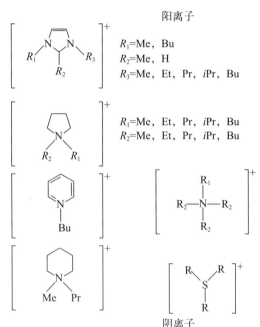

阳离子

R_1=Me，Bu
R_2=Me，H
R_3=Me，Et，Pr，iPr，Bu

R_1=Me，Et，Pr，iPr，Bu
R_2=Me，Et，Pr，iPr，Bu

阴离子
[F]⁻ [Cl]⁻ [Br]⁻ [I]⁻ [BF₄]⁻ [PF₆]⁻ [AsF₆]⁻ [N(CN)₂]⁻
[CF₃SO₃]⁻ [C₄F₉SO₃]⁻ [CF₃CO₂]⁻ [N(CF₃SO₂)₂]⁻ [N(C₂F₅SO₂)₂]⁻

图 5.4 常见组成离子液体的阴、阳离子

典型双电层电容器的离子液体电解液物性见表 5.5。

表 5.5 典型双电层电容器的离子液体电解液物性

电解液名称	密度 /(g/cm³)	黏度 /cP	电导率 /(S/m)	相对介电常数	常见工作电压/V	熔点 /℃
EMIM BF₄	1.29	41	1.5	13.6	3.5～4	15
EMIM TFSI	1.50	32	0.86	12	3.5～4	−17
EMIM DCA	1.08	17	1.8	11	2.5	−12

电解液名称	密度 /(g/cm³)	黏度 /cP	电导率 /(S/m)	相对介电常数	常见工作电压/V	熔点 /℃
BMIM TFSI	1.43	52	0.26	14	3.5~4	−2
P₁₃ TFSI	1.30	60	0.4		3.2	6
N₁₁₁₃ TFSI	1.44	72	0.33		3~4.5	22
P₁₄PP₁₃FSI			0.49		2.8~3.5	
P₁₄TFSI/PC [1∶1(质量分数)]		5.6	1.03		2.7~3.5	
P₁₄TFSI/AN [1∶1(质量分数)]			5.7		2.7~3.5	
3.8mol/L S₁₁₁TFSI/PC		31	0.54		2.9	

　　离子液体较高的熔点（往往大于0℃）也严重限制了下一代离子液体超级电容的产业化。这是由于纯净的离子液体结构规整，且含有大量氢键，容易形成离子对，而更易凝固。由于存在过冷现象，离子液体的熔点和凝固点可能相差得非常大，固相和液相之间存在一个无定形态，不利于电容器高低温交替使用的性能控制。离子液体的密度大致为1.2~1.5g/mL，致使器件的质量能量密度比较吃亏。离子液体的黏度在30~50cP（$1cP = 10^{-3} Pa \cdot s$）内，比水系电解液和有机电解液大。离子液体的离子电导率在0.1~14mS/cm范围内变化，远远低于水相离子液（600mS/cm），和锂离子电解液（10mS/cm）相当。同时，离子电导率与黏度密切相关，黏度越大，电导率越小。这些性能都严重影响离子液体作为电解液的性能。

　　然而，离子液体的电化学窗口可从2V到6V，经典值是4.5V。比如，比表面积为2600m²/g的活性炭在EMIM BF₄、BMPY BF₄等离子液体中，比容量可达180F/g。Wen等利用垂直阵列和等离子刻蚀的碳纳米管，在4V EMIM TF₂N中的功率密度为315kW/kg，能量密度为

148W·h/kg。因此，离子液体作为电解液的超级电容器的应用具有很大的潜力。

离子液体中阴阳离子尺寸决定了在单位电极-电解液吸附界面上能够吸附的电荷密度，从而直接影响比容量。当阴阳离子尺寸大时，在电场下的扩散速率会降低，使电容器的响应速度降低，单位面积储存的能量下降；而当尺寸过小时，同样可能使得局部的吸附面上单一离子密度过大，相同电荷离子之间的相互排斥作用增强，反而导致吸附困难。因此，挑选尺寸合适的离子液体很重要。另外，离子液体相比起水系电解液及有机电解液，在同样存在氢键的情况下分子量较大，且阴阳离子浓度大得多，缔合作用强，导致黏度高、离子电导率低，可能影响材料表面积的有效利用，需要开发相匹配孔径结构的电极材料。同时，在温度降低后，离子电导率可能呈现指数级的下降，而有机电解液基本没有这个问题。为解决这一问题，需对现有的离子液体进行归类及性能筛选，或重新设计。最终目标是综合考虑其离子尺寸、黏度、电导率、适用温域及成本，使其适合产业化应用。

目前使用最广泛的离子液体是 EMIM BF$_4$，其在电压窗口 4V 及以上的离子液体中，离子尺寸最小，黏度最低，离子电导率最高，但其在 $-20℃$ 以下易凝固，需进行改性。但在一些需要高温及高电压下工作应用时，离子电解液的优势就很显著。多个研究组报道，用石墨烯或单壁碳纳米管为电极材料，以 EMIM BF$_4$ 为电解液，在 $4\sim4.5V$ 下，基于材料的能量密度可达 85.6W·h/kg。日本无线电公司和 Nisshinbo 公司合作，制得 N，N-二乙基、N-甲基-N、（2-甲氧乙基）铵四氟硼酸盐离子电解液，性能优于 PC 基电解液。

离子液体电解液不仅包括纯离子液体，也包括离子液体-有机液混合物。与有机电解液相比，离子液体的液态特性能够使得其浓度不受饱和溶解度制约，获得高工作电压、高电导率、低黏度的效果（图 5.5）。Krause 等以 P$_{14}$TFSI/PC 为电解液，活性炭电极材料在 3.5V 下循环充放电 100000 圈后容量仅损失 5%，基于电极材料的能量密度达 40W·h/kg，性能全面优于 1mol/L TEA BF$_4$/PC 有机体系。

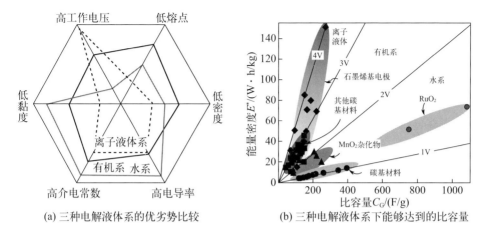

(a) 三种电解液体系的优劣势比较　　　(b) 三种电解液体系下能够达到的比容量

图 5.5　三种电解液体系的比较

5.5　离子液体体系的改进

以离子液体的高工作电压优势为前提，解决其余不理想的电解液物性，如熔点、黏度、电导率，是能否发挥离子液体电解液高储能效果的关键。而这些物性往往对温度敏感，因此，需要研究这些物性的温敏性，提高其宽温域特性，特别是低温特性（图 5.6）。目前学术界提供了三方面的解决思路。

5.5.1　离子液体的结构设计

独特的离子结构，强氢键作用与共价键相互竞争，得到不稳定状态，打破晶化。如有报道用两种阴离子 (HF)$_2$F$^-$ 与 (HF)$_3$F$^-$ 以不同比例混合，得到了独特的二元电解液（图 5.7）。以 EMIM (HF)$_{2.3}$F 为例，该结构中存在大量氢键，且氢键键能几乎与共价键相当，使阴离子结构存在相互转换的可能，因而增强了介电常数，室温电导率可达 10S/m，电化学窗口约 3V。另外，其中 F—H···F 大量存在，而离子尺寸很小，因此难以晶化，使熔点低至−65℃，而室温黏度仅为4.9cP。该离子液体还改善了温敏特性，−30℃下，电导率为2S/m，黏度为30cP。

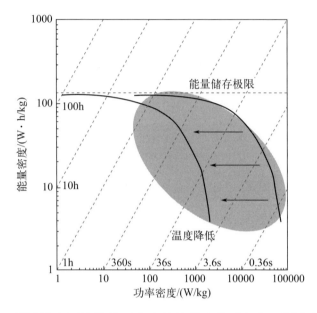

图 5.6 低温域离子液体体系电容性能的变化（灰色区域为适用区）

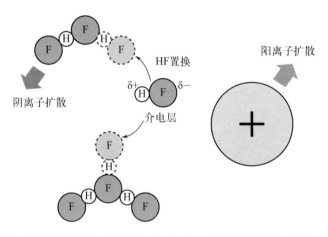

图 5.7 二元阴离子$(HF)_2F^-$与$(HF)_3F^-$混合得到的复配电解液

5.5.2 离子液体复配

用结构相似的离子液体掺混打破离子对，可拓宽低温性能（图 5.8）。如 Simon 等开发出离子参混型离子液体 $(P_{13})_{0.5}(PP_{14})_{0.5}FSI$。这种共晶离子液体混合物由一种阴离子（双氟磺酰亚胺，FSI^-）和两种阳离子（吡咯烷 P_{13}^+ 和哌啶 PP_{14}^+）组成。阳离子之间的分子结构和相关的不对称性差异阻碍了晶格形成，因此降低了熔点，同时在大工作温度窗口内保持良好的混溶性。在 20℃ 电导率为 0.49S/m。然而，这种简单混合方法无法在很大范围内调变离子电导率及黏度，这两个关键物性往往介于单独离子液体 $PP_{13}FSI$ 及 $P_{14}FSI$ 之间，对其低温下双电层电容的功率密度不利。

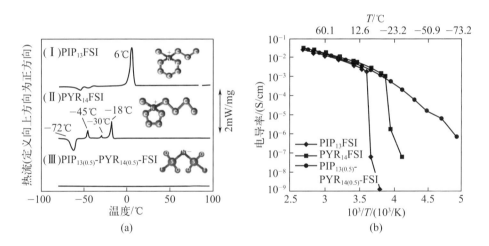

图 5.8 不同离子掺混后离子液体的熔点与离子电导率的变化趋势

理想的电解液要求宽窗口工作电压、高电导率、低黏度、低凝固点和低挥发性。但是高电压离子液体（超过 5.0V）的离子电导率太低，高离子电导率的咪唑盐类窗口电压却只能达到 4.0V（图 5.9），对纯离子液体进行复合改性是接近理想电解液的要求的方式之一。

离子液体复配案例：马亮亮等采用两种疏水类咪唑类离子液体混

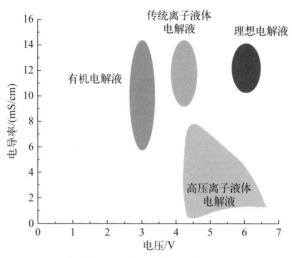

图 5.9　各种电解液窗口电压与电导率关系图

合，使电导率发生协同效应，产生"1+1>2"的效果，即 1∶1 混合的复配离子液体的离子电导率高于其中任一纯离子液体的离子电导率。分析原因为，混合的过程中降低了阳离子或阴离子的浓度，促进了离子对解缔合，增加了导电离子数目及提高了离子电导率。另外，他们也报道了复配离子液体的窗口电压可以相应提高。Lin Rongying 等用两种离子液体的复配，工作温度范围由 $20\sim100℃$ 变为 $-50\sim100℃$，低温工作范围大大拓展。所得性能远优于传统有机电解液 PC（从 $-30\sim80℃$）的工作性能。

上述安全复配的原则：亲水性相同的离子液体混合后可形成均相共晶混合物；两种混合的离子液体中至少有一种阴离子或阳离子相同，混合后才能起到使缔合平衡移动的效果。

5.5.2.1　离子液体之间复配

根据上述原则，本团队研究了高电压型离子液体之间的复配、高离子电导率型离子液体之间的复配，以及高电压型和高离子电导率型离子液体之间的复配三种情况下的性能变化规律。

（1）高电压型离子液体之间的复配

由表 5.6 可以看出，*N*-甲基丁基吡咯烷双三氟甲磺酰亚胺盐和

N-甲基丁基哌啶双三氟甲磺酰亚胺盐这两种离子液体的电化学窗口均高于5V。其CV图在5.0V、低扫速下都没有出现氧化还原峰，说明可以稳定工作。针对二者存在离子电导率不高的问题，将两种离子液体进行质量比1∶1混合，与两种纯离子液体的纽扣形超级电容器的性能进行了对比（图5.10）。

表5.6　两种高电压型离子液体的物性等相关数据

CAS	223437-11-4	623580-02-9
中文全称	N-甲基丁基吡咯烷双三氟甲磺酰亚胺盐	N-甲基丁基哌啶双三氟甲磺酰亚胺盐
英文全称	N-butyl-N-methylpyrrolidinium bis（trifluoromethylsulfonyl）amide	N-butyl-N-methylpiperidinium bis（trifluoromethylsulfonyl）amide
英文简称	BMPL NTF$_2$	BMPIP NTF$_2$
分子式	$C_{11}H_{20}F_6N_2O_4S_2$	$C_{12}H_{22}F_6N_2O_4S_2$
电化学窗口电压/V	5.25	5.35
离子电导率/(S/m)	0.2	0.22
熔点/K	255.1	281.1

图5.10（a）表明，无论复配与否，离子液体的电容随着扫速的增加均迅速下降。这与高电压型离子液体的黏度均较大（100～200cP）及离子电导率较低（在2.0mS/cm左右）相关。当扫速大于50mV/s时，体相中传质取代相界面传质成为整个过程中的限制步骤。然而，即使如此，复配电解液的比容量更加接近于性能相对好的BMPL NTF$_2$中的比容量，并不是两种纯离子液体中比容量的加和。图5.10（b）中的能量密度与功率密度的关系图也显示这种趋势。由EIS图［图5.10（c）］

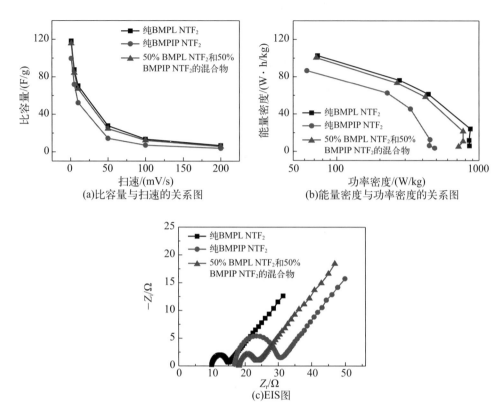

图 5.10 保持电极材料相同，BMPL NTF$_2$、
BMPIP NTF$_2$ 和二者复配（质量比 1 : 1）后的电化学性能（另见文前彩图）

可知，复配后电液体的半圆弧也与纯 BMPL NTF$_2$ 相近，而远小于纯
BMPIP NTF$_2$ 中的半圆弧，由此可知接触电阻与传质电阻显著降低。
显然，将两种高黏度的离子液体复配，存在一定相互作用，减缓了离子
缔合现象，对于离子液体作为电解液是正效应。只是，这种相互作用使
复配性能并没有明显提高，没有超过 BMPL NTF$_2$ 的性能。

（2）高电压型离子液体与高离子电导率型离子液体之间的复配

接着来研究高电压型离子液体和高离子电导率型离子液体的复配关
系。高离子电导率型离子液体的选择有两种，分别是 1-乙基-3-甲基咪
唑四氟硼酸盐（EMIM BF$_4$）和 1-己基-3-甲基咪唑双三氟甲磺酰亚胺盐
（EMIM NTF$_2$），如表 5.7 所示。

表 5.7　两种高电导率型离子液体物性等数据

CAS	143314-16-3	623580-02-9
中文全称	1-乙基-3-甲基咪唑四氟硼酸盐	1-乙基-3-甲基咪唑双三氟甲磺酰亚胺盐
英文全称	1-ethyl-3-methylimidazolium tetrafluoroborate	1-ethyl-3-methylimidazolium bis（trifluoromethylsulfonyl）amide
英文简称	EMIM BF$_4$	EMIM NTF$_2$
分子式	C$_6$H$_{11}$BF$_4$N$_2$	C$_8$H$_{11}$F$_6$N$_3$O$_4$S$_2$
电化学窗口电压/V	4.5	4.6
离子电导率/(S/m)	1.4	0.773
黏度/Pa·s	0.0420	0.026
熔点/K	288.15	240.1

以 BMPL NTF$_2$ 与 EMIM BF$_4$ 为 1∶1 质量比的离子液体在 4.5V 时进行研究。由 CV 图（略）可知，纯 EMIM NTF$_2$ 离子电导率高，其比容量大（积分面积大），但其稳定性不佳，CV 曲线存在着明显的还原峰。纯 BMPL NTF$_2$ 与其正好相反，在 4.5V 下工作稳定，但是黏度过大且离子电导率低等原因使得其比容量很低。复配之后，分别继承了各自的优点，比容量比 BMPL NTF$_2$ 大，稳定性较 EMIM NTF$_2$ 出色，总体性能更出色。

如图 5.11 所示，1∶1 复配电解液性能始终位于两种纯离子液体之间。在低扫速下，性能接近 EMIM NTF$_2$。但在高扫速下，性能接近 BMPL NTF$_2$。4.5V 下高扫速并不能获得很好的电容性能，与复配电解液的整体黏度较高相关。

如图 5.12 所示，当复配电解液中，EMIM NTF$_2$ 为 20%（质量分数）时，4.2V 下器件比容量与能量密度均优于 4V 的性能。同时，4.2V 下功率密度的工作范围比 4.5V 更宽。上述研究说明，高电压型

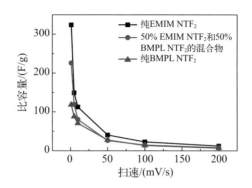

图 5.11 EMIM NTF₂ 和 BMPL NTF₂ 的纯离子液体及其复配的扫速-比容量关系图

离子液体的复配不一定在较低电压下获得更优的性能。在满足稳定性的前提下，离子电导率高的电解液，电容性能更加优异。在图 5.12（b）中，EMIM NTF₂ 比 BMPL NTF₂ 功率密度和能量密度要大。如果工作电压超过电解液的电化学窗口（在 4.5V 下工作的 EMIM NTF₂），稳定性好、窗口电压高的电解液性能优异。

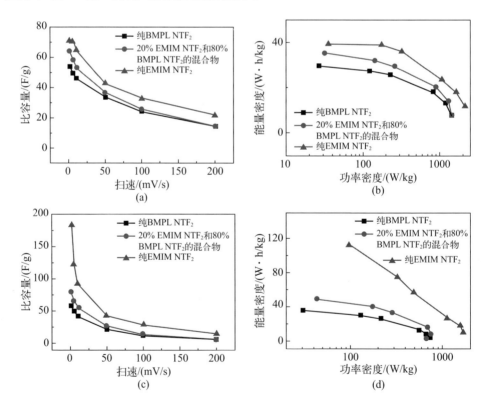

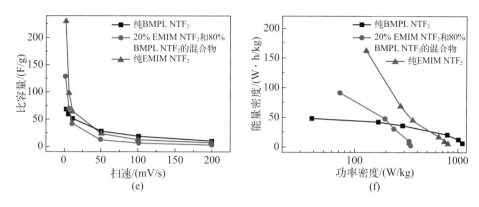

图 5.12 EMIM NTF$_2$、BMPL NTF$_2$ 两种离子液体及复配后（20% EMIM NTF$_2$）在不同电压下的扫速-比容量及功率密度-能量密度曲线图（另见文前彩图）

[其中，图 5.12（a）、（b）测量电压为 4.0V，图 5.12（c）、

（d）测量电压为 4.2V，图 5.12（e）、（f）测量电压为 4.5V]

（3）高离子电导率型离子液体之间的复配

选择 EMIM NTF$_2$ 和 EMIM BF$_4$ 进行复配，后者是离子电导率最高、成本低廉的离子液体，使用范围非常广。观察不同种类离子液体的器件在不同电压下的 CV 曲线，在 4.0V 的时候均可以正常工作。其中，EMIM BF$_4$ 性能表现最出色，且该优越性能在 4.2V 和 4.5V 时依然保持。对比而言，复配离子液体和纯 EMIM NTF$_2$ 的器件在高电压下的 CV 图严重畸化。同一离子液体工作电压越高，高扫速下的比容量越低，与前文中探讨的规律一致。图 5.13 中，扫速-比容量图展现出同一规律：低扫速下 EMIM NTF$_2$ 性能好，高扫速下 EMIM BF$_4$ 性能好。低扫速下电容器充放电过程中的限制步骤是导电离子在相界面的迁移和吸/脱附过程，这时电极材料与导电离子的亲和力成为影响电容器性能的重要因素，EMIM BF$_4$ 亲水，而 EMIM NTF$_2$ 和 CNT 均疏水，这样EMIM NTF$_2$ 更容易与 DWCNT 电极材料结合，电容性能更好。在高扫速下体相中导电离子的传质成为限制步骤，EMIM BF$_4$ 几乎是 EMIMNTF$_2$ 的两倍，所以性能更加优异。而 50mV/s 是这两种限制条件同时

存在的时候，所以此时这两种纯离子液体的电容性能基本相同。

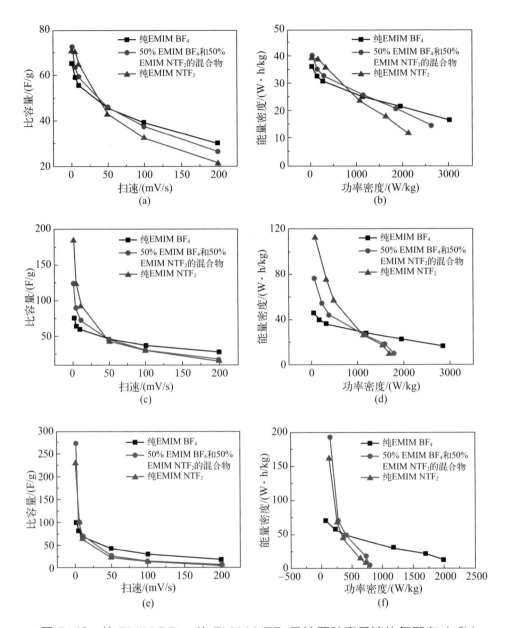

图 5.13 纯 EMIM BF₄、纯 EMIM NTF₂ 及这两种离子液体复配在 4.0V

[图 5.13（a）、（b）]、 4.2V ［图 5.13（c）、（d）］、

4.5V ［图 5.13（e）、（f）］ 充放电的扫速-比容量和功率密度-能量密度

值得注意的是，在 4.0V 和 4.2V 时复配没有出现协同作用，而呈加和性。但直到 4.5V 中低扫时（1mV/s、5mV/s 和 10mV/s）出现协同效应。协同性和加和性同时出现，应该是受工作电压、离子液体种类等因素的综合影响。

从复配后的电解液的离子电导率测量与缔合离子的测量两方面，尝试对两种离子液体的复配机理进行了研究。

由复配后离子电导率与两种离子液体的添加量的关系（图 5.14）可知，这两种离子液体复配之后，离子电导率并没有出现最大值，说明协同效应不显著。利用质谱检测，选用软电离电源（适合这种大分子的检测，不会将分子打碎，而会生成准分子离子）。准分子离子是比样品数多 1 个或少 1 个质量数的分子离子，可以较好地反映缔合情况。

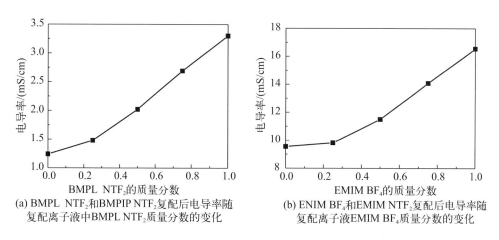

(a) BMPL NTF₂和BMPIP NTF₂复配后电导率随
复配离子液中BMPL NTF₂质量分数的变化

(b) ENIM BF₄和EMIM NTF₂复配后电导率随
复配离子液EMIM BF₄质量分数的变化

图 5.14 复配后离子电导率与两种离子液体的添加量的关系

图 5.15 显示，将两种高离子电导率的离子液体 EMIM BF$_4$ 和 EMIM NTF$_2$ 复配时，出现了多级解缔合现象。显然，复配促进了缔合平衡向解缔合方向移动，使离子液体内部缔合减弱，导电离子数目增加。但是实验证明，电导率并不是单单由导电离子数目决定的。根据 Nernst-Einstein 公式和 Stokes-Einstein 公式导出离子液体电导率公式：

$$\sigma = \frac{z^2 e_0^2 N}{6V\pi r\eta} \tag{5-1}$$

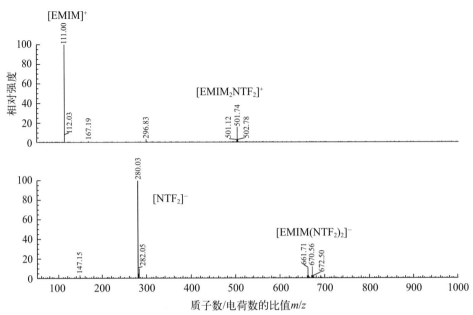

(a) EMIM NTF$_2$内部存在简单的缔合现象

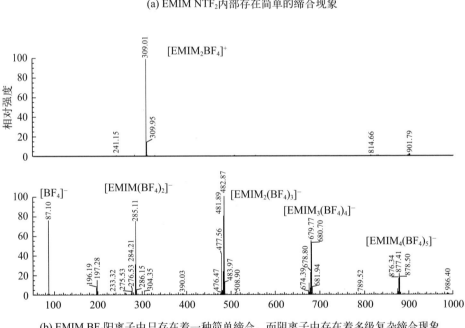

(b) EMIM BF$_4$阳离子中只存在着一种简单缔合，而阴离子中存在着多级复杂缔合现象

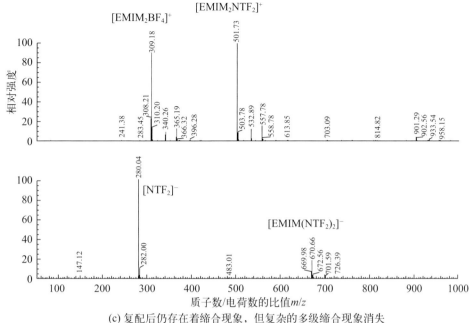

(c) 复配后仍存在着缔合现象，但复杂的多级缔合现象消失

图 5.15 复配前和复配后的离子液体缔合现象

式中，r 为离子半径；η 为黏度；N 为单位体积离子数；z 是电荷数；e 是电子伏特数；V 是体积。公式表面可以看到电导率与单位体积离子数成正比，与黏度、离子半径成反比。因此，复配解缔合后，离子半径均值降低、导电离子数目增加均是正效应，但是复配后的黏度至少会比其中一种纯离子液黏度高，这是负效应。复配往往受黏度影响更大，使得负效应大于正效应，造成复配呈加和性。如果在某些情况下，比如黏度相近（比如 EMIM BF$_4$ 和 EMIM NTF$_2$）且低扫速（1～10mV/s）下，体相传质不再是限制步骤，黏度影响降低，可能出现协同效应。

图 5.16 显示，低扫速下体相传质并不是限制步骤，电导率也并不是主要影响因素，所以比容量与离子电导率并不存在一定的对应关系。高扫速时，确实是电导率越高，比容量越大。

对于同一种电解液，特别是高扫速时，电化学稳定性和电导率是两

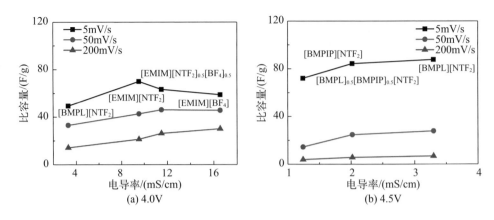

图 5.16 不同电解液（包括复配）在低（5mV/s）、中（50mV/s）、高（200mV/s）三种扫速下的比容量与电导率的关系

个影响性能的重要因素。电化学稳定性是超级电容器性能优异的前提。在满足稳定性的前提下，电导率高的性能优异。如果工作电压超过电解液的电化学窗口，即使电导率高也没有用。所以说，高电压下工作不一定可以获得更好的性能，关键是可以满足稳定性的要求。

三种类型的复配多数情况呈加和性，部分情况呈现协同性。利用这种加和性，调配不同离子液体的比例，可以获得不同性能的电解液，扩宽了离子液体作为电解液的性能范围，提高总体性能。

复配的确可以解缔合，从而增加导电离子数目，降低导电离子半径，但是由于黏度的影响，多数情况呈加和性。如果某些情况下黏度影响降低，则有可能出现协同作用。

5.5.2.2 溶剂与离子液体复配

（1）离子液体与溶剂的选择依据

Krause 等将 PC 以质量比 1∶1 掺混入离子液体 $P_{14}TFSI$ 中，在工作电压保持 3.5V 的前提下，使其常温电导率从 0.26S/m 提升至 1.03S/m，常温黏度从 62cP 下降至 5.6cP，与商用 1mol/L TEA BF_4/PC 相当。该电解液低温性能将类似 1mol/L TEA BF_4/PC，而远远优于纯离子液体。

首先对离子液体进行性质归纳，选取最合适宽温域电容的离子液体。对部分离子液体的物性归纳如表5.8所示。

表5.8 离子液体的各项物性

离子液体	分子量	黏度/cP	电导率/(S/m)	熔点/℃	电化学窗口/V
EMIM BF$_4$	198	50	1.4	19	4.5
PMIMC$_2$F$_5$BF$_3$	312	35	0.75	−42	4.7
EMIMCF$_3$BF$_3$	248	47	0.9	−20	—
BMIMTFSI	419	52	0.3~0.9	−4	4.6
i-BMIMTFSI	419	83	0.26	−40	≈4.6
EMIM BF$_4$	198	69	≈1		>4.5
EMIMF（HF）$_{2.3}$	176	5	12		3.2
S$_{122}$FSI	292	24	1.57	−55	4.5

由表5.8可知，随着同种类型离子液体分子量的增加（增加甲基），离子尺寸增大，黏度往往先下降后提高，电化学窗口也提高。显然，离子液体阳离子碳链的不断增加，在空间上削弱了氢键作用，但同时其离子尺寸也变大。另外，阳离子或阴离子的不对称性可显著影响其熔点，这与其晶化难度相关。

本团队以GBL和PC作为溶剂掺混EMIM BF$_4$，详细研究了其温敏物性参数变化，并针对两者截然不同的影响效果，以谱学手段研究了机理，以此对物性的不同进行了解释。最后研究了电化学稳定性及宽温域电容性能。

新型离子液体电解液设计的核心思想是在保持较高工作电压和一定电导率的前提下大幅降低熔点和黏度。而熔点和黏度与离子液体中的氢键息息相关，因此须通过设计打破离子液体中氢键的化学环境，进而将离子液体中的阴阳离子解缔合，实现提高单位空间电荷密度的效果。

由于分子间氢键大小及强度往往与介电常数大小呈正相关，因此氢键虽然对熔点及黏度指标不利，但却在电解液体系中不可或缺。本研究通过添加高介电常数新溶剂介质，引入溶剂介质和离子液体的阳离子间形成的氢键，降低离子液体的阴阳离子间氢键的空间密度，形成解缔合效果。进一步地，为了强化这种氢键竞争效果，对一系列高介电常数溶剂介质进行了筛选，并以与离子液体 EMIM BF$_4$ 结构相似的五元环结构的溶剂介质 GBL 及 PC 为例，对其解缔合机理进行了分析。

（2）有机溶剂性质归纳及筛选

EMIM BF$_4$ 是目前综合性能最优异的离子液体型电解液之一。EMIM$^+$ 阳离子具有一咪唑环，环上两 N 原子中间的 C 所连 H 原子相对活泼，能够与 BF$_4^-$ 阴离子形成氢键 B—F⋯H，使 EMIM BF$_4$ 熔点较高。

基于此，溶剂的筛选，需要考虑与 EMIM BF$_4$ 有近似结构，以达到扰乱 EMIM BF$_4$ 晶化作用，从而降低熔点的目的，因此具有五元环的有机分子较为合适。另外，还要考虑能够与 B—F 形成竞争关系，以抢夺 EMIM$^+$ 中的活泼 H，削弱阴阳离子氢键与缔合作用，提高离子液体电导率，并降低黏度。最后，EMIM BF$_4$ 属于亲水性离子液体，因此憎水性有机分子无法纳入考虑，例如乙酸乙酯（Ethyl Acetate，EA）、四氢呋喃（tetrahydrofuran，THF）、二噁烷（1，4-dioxane，DOX）等等。综上所述，选择 GBL 与 PC 作为合适的有机溶剂进行研究。

5.5.2.3　离子液体双元电解液的物性分析

将纯离子液体 EMIM BF$_4$ 与 GBL 或 PC 以一定体积比混合，得到新型电解液。将 EMIM BF$_4$ 简写为 E，GBL 简写为 G，PC 简写为 P。E10G1、E2G1、E1G1、E1G2、E1P1，其中 E10G1 代表 E 与 G 分别为 10 份与 1 份，E2G1 代表 E 与 G 分别为 2 份与 1 份，以此类推。

（1）熔点

利用差示扫描量热法从 −80℃ 测试至室温，以此判断电解液熔点

（图 5.17）。纯离子液体 EMIM BF$_4$ 的熔点为 17℃，在 -35～17℃时为过冷态液体，处于亚稳态。加入 GBL 至体积比 10∶1 后，电解液熔点骤降至 0℃，降熔点效果明显。此时若将 EMIM BF$_4$ 看作电解质，其浓度为 5.9mol/L，即高离子浓度。随着 GBL 体积比的提升，电解液熔点在 -80℃以上温域逐渐消失。类似地，E1P1 也不存在 -80℃以上范围内的熔点，但须注意到，其 -80～-70℃范围内的热流量变化与 EMIM BF$_4$ 类似，但 GBL 的添加具有显著降低效果，因此 GBL 与 PC 对于 EMIM BF$_4$ 熔点的降低形式存在强弱差异。

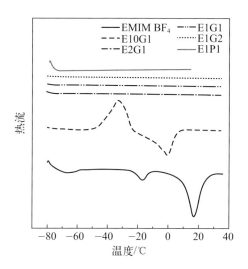

图 5.17 向 EMIM BF$_4$ 中加入 GBL 或 PC 后的差示扫描量热（DSC）曲线

（另见文前彩图）

（2）离子电导率

在常温下，纯 EMIM BF$_4$ 与 E2G1、E1G1、E1G2、E1P1 等复配电解液的离子电导率分别为 1.49S/m、2.39S/m、2.62S/m、2.54S/m、2.03S/m（图 5.18）。说明添加少量 GBL 时，可显著提高电解液的离子电导率。但当两者比例相近时，对离子电导率的提升幅度较小。当添加过量 GBL 时，稀释效果显著，离子电导率反而有可能下降。随着温度降低，有机溶剂的优势明显。特别地，在 -65℃时，E2G1、E1G1、

E1G2 等复配电解液的离子电导率分别为 0.021S/m、0.055S/m、0.129S/m，三者差异巨大。此温度下 E1P1 的电导率为 0.0179S/m，远低于同体积比的 E1G1。说明 GBL 低温离子电导率改善效果显著。EMIM BF$_4$ 在温度低于 -35℃时，由于其相态已从过冷液态转变为固态，离子电导率几乎为 0。

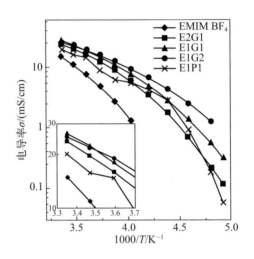

图 5.18 电解液的离子电导率随温度的变化关系（另见文前彩图）

利用 VTF 方程对离子电导率-温度曲线进行拟合，结果如表 5.9 所示。

表 5.9 电解液的离子电导率用 VTF 方程的具体拟合结果

电解液	$\ln\sigma_0$	B_{σ_0}/K	T_g/℃	相关系数 R^2
EMIM BF$_4$	6.11	406.5	-94.6	≈ 1
E10G1	6.33	448.26	-104.95	≈ 1
E2G1	5.99	396.41	-118.16	0.9994
E1G1	5.93	398.2	-125.97	0.9999
E1G2	5.37	323.7	-128.08	0.9998
E1P1	4.32	174.7	-94.3	0.9931

注：$\ln\sigma_0$—电导率常数的指数对数；B_{σ_0}—VTF 方程中 B 表示组成离子液体的阴阳离子克服相互之间的缔合作用力而成为自由导电离子所需能量的大小；T_g—玻璃化温度。

以 $\ln\sigma$ 相对 $1000/(T-T_g)$ 的两变量拟合线性良好。实验值与拟合值的比较见图 5.18。通过添加 GBL，活化能从 406.5K 逐渐降低至 398.2K，甚至在 E1G2 中降至 323.7K，但远高于 E1P1 的活化能（174.7K）。EMIM BF$_4$ 的玻璃态转变温度从 −95℃ 降低了 10～35℃，证明了 GBL 对 EMIM BF$_4$ 晶化的扰乱作用。并且随着 GBL 添加量的提高，这种扰乱效果逐渐增强。更低的玻璃态转变温度代表着电解液适用温域将更宽，该结果与差示扫描量热（DSC）表征结果吻合。理论上，EMIM BF$_4$ 在无限高温下不存在离子对，因此具有最高离子浓度的纯 EMIM BF$_4$ 的极限离子电导率相对高，添加 GBL 后 $\ln\sigma_0$ 值基本在 5.3～6.1 范围内。相对地，E1P1 的玻璃态转变温度为 −94.3℃，几乎与纯 EMIM BF$_4$ 相同，说明加入 PC 难以破坏离子液体的晶化。E1P1 的 $\ln\sigma_0$ 值仅为 4.32。结果表明，由于离子液体-溶剂的相互作用不同，E1P1 中的溶剂化离子结构与 E2G1、E1G1 和 E1G2 等复配电解液中的溶剂化离子结构不同。

（3）流变特性

EMIM BF$_4$ 及加入 GBL 的电解液都属于典型的假塑性流体。在剪切速率 1～50s^{-1} 的范围内，电解液的黏度从很高的数值急剧减小，在高于 50s^{-1} 的范围内趋于定值（图 5.19）。

（4）黏度

如图 5.20 所示，E1P1 在室温附近具有较低的黏度（263～295K 或 −10～22℃），但在较低温度（208～250K 或 −22～−65℃）下相对 GBL 黏度较高。20℃ 下，E2G1、E1G1、E1G2 的黏度分别为 20.7mPa·s、12.2mPa·s、10.1mPa·s。随着温度的降低，黏度呈指数上升。在 −70℃ 时，E2G1、E1G1、E1G2 的黏度分别达 65500mPa·s、2510mPa·s、433mPa·s，由此可见，GBL 对 EMIM BF$_4$ 具有显著的降低低温下黏度的作用。而对 E1P1 而言，其作用相对不明显。

利用 VTF 方程对复配电解液的黏度-温度曲线进行拟合，结果如表 5.10 所示。

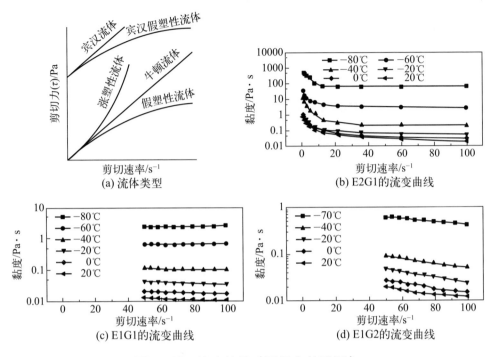

(a) 流体类型 (b) E2G1的流变曲线

(c) E1G1的流变曲线 (d) E1G2的流变曲线

图 5.19 流变特性（另见文前彩图）

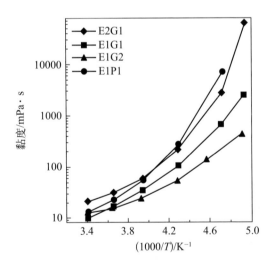

图 5.20 复配电解液黏度-温度变化曲线（另见文前彩图）

表 5.10 复配电解液的黏度用 VTF 方程的拟合结果

电解液	$\ln\eta_0$	B_{η_0}/K	T_g/℃	相关系数 R^2
E2G1	−1.63	−674.5	−132.53	0.9922
E1G1	−0.92	−462.42	−123.10	0.9999
E1G2	0.24	−313.62	−122.86	0.9970
E1P1	0.028	−295~80	−94.50	0.9987

注：$\ln\eta_0$—电导率常数的指数对数；B_{η_0}—VTF 方程中 B 表示组成离子液体的阴阳离子克服相互之间的缔合作用力而成为自由导电离子所需能量的大小；T_g—玻璃化温度。

以 $\ln\eta$ 相对 $1000/(T-T_g)$ 的两变量拟合线性良好。实验值与拟合值的比较见图 5.20。

注意到 E1P1 无穷高温时相对 GBL 黏度最高。玻璃态转变温度拟合结果与电导率 VTF 拟合吻合。总之，GBL 在降低 EMIM BF$_4$ 低温下黏度方面的表现优于 PC。

（5）离子解离特性

在系统研究电导率、黏度之后，需要将其与电化学特性关联起来，评价其作为电解液的优劣性。Paul Walden 于 1906 年发现在理想电解质溶液中存在电导率与黏度的关系，称为 Walden 规则。Walden 公式为：

$$\Lambda\eta = \omega_0$$

式中，Λ 为摩尔电导率；ω_0 为 Walden 常量。如图 5.21 所示，在以 $\lg\eta^{-1}$ 及 $\lg\Lambda$ 为横纵坐标的图上，有一条过原点、斜率为 1 的直线，这条线为参考线，参考物为 1mol/L KCl 溶液，代表了一种标准的电解质溶液。当电解液曲线在该曲线以上时为超离子液体，即离子解离效果好，反之则解离效果不佳。因此，Walden 常量 ω_0 也可以看成离子度的粗略度量。众多文献结果表明，离子液体点均在参考线以下，通常把这一现象解释为离子缔合，离子空间浓度显著降低的结果。

从图 5.21 中可知，解离效果的次序为：E1G2＞E1G1＞E2G1。在相对较高的温度（＞0℃）下，E1P1 解离效果最好，然而温度的降低对其影响最大。低温下 E1G1 最优。

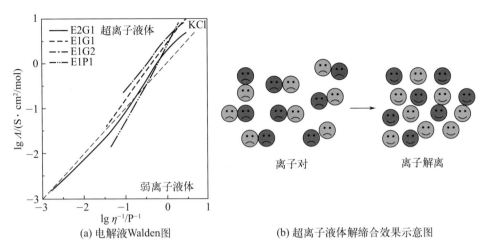

(a) 电解液Walden图　　　　　　(b) 超离子液体解缔合效果示意图

图 5.21　离子解离特性（另见文前彩图）

（6）与石墨烯表面的浸润性

EMIM BF$_4$ 与石墨烯的接触角为 42°，E1G1 与石墨烯的接触角为 16°，E1P1 与石墨烯的接触角为 33°（图 5.22）。离子液体与石墨烯本身为亲性表面，而 GBL、PC 能够进一步改善浸润性，GBL 优于 PC。以上结果体现了新型电解液与石墨烯具有更优的匹配性，这对促进阴阳离子的扩散有利。

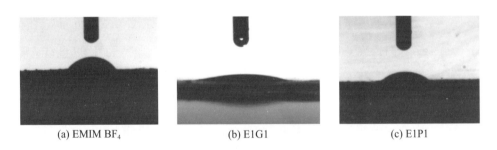

(a) EMIM BF$_4$　　　　　(b) E1G1　　　　　(c) E1P1

图 5.22　与石墨烯的接触角测试

5.5.2.4　离子液体双元电解液的机理研究

通过对新型电解液物性的详细分析，我们认识到 GBL 对 EMIM

BF_4^- 宽温域性能的提高作用要显著优于 PC。然而，这两种物质分子结构中却具有类似的五元环结构。对此，需要进一步通过谱学手段从原理上进行认识。

（1）核磁共振研究

通过 ^{1}H-NMR 研究离子液体 EMIM BF_4 及 GBL、PC 上氢原子的化学环境变化，能够了解阴阳离子与溶剂分子之间的相互作用，包括氢键、偶极-偶极耦合、范德瓦耳斯力之间的定性联系，从而为混合电解液的溶剂化效果提供原理上的依据。

将 EMIM$^+$、GBL、PC 上的氢原子依序做好如图 5.23 所示的标记，进行 ^{1}H-NMR 测试。

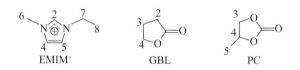

图 5.23 氢原子标记顺序

BF_4^- 倾向于与 EMIM$^+$ 上的 2H 形成氢键 B—F…H，同时也会与 4H、5H 形成微弱的相互作用。通过研究 2H 与 5H 化学位移差值的变化，可以说明 EMIM$^+$ 在加入溶剂后化学环境的改变。

由表 5.11 可知，随着 GBL 或 PC 的加入，4H-5H 化学位移差基本不变，表明 4H 与 5H 的空间差异基本不随化学环境的变化而变化。然而，2H-5H 化学位移差变化很大（图 5.24，$\Delta\delta$ 为复配电解液的化学位移；$\Delta\delta_{\text{EMIM } BF_4}$ 为 EMIM BF_4 的化学位移），相比之下，E1G1＞E1P1，这表明 GBL 与 PC 都能强烈影响 2H 的化学环境，且 2H 相对 5H 参与的 H 键作用增强了。这说明 GBL 与 PC 的羰基与 BF_4^- 对于 2H 是竞争关系，羰基抢夺了部分 2H 形成新氢键，总氢键数目增加，然而 B—F…H 数目降低，表现为离子液体阴阳离子解缔合，溶液中离子浓度提高。

表 5.11 电解液 ^{1}H-NMR 化学位移

电解液	E-2H	E-4H	E-5H	E-6H	E-7H	E-8H	GBL-2H	GBL-3H	GBL-4H	
EMIM BF$_4$	8.488	7.433	7.362	3.789	4.098	1.323				
E2G1	8.723	7.651	7.579	3.989	4.313	1.544	2.525	2.264	4.381	
E1G1	8.796	7.712	7.642	4.045	4.371	1.607	2.578	2.329	4.430	
E1G2	8.908	7.808	7.737	4.135	4.472	1.701	2.661	2.425	4.521	
							PC-3H-1	PC-3H-2	PC-4H	PC-5H
E2P1	8.662	7.590	7.519	3.945	4.275	1.500	4.650	4.129	4.963	1.440
E1P1	8.717	7.636	7.567	3.996	4.321	1.561	4.699	4.173	5.005	1.489
E1P2	8.799	7.706	7.639	4.070	4.405	1.642	4.768	4.238	5.080	1.574

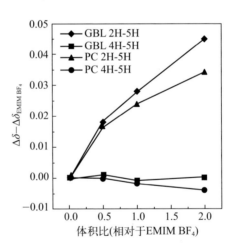

图 5.24 复配电解液相对 EMIM BF$_4$ 的化学位移差值变化

（2）红外光谱研究

通过红外光谱检测化学键或官能团原子振动方式及强弱，能够分析出溶剂分子对离子液体阴阳离子振动的影响，进而分析影响机理。本书通过衰减全反射红外光谱（ATR-IR）进行表征，具有液体样品用量少、操作简单、响应更迅速等优势。

在 ATR-IR 表征（表 5.12，图 5.25）中，添加 GBL 使 EMIM⁺ 咪唑环上的 C-2H 弯曲振动峰 ν_{2H} 移动 $2\sim8\text{cm}^{-1}$，大于 PC（$2\sim6\text{cm}^{-1}$）。此外，EMIM⁺ 咪唑环中 C-H 面内振动峰 $\beta_{\text{C-H-in-plane}}$ 也受到显著影响，但 PC 并没有。这些结果验证了 GBL 通过氢键与 EMIM⁺ 强烈相互作用，使阴阳离子良好分散。相比之下，PC 无法表现出如此强烈的效果。此

表 5.12　利用 ATR-IR 表征电解液的峰位置

电解液	峰位置				
	$\nu_{\text{B-F}}$	ν_{2H}	$\nu_{4,5H}$	$\beta_{\text{C-H-in-plane}}$	$\nu_{\text{C-O}}$ (GBL/PC)
EMIM BF₄	1016，1028，1036，1043	3166.6	3124.2	1170.5	
E2G1	989，1018，1030，1047	3164.7	3124.2	1168.6	1764.5
E1G1	989，1032，1051	3158.8	3120.3	1166.7	1762.6
E1G2	987，1032，1053	3158.8	3122.2	1164.8	1762.6
E2P1	1016，1031，1037，1043	3164.6	3126.1	1170.5	1785.7
E1P1	1034，1039，1045	3162.7	3124.2	1170.5	1783.8
E1P2	1037，1041	3160.8	3122.2	1170.5	1781.9

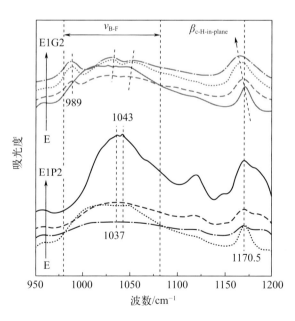

图 5.25　电解液 ATR-IR 红外光谱表征（950～1200cm⁻¹ 波数段）

外，由于与 EMIM$^+$ 形成氢键的不对称性，原本在 B-F 弯曲振动峰 ν_{B-F} 存在四个峰位，然而 GBL 的加入导致了显著的蓝移和峰位数目的降低，PC 也存在峰位数目降低的效果，但无蓝移。说明在 GBL 加入后，BF$_4^-$ 的 4 个 F$^-$ 原子化学环境发生了较大变化。而加入 PC 的 EMIM BF$_4$ 并无此现象，证明了两者与 EMIM BF$_4$ 混合时，呈现出截然不同的分散状态。这些事实可以解释为什么添加 PC 会导致活化能显著降低，但不会降低 EMIM BF$_4$ 的玻璃态转变温度，此现象也与 ^{1}H-NMR 结果吻合。

5.5.2.5　离子液体双元电解液的电化学性能研究

首先确定电解液电化学窗口及稳定性，然后在其可及工作电压下评测电容性能。

（1）宽温域离子液体的电化学窗口及稳定性

图 5.26 为基于泡沫铝集流体的 E1G1 与纯电解液 EMIM BF$_4$ 的电化学窗口的对比。参比电极为自行配制的 Ag/AgNO$_3$-E1G1，工作电极为玻炭电极，对电极为铂片。电化学窗口界定的电流密度为 4mA/cm^2。

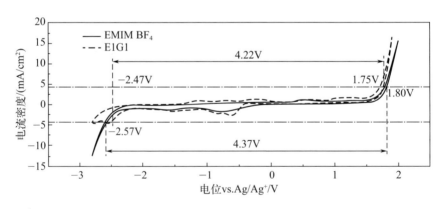

图 5.26　EMIM BF$_4$ 及 E1G1 的电化学窗口测试（另见文前彩图）

由图 5.26 可知：纯 EMIM BF$_4$ 的氧化电位为 1.8V，还原电位为 −2.57V，电化学窗口为 4.37V；E1G1 复配电解液的氧化电位为 1.75V，还原电位为 −2.47V，电化学窗口缩小至 4.22V。氧化电位的大小显示了阳极抗氧化能力。E1G1 的氧化电位逼近 EMIM BF$_4$，展现了高耐氧化能力。还原电位的大小显示了阴极抗还原能力。E1G1 的还原电位低于 EMIM BF$_4$，这与 GBL 本身的酯键有可能被还原开环的反应相关。同时，也不排除电解液中含有水或离子液体中有微量游离酸参与了还原反应的可能性。

然而，电化学窗口不能代表工作电压。随着石墨烯的加入，工作电压可能进一步降低。使用铝基集流体（包括铝箔、泡沫铝）、E1G1 与石墨烯组装成纽扣形电容器，并在不同电压下测试了其循环寿命。常温下的测试：采用 5A/g 的电流密度，在 0～3.5V 或 0～3.7V 电压区间对电容器进行循环恒流充放电测试。由图 5.27（a）可知，3.5V 的工作电压下，比容量先增后减，在数千圈后能够保持稳定。其库仑效率始终在 99.9 ％～100 ％，说明常温下 E1G1 复配电解液的工作电压可达 3.5V。然而，当工作电压提高到 3.7V 时，库仑效率虽然仍保持在 98.5 ％，但根据其电容衰减趋势预测，该类复配电解液无法长时间在 3.7V 下工作。

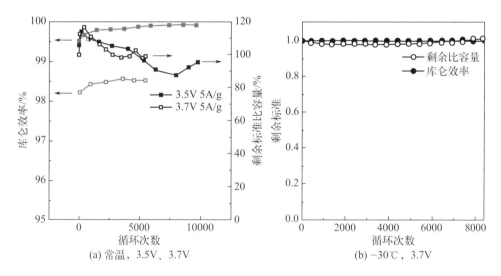

图 5.27 E1G1 循环寿命测试（另见文前彩图）

在 −30℃ 下的测试方法为：以 5A/g 的电流密度，在 0～3.7V 的电压区间对电容器进行循环恒流充放电测试。由图 5.27（b）可知，3.7V 的工作电压下，电容器的性能在循环 8000 圈后几乎无衰减，库仑效率稳定在100%。这说明，在较低温度下，电容器具有更高的工作电压。E1G1复配电解液具有常温下3.5V、−30℃或更低温度下3.7V的高工作电压，优于在2.7V工作的有机系电解液1mol/L TEA BF$_4$/PC。

（2）电容性能

使用新型电解液E1G1及E1P1进行宽温域电容性能测试，并与EMIM BF$_4$共同作对比。

首先测试不同温度下的交流阻抗，以全方位估计器件的电容性能（图5.28）。EMIM BF$_4$受制于熔点及过冷态可达低温的特性，分别在−10℃、0℃、20℃测试。而E1G1及E1P1将在高温、室温至低温域测试。

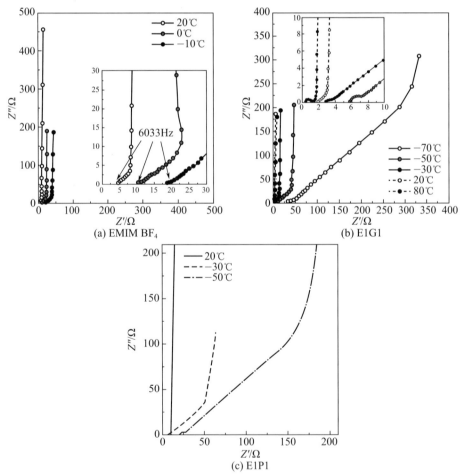

图5.28　不同温度下的交流阻抗谱（另见文前彩图）

使用经典 Randles 等效电路进行 EIS 数据拟合，结果如表 5.13 所示。

表 5.13　不同电解液中、不同温度下的 Randles 等效电路各部分电阻、阻抗拟合结果

电解液	温度/℃	溶液电阻 R_s/Ω	电荷转移电阻 R_{ct}/Ω	Warburg 阻抗 Z_W/ $(Ω/s^{0.5})$
EMIM BF$_4$	20	4.3	几乎消失	3.0
	0	10.3	0.7	10.0
	−10	18.5	0.9	15.1
E1G1	80	0.37	0.43	0.38
	20	1.3	0.6	1.0
	−30	2.9	0.5	8.0
	−50	5.8	1.0	29.0
	−70	33.4	9.6	245.0
E1P1	20	7.9	0.4	1.7
	−30	6.6	1.28	42.1
	−50	21.12	4.2	135.4

结果显示，高频区 EMIM BF$_4$ 的溶液电阻受温度影响严重，−10℃下高达 18.5Ω，中频区接触电阻及 Warburg 阻抗均有较大增加，低频区显示由石墨烯决定的电容特性良好。E1G1 的溶液电阻明显低于 EMIM BF$_4$，随着温度的下降各部分均存在增大，但幅度不如 EMIM BF$_4$，中频区接触电阻对温度不敏感，同时低频区也保持竖直垂线，表现出良好的电容特征。注意到 −70℃下 Warburg 阻抗高达 $245Ω/s^{0.5}$，说明阴阳离子的传质速率受温度影响最大。和 E1G1 相比，E1P1 在各个温度下的各个拟合内阻值均很大，表现为 E1P1 中的电容特性不如 E1G1。

进一步考察了恒流充放电特性，结果如图 5.29 所示。使用纯 EMIM BF$_4$，随着温度的下降，放电时间迅速下降，比容量降低。比较特别的

是，对−20℃过冷态 EMIM BF$_4$ 电解液测试发现，在充放电伊始，其具有很高的电压降。随后出现一个电压顿挫趋势，斜率的绝对值不是常规的随着放电的进行从大变小，而是从小变大。这种现象在恒流充放电测试中是非常少见的，可能与其过冷态特点有关。

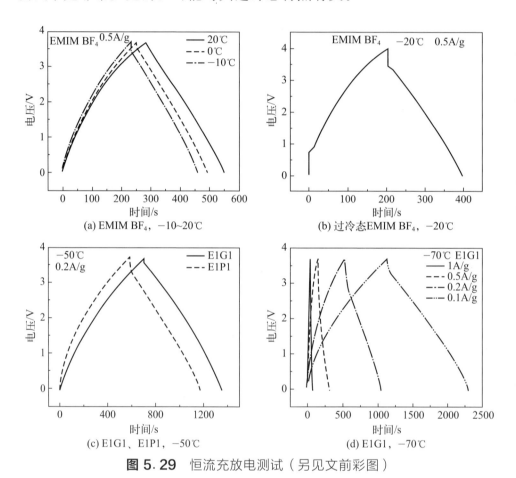

图 5.29　恒流充放电测试（另见文前彩图）

在−50℃下，比较 E1G1、E1P1 的复配电解液性能可知，使用 E1G1 的电容器的电压降更低，比容量更高 [图 5.29（c）]。而在−70℃超低温下，E1G1 仍可发挥出相当性能，但 E1P1 无法工作 [图 5.29（d）]。这说明，GBL 的溶剂化效应要明显优于 PC。这是由于 PC 环上带有 1 个甲基，尺寸较大，平面特性不如 GBL，对 EMIM$^+$ 阳离子的影响相对较小。

由-50℃下 E1G1 与 E1P1 的循环伏安法（CV）曲线（图 5.30）可知，在相同的扫速下，E1G1 曲线的面积几乎完全覆盖 E1P1。通过低扫速（5mV/s）的曲线对比可知，E1P1 中的离子扩散不如 E1G1，对应的电容特性的矩形性相对较差。高扫速下（20mV/s）更是如此。但是，高扫速下，既有溶液电阻的因素，又有离子扩散的差异因素，与低扫速的仅有离子扩散差异的作用机制不同。另外，扫描电压降低时，E1G1 及 E1P1 的电流密度绝对值均存在下降，造成比容量的下降。这是小的微孔通道与脱溶剂化效应导致的。因此，在未充分产生双电层时，离子更倾向于吸附在石墨烯的介孔中，而不是吸附在微孔中。

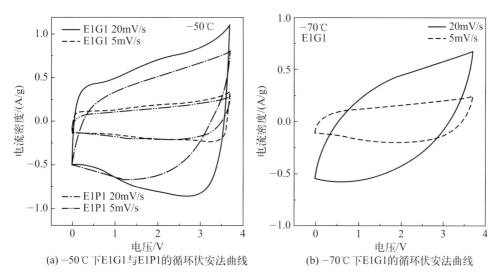

(a) -50℃下E1G1与E1P1的循环伏安法曲线　　(b) -70℃下E1G1的循环伏安法曲线

图 5.30　循环伏安法曲线（另见文前彩图）

E1G1 能够在-70℃、低扫速情况下保持部分矩形特性。

针对 E1G1 详细分析了其宽温域比容量及能量密度（图 5.31）。在-30℃下，比容量最高可在 0.1A/g 下达到 158F/g。在 0.99kW/kg、8.29kW/kg 的功率密度下，对应的能量密度为 73.8W·h/kg 和 49.9W·h/kg。随着操作温度逐渐降低，高电流密度下的比容量均相应降低，但在-70℃下，石墨烯在 E1G1 中，在 0.1A/g、0.2A/g、0.5A/g、1A/g 的电流密度下分别保持了 131F/g、107F/g、59F/g、20F/g 的比容量，

能量密度最高达 61.3W·h/kg。与同类报道相比，E1G1 在低温域下的
比容量及能量密度均为最高值。

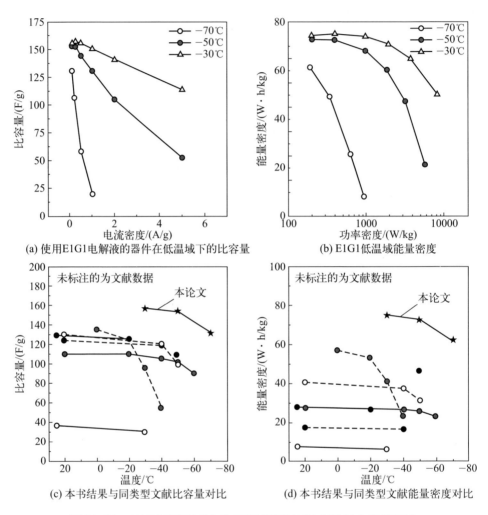

图 5.31　E1G1 宽温域比容量及能量密度（另见文前彩图）

之后对比了 E1G1 与 1mol/L TEA BF$_4$/PC 两种电解液组装的器件
的低温性能，对比中均使用 AC 作为电极材料进行 CV 测试。如图 5.32
所示，不论是矩形性代表的电容特性，或是曲线围成面积代表的比容
量，使用 E1G1 复配电解液的器件性能均优于 1mol/L TEA BF$_4$/PC 电
解液的器件性能。

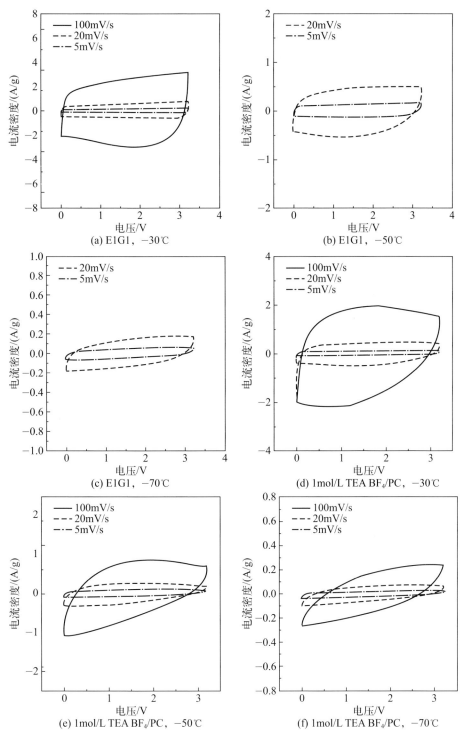

图 5.32 E1G1 与 1mol/L TEA BF₄/PC 电解液的 CV 曲线

最后比较了在超低温操作时，E1G1 与石墨烯或活性炭的匹配性能（图 5.33）。尺寸较大的电解液在低温下黏度增大，流动性变差。离子在 AC（微孔材料）中扩散慢，导致电容值很低。而在石墨烯（介孔材料）中扩散良好，从而得到比 AC 高得多的电容值。5mV/s 扫速下，石墨烯的电容值约是活性炭的 2.5 倍。20mV/s 扫速下，石墨烯的电容值是活性炭的 4~5 倍。这说明，E1G1 在宽温域范围内与石墨烯具有非常好的匹配性。显然，−70℃时，电解液黏度变大，对电极材料的孔径提出了非常苛刻的要求。这一点也呼应了第 3 章中三维石墨烯的介孔设计原则。

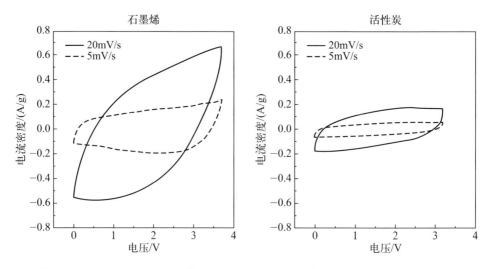

图 5.33 在 −70℃下，使用 E1G1 与石墨烯或活性炭匹配的 CV 测试

针对离子液体高熔点、高黏度、低离子电导率等不适用于宽温域操作的痛点，本章通过分别对离子液体及有机溶剂结构相对物性的归纳，筛选出 EMIM BF₄ 提供阴阳离子，GBL、PC 用以拓宽离子液体宽温域特性。

研究发现，添加 GBL、PC 可使离子液体熔点显著降低、离子电导率显著提高、黏度降低。其中，加入等体积的 GBL 使 EMIM BF₄ 的熔点显著降低，玻璃态转变温度降至 −126℃，常温下的离子电导率提升

1.8 倍。即使在－65℃下操作，复配电解液的离子电导率仍可达 0.055S/m。而加入等体积的 PC 也能使 EMIM BF_4 的熔点显著降低，但是，复配电解液中离子液体的玻璃态转变温度不变，常温下的离子电导率提升 1.3 倍，而在－65℃下操作时，复配电解液的离子电导率仅为 0.018S/m。

利用核磁共振及红外光谱表征有效解释了 GBL 与 PC 对改善 EMIM BF_4 效果的差异。GBL 具有更高的平面特性及更小的分子量，与 $EMIM^+$ 阳离子形成 H 键作用。该作用比 PC 与 EMIM BF_4 的作用更为强烈，对 BF_4^- 的竞争性更强，因而对 EMIM BF_4 阴阳离子产生了显著的解缔合效果。

使用石墨烯为电极材料，对比了不同双元电解液的特性。E1G1 常温工作电压达 3.5V，－30℃及以下的工作电压可达 3.7V，优于 E1P1。E1G1 能够在－30℃、－50℃、－70℃下分别获得 158F/g、154F/g、131F/g 的比容量及 73.9W·h/kg、72.1W·h/kg、61.3W·h/kg 的能量密度，并明显优于 1mol/L TEA BF_4/PC，两数值均为目前报道的最佳低温电容性能。

以上三种电解液改进方法的优缺点对比见表 5.14。

表 5.14　不同电解液改进方法优缺点对比

改进方法	结构设计	离子掺混	溶剂复配
电压窗口	往往降低	不变	不确定
黏度	不确定	不变	大幅提高
电导率	提高	不变	大幅提高
熔点	降低	大幅降低	大幅降低
成本	大幅提高	不变	大幅降低

综合各项物性指标的改善效果，溶剂复配方法能够最大程度地实现各种性能的兼顾，因此最具潜力。在此基础上，复配溶剂的筛选及改善

机理也是研究重点。

5.5.3 利用纳米流体概念，强化离子液体的离子电导率

纳米流体是将极微小的纳米颗粒添加到液体中，由于纳米颗粒的布朗运动，可强化液体的热导率。本团队针对离子液体型电解液体相存在离子对的状态，提出将单壁碳纳米管添加到离子液体中来打破离子对，同时提高其离子电导率（图 5.34）。

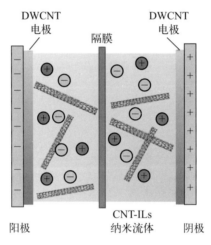

图 5.34 在离子电解液中加入碳纳米管构成纳米流体电解液的示意图

当在 EMIM BF$_4$ 中添加 0.1%～0.5% 的单壁碳纳米管时，双壁管电极的 CV 曲线所围的积分面积都超过了在纯离子液体中的 CV 响应曲线 ［图 5.35（a）］。在小扫速下，电容值提高了 20% ［图 5.35（b）］。在扫速 10～200mV/s 范围内，在纳米流体电解液中的电容值均显著提高，且高于双壁管在传统有机电解液 Et$_4$NBF$_4$/PC 中（在 4V 下）的性能。不同功率密度下的能量密度变化也呈现相同的趋势 ［图 5.35（c）］。在 ESR ［图 5.35（d）］ 及表 5.15 中发现，纯离子液体电解液的阻值最大，达到 7Ω，而纳米流体电解液的阻值迅速接近于有机电解液 Et$_4$NBF$_4$/PC 的阻值。有机电解液黏度低、自由离子多，贡献了流动

性。而离子液体黏度大、离子对多，流动性不佳。介于二者之间的纳米流体电解液产生出新的特征（黏度增大，但离子流动性变好）。

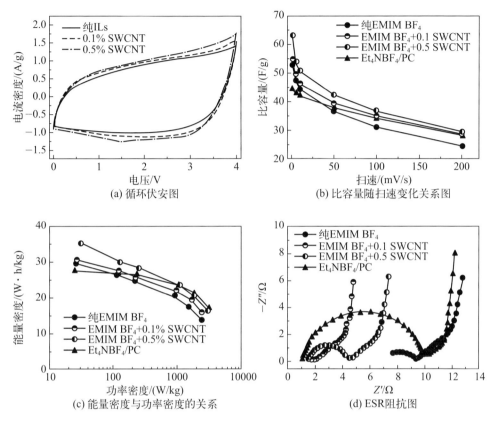

图5.35 不同电解液中电极材料的性能比较（另见文前彩图）

由 ESR 曲线拟合（表5.15）可知，添加单壁碳纳米管后，电解液的接触电阻大幅度下降，电荷传递电阻在少量添加单壁碳纳米管时显著降低，而界面阻抗变化不大。

表5.15 对 ESR 曲线拟合所得各种阻抗的比较

SWCNT 的比重/%	溶液电阻 R_s/Ω	电荷传递电阻 R_{ct}/Ω	Warburg 阻抗 Z_W/Ω
0.0	7.216	2.107	0.1817

SWCNT 的比重/%	溶液电阻 R_s/Ω	电荷传递电阻 R_{ct}/Ω	Warburg 阻抗 Z_W/Ω
0.1	1.306	0.6835	0.1986
0.5	1.475	2.958	0.1914
Et_4NBF_4/PC	1.052	8.55	0.1764

最近大量研究表明，在离子液体与碳电极界面处的离子状态异于离子液体体相，界面处自由离子相对较多。测量纳米流体电解液的宏观离子电导率［图 5.36（a）］，其随着单壁碳纳米管的添加量（0.1%～0.5%）几乎线性增长，增长幅度达 35%。这也说明，纳米流体电解液的改善主要针对于体相，而不是界面。

针对这个双壁管厚电极，由于体相离子电导率的增加，改善了器件内部电场的均匀性，在 4000 圈循环后，容量保持率显著优于有机电解液器件［图 5.36（b）］。

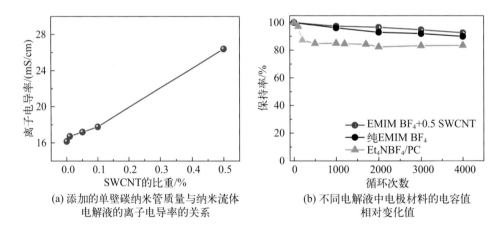

(a) 添加的单壁碳纳米管质量与纳米流体
电解液的离子电导率的关系

(b) 不同电解液中电极材料的电容值
相对变化值

图 5.36　添加单壁碳纳米管后的性能变化

进一步，针对 5V 的离子液体（BMPL NTF_2）也进行了添加单壁碳纳米管的研究（图 5.37）。由于 5V 电解液的离子尺寸更大，所以加入单壁碳纳米管导致黏度上升 30%～50%（25℃）。同时，由于黏度影响，加入单壁碳纳米管后，离子电导率存在极值。这说明了两种效应的竞争关系。对比材料中，添加相同质量的氧化铝颗粒与银颗粒相比，不会使离子液体的离子电导率增加。这说明，单壁碳纳米管是一种直径极小的、导电性优异的一维材料。由于其加入，体相中不同位置离子通过单壁碳纳米管及其网络搭接的电子导电效率增强，使得离子电导率显著增大。

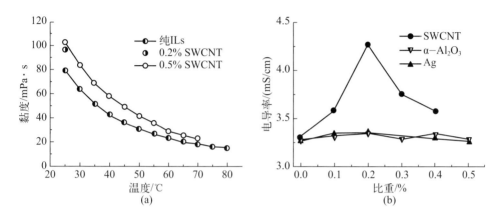

图 5.37 不同温度下纳米流体电解液的黏度变化规律与
不同添加物质对于纳米液体电解液的黏度影响规律

对 ESR 曲线进行拟合（表 5.16），也说明添加单壁碳纳米管显著降低了溶液体相电阻，但对界面改善效果不明显，甚至起负面作用。

表 5.16 对 ESR 曲线进行拟合所得各部分阻抗值

纯 BMPL NTF$_2$ 中 SWCNT 含量（质量分数）/%	溶液电阻 R_Ω/Ω	电荷传递电阻 R_{ct}/Ω	Warburg 阻抗 $Z_W/(\Omega/S^{0.5})$
0	9.643	5.787	0.05728
0.1	8.46	16.6	0.07327
0.2	6.413	8.042	0.05263
0.5	5.917	15.16	0.06046

在室温下，该器件在 0.1% 与 0.5% 单壁碳纳米管添加量下，可以较显著提高不同功率密度下的能量密度（图 5.38）。

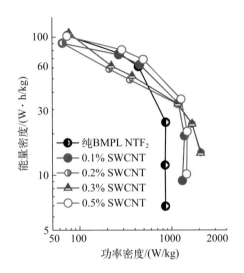

图中纵轴标注：能量密度/(W·h/kg)，横轴标注：功率密度/(W/kg)

图例：
纯BMPL NTF$_2$
0.1% SWCNT
0.2% SWCNT
0.3% SWCNT
0.5% SWCNT

图 5.38 5V 离子电解液中，添加单壁碳纳米管对于能量密度及功率密度的影响

另外，当器件的工作温度升高时，纳米流体电解液的黏度迅速下降，数值与纯离子液体的黏度数值迅速接近。这预示着，纳米流体电解液器件在较高温度下工作时可能具有更加优异的性能，值得继续探索。

另外，笔者采用泡沫铝覆盖无定形碳之后，在 EMIM BF$_4$ 中观察到了毫秒级的超快速响应效应（图 5.39）。无论是纽扣电池还是软包电池，其电容响应都接近理想的双电层电容响应 [图 5.39（a）]。并且，由于软包中极片并联数量多，内阻进一步下降，因此电容响应行为更加接近理想态。从 120Hz 及相位角等角度都确认了软包响应性能优异的结果 [图 5.39（b）、（c）]。同时，从循环伏安曲线来看 [图 5.39（e）～（g）]，从 1V/s 一直到 1000V/s 的扫速下，电容响应都非常优异，且始终保持线性响应行为 [图 5.39（h）]。与有机液体电解液及水系电解液体系中，不同碳材料的超快速响应行为进行了对比 [图 5.39（d）]，本工作是首次在 4V 离子液体-铝集流体中获得 1.67ms 的响应速率。这个数值也优于图中其他电解液体系中的大部分响应数据。

显然，这是薄的碳电极层、充足的电解液供应、泡沫铝的三维导电骨架与离子液体的体相互相均匀结合、其电子导电效应显著，以及独特的界面效应带来的优势，是厚电极极片无法比拟的。

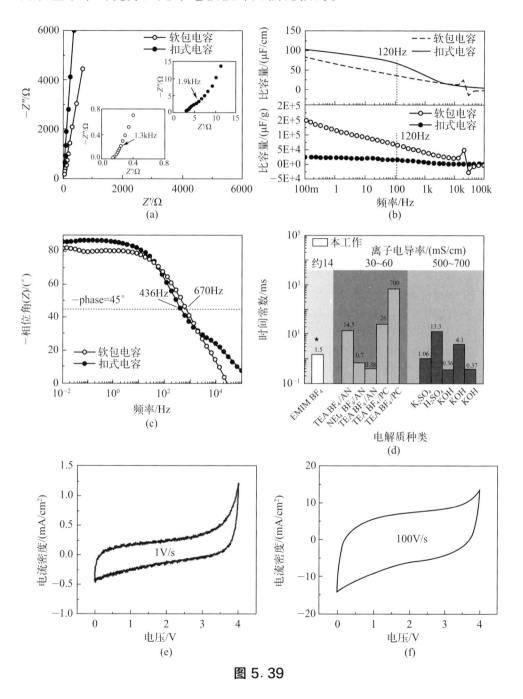

图 5.39

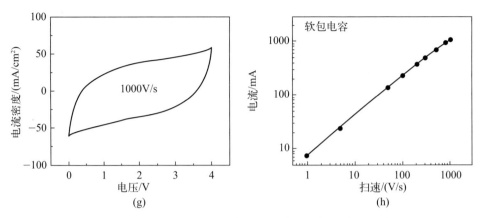

图 5.39 覆碳泡沫铝在离子液体中的电容性能响应（另见文前彩图）

接着，利用差热分析方法对碳材料与离子液体的混合体系进行了研究（图 5.40）。图 5.40（b）显示，加入的炭电极越多，碳与离子液体

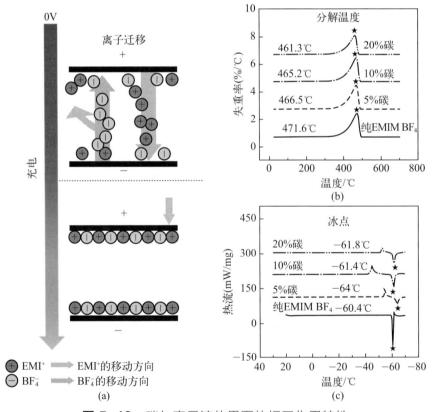

图 5.40 碳与离子液体界面的相互作用特性

的相界面越大，离子液体的熔点降低得就越显著。加入 20％碳材料时，可以观察到 10.3℃的熔点下降。图 5.40（c）显示，加入的炭电极越多，碳与离子液体的相界面越大，离子液体的凝固点也降低得越显著。这充分说明，碳的加入可以导致界面的离子液体性质发生变化。界面处的离子液体被解缔合，呈现出自由离子行为。最近的理论模拟结果也支持界面处存在着大量自由离子的现象。自由离子尺寸小、黏度小、流动性好、扩散快是其具有毫秒级超快速响应的关键。

参考文献

[1] 杨乐，余金河，付蓉，等．超级电容器用 solvent-in-salt 型电解液的研究进展 [J]. 化工学报，2020，71(06)：2457-2465.

[2] Galiński M，Lewandowski A，Stepniak I. Ionic liquids as electrolytes [J]. Electrochimica Acta，2006，51(26)：5567-5580.

[3] Earle M J，Esperança J M S S，Gilea M A，et al.，The distillation and volatility of ionic liquids [J]. Nature，2006，439(7078)：831-834.

[4] Lewandowski A，Galiński M. Carbon-ionic liquid double-layer capacitors [J]. Journal of Physics and Chemistry of Solids，2004，65(2-3)：281-286.

[5] Kim B，Chung H，Kim，W. High-performance supercapacitors based on vertically aligned carbon nanotubes and nonaqueous electrolytes [J]. Nanotechnology，2012，23 (15)：155401.

[6] Paulechka Y U，Zaitsau D H，Kabo G J，et al. Vapor pressure and thermal stability of ionic liquid 1-butyl-3-methylimidazolium Bis (trifluoromethylsulfonyl) amide [J]. Thermochimica Acta，2005，439(1)：158-160.

[7] Wang S，Liang X L，Chen Q，et al. Field-effect characteristics and screening in double-walled carbon nanotube field-effect transistors [J]. The Journal of Physical Chemistry B，2005，109(37)：17361-17365.

[8] 马亮亮，刘逸枫，袁俊，等．疏水性咪唑类混合离子液体的物理化学性质 [J]. 高等学校化学学报，2006(11)：2182-2184.

[9] 宣益民，李强．纳米流体强化传热研究 [J]. 工程热物理学报，2000，(04)：466-470.

[10] Xie H Q，Chen L F. Review on the preparation and thermal performances of carbon nanotube contained nanofluids [J]. Journal of Chemical & Engineering Data，2011，56 (4)：1030-1041.

[11] Fukushima T，Aida T. Ionic liquids for soft functional materials with carbon nanotubes [J]. Chemistry-A European Journal，2007，13(18)：5048-5058.

[12] Wang J Y，Chu H B，Li Y. Why single-walled carbon nanotubes can be dispersed in imid-

azolium-based ionic liquids [J]. ACS Nano, 2008, 2(12): 2540-2546.

[13] Bridges N J, Visser A E, Fox E B. The potential of nanoparticle enhanced ionic liquids (NEILs) as advanced heat-transfer fluids [J]. Energy & Fuels, 2011, 25 (10): 4862-4864.

[14] Moon Y K, Lee J, Lee J K, et al. Synthesis of length-controlled aerosol carbon nanotubes and their dispersion stability in aqueous solution [J]. Langmuir, 2009, 25(3): 1739-1743.

[15] Bu X D, Su L J, Dou Q Y, et al. A low-cost "water-in-salt" electrolyte for 2.3 V high-rate carbon-based supercapacitor [J]. Journal of Materials Chemistry A, 2019, 7: 7541-7547.

[16] 金鹰, 骞伟中, 崔超婕, 等. 一种超级电容器的电解液、制备方法及性能: CN111223686A [P]. 2020-06-02.

[17] 骞伟中, 薛济萍, 薛驰, 等. 高电压电容的电解液及其制备方法和电容器件: CN110310842A [P]. 2019-10-08.

[18] 骞伟中, 孔垂岩, 崔超婕, 等. 一种用于高电压超级电容器的电解液及其制备方法: CN103021676A [P]. 2013-04-03.

[19] Kong C Y, Qian W Z, Zheng C, et al. Raising the performance of a 4 V supercapacitor based on an EMI BF$_4$-single walled carbon nanotube nanofluid electrolyte [J] Chemical Communications, 2013, 49(91): 10727-10729.

[20] Kong C Y, Qian W Z, Zheng C, et al. Enhancing 5 V capacitor performance by adding single walled carbon nanotubes into an ionic liquid electrolyte [J]. Journal of Materials Chemistry A, 2015, 3(31): 15858-15862.

[21] Tian J R, Cui C J, Xie Q, et al. EMIM BF$_4$-GBL binary electrolyte working at -70 oC and 3.7V for a high performance graphene-based capacitor [J]. Journal of Materials Chemistry A, 2018, 6(8): 3593-3601.

[22] Li J, Zhou Y N, Tian J R, et al. A nitrogen-doped mesopore-dominated carbon electrode allied with anti-freezing EMI BF$_4$-GBL electrolyte for superior low-temperature supercapacitors [J]. Journal of Materials Chemistry A, 2020, 8(20): 10386-10394.

[23] Krishnamurthy S, Bhattacharya P, Phelan, et al. Enhanced mass transport in nanofluids [J]. Nano Letters, 2006, 6(3): 419-423.

[24] Bhattacharya P, Saha S K, Yadav A, et al., Brownian dynamics simulation to determine the effective thermal conductivity of nanofluids [J]. Journal of Applied Physics, 2004, 95 (11): 6492-6494.

[25] Keblinski P, Phillpot S R, Choi S U S, et al. Mechanisms of heat flow in suspensions of nano-sized particles (nanofluids) [J]. International Journal of Heat and Mass Transfer, 2002, 45(4): 855-863.

[26] 谢华清, 奚同庚, 王锦昌. 纳米流体介质导热机理初探 [J]. 物理学报, 2003, 52 (06): 1444-1449.

[27] Jang S P, Choi S U S. Role of Brownian motion in the enhanced thermal conductivity of nanofluids [J]. Applied Physics Letters, 2004, 84(21): 4316-4318.

[28] Lin R Y, Taberna P L, Fantini S, et al. Capacitive energy storage from −50 to 100℃

using an ionic liquid electrolyte [J]. The Journal of Physical Chemistry Letters，2011，2 (19)：2396 -2041.

[29] Xiao D W，Dou Q Y，Zhang L，et al. Optimization of organic/water hybrid electrolytes for high-rate carbon-based supercapacitor [J/OL]. Advanced Functional Materials. 2019，29 (42)：1904136.

[30] Zhang S T，Yang Z F，Cui C J，et al. Ultrafast nonvolatile ionic liquids-based supercapacitors with Al foam-enhanced carbon electrode [J]. ACS Appl Mater & Interfaces，2021，13 (45)：53904-53914.

[31] Lu W，Qu L T，Henry K，et al. High performance electrochemical capacitors from aligned carbon nanotube electrodes and ionic liquid electrolytes [J]. Journal of Power Sources，2009，189(2)：1270-1277.

[32] Krause A，Balducci A. High voltage electrochemical double layer capacitor containing mixtures of ionic liquids and organic carbonate as electrolytes [J]. Electrochem Commun，2011，13(8)，814-817.

[33] Hagiwara R，Ito Y. Room temperature ionic liquids of alkylimidazolium cations and fluoroanions [J]. J Fluorine Chem，2000，105(2)：221-227.

第6章
电容器集流体及隔膜技术

集流体是电池或电容器中的必备组件，其功能是将电解液/电极材料界面的阴阳离子定向排列建立的电势差以电流的形式导出，这样具有正负极之分的电容器或电池就具有了放电或做功的特性。反之，将电流通过集流体充入电池，使得电池或电容器中的离子进行定向迁移，这样就具备了储能的特性。这种充放电的操作模式要求集流体必须使用内阻较低的材料，比如金属或炭。而在不同的电解液中，要注意金属或碳材料的电化学稳定性与溶胀特性。当考虑大规模工业极片涂布时，要考虑集流体的尺寸、连续性与电极材料的结合特性，以及易焊接极耳特性。不同材料理论上的使用体系见表6.1。

表6.1 不同材料理论上的使用体系

材料	导电性	密度	加工特性	电化学稳定性	在电池/电容器中使用	价格
铝	好	小	延展性好，易焊接极耳	通过生成 Al_2O_3 或 AlF_3 等钝化	双电层电容器正负极，电池电容器或锂离子电容器等正极	便宜
铜	好	大			电池的负极	较便宜
镍	好	大			泡沫镍用于镍氢电池	贵

材料	导电性	密度	加工特性	电化学稳定性	在电池/电容器中使用	价格
碳	很难超过金属	最小	相对较难，不易焊接极耳，科研用材居多	高	正	碳布相对便宜，碳纳米管、石墨烯膜等昂贵

6.1 铝箔

6.1.1 光箔、刻蚀箔、覆碳箔与穿孔箔

铝凭借密度轻、加工延展性好、表面有钝化层、价格便宜等综合性能优势，成为电池或电容器中最主要的集流体材料。总之，只要能够使用铝，就不会优先考虑其他材料。目前来说，工业上用得最多的集流体结构形式是箔体，因为这种结构方便大规模连续化加工，易形成卷对卷的工艺。而铝箔体有标准铝（未腐蚀铝箔，也称光箔）、刻蚀箔、覆碳箔和穿孔箔等变种，体现了使用过程中的技术变革需求与进步。

6.1.1.1 光箔

铝箔主要以轧制的方法制备而成，其工艺流程如图 6.1 所示。主要加工步骤是：将铝箔坯料经过多次轧制（包括粗轧和精轧）与多次热处理轧制而成，即坯料经过粗轧后，先变成较厚的箔体，然后再经过热处理与精轧的配合，逐渐变薄，最终达到需要的厚度。一般地，精轧后会对铝箔进行表面处理，并经过分切变为商品（具有行业通用要求的宽度和长度）。为了后期器件极片的加工需要，生产铝箔卷对卷的生产设备需要很好地控制铝箔的张力（主要控制轧制压力和热处理工艺），保持其厚度均匀与表面平整。同时，为了电池与电容器的使用（电化学稳定性好），铝坯料要有很高的纯度（控制各种不必要的金属杂质的含

量），通常大于99.5%。

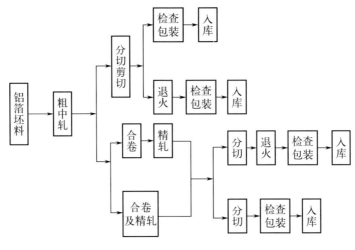

图6.1 铝箔制备流程

减小铝箔厚度，减少其在器件中的重量占比，对于提高器件质量能量密度有益。但实际加工过程中，还要考虑电极材料是粘在铝箔表面上的这一因素。二者同时辊压时，铝箔要承受电极材料颗粒的局部接触压力。通过精轧环节的辊压装置的结构（如两辊或四辊）设计，可制备6～8μm厚、平整度很高的铝箔。再降低厚度，铝箔在加工中就易变形与撕裂。

6.1.1.2 刻蚀箔

实际使用中常把电极材料粘在铝箔表面，这既是实现极片卷对卷生产的需要，也是降低接触电阻的需要。光箔外表面小，与许多材料不浸润，表面还有氧化层（钝化层），有改进的必要。用刻蚀技术对铝箔表面进行处理，增大其表面粗糙度与接触表面积，可降低活性材料与集流体间的接触电阻（图6.2）。

增大铝箔表面粗糙度的方法包括物理法、电化学刻蚀法和化学刻蚀法等。物理法主要是采用不同粒度的砂纸或者硬质刷子摩擦铝箔表面，以增加粗糙度。由于砂纸等的精度不够，这种方法使得铝箔表面蚀坑和空洞尺寸较大。该方法工业操作一致性不高，已经逐渐被淘汰。化学刻蚀方法是利用铝在酸（如氢卤酸）、碱或其盐溶液中的化学特性，使铝箔在溶液中发生部分溶解，在铝箔表面形成腐蚀坑。由于腐蚀液浓度可控且具有多样性，该方法操作方便，易于工业化。与物理法相比，化学刻蚀所得的孔洞细而密。使用强碱使铝箔逐渐均匀变薄，但对铝箔表面的腐蚀比较差。使用氢卤酸及其盐溶液，则使铝箔表面局部溶解，形成一定形状的孔洞。因此，选择氢卤酸及其盐溶液腐蚀铝箔是相对优化的方法。而电化学刻蚀法，则是在化学刻蚀法的基础上进一步增加外电场作用，加快化学腐蚀过程。由于外加电场的电流密度与铝箔的溶解速度成正比，因此可通过外加电流密度来控制铝箔的腐蚀速度。化学刻蚀与电化学刻蚀处理均可降低接触电阻。电化学和化学刻蚀的机理不同，刻蚀后铝箔表面的形貌也不同，从而影响活性物质与铝箔的接触状况和超级电容器的性能。这个领域仍然具有多种调变特性。

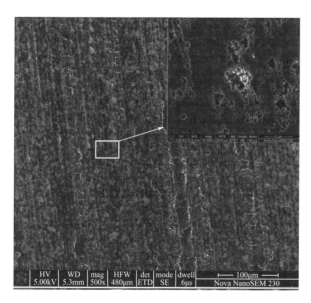

图 6.2 刻蚀铝箔的形貌图

6.1.1.3 覆碳箔

在刻蚀箔体表面附着碳层，可显著改善电极材料与集流体的结合与接触功能。

通常有物理附着法与化学附着法。物理附着法中，使用现成的碳材料（如炭黑、石墨、碳纳米管和碳纤维等），通过配浆（考虑黏度、分散均匀性、黏结特性等因素），然后进行分散与涂覆，再经干燥与压制而得。该法易于工业化，现阶段一般采取凹版印刷的方式来进行集流体导电涂层的涂覆，已有众多的工业应用实例。

如图 6.3 所示，导电涂层与集流体间的黏结力可以从 10gf（1gf ＝ 0.00980665N）提高到 60gf。黏结力的增加使集流体和活性材料结合得更加紧密，减小了箔材和活性材料之间的界面电阻，在综合性能上使锂离子电池的性能得以提升。

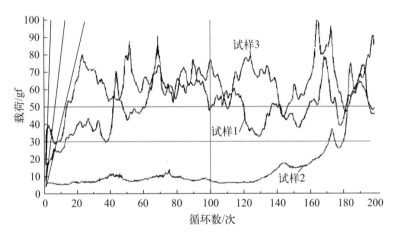

图 6.3 导电涂层集流体黏结力测试图

对碳涂层来说，目前的商业化铝箔的涂层主要为纳米石墨涂层，科研界则对石墨烯等新型材料涂层进行了研究。

（1）纳米石墨涂层

纳米石墨具有石墨化程度高、导热和导电性好的优点，同时，其尺寸小、易分散，因此适合作为涂层材料。如采用纳米石墨涂层集流体，降低了集流体和活性材料之间的界面电阻，延长了电池使用寿命（图 6.4）。

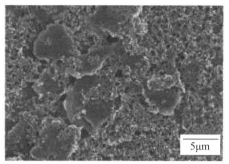

图 6.4 商业化的覆碳铝箔产品

（2）石墨烯涂层或碳纳米管涂层

石墨烯是新型的二维导电碳材料，具有更高的理论电导率、平整性与柔韧性。一般的炭黑导电涂层厚度为 $2\sim5\mu m$，而石墨烯的双面涂层，其厚度也仅为 $0.2\sim2\mu m$，在提升了导电性的同时，节省了黏结剂的用量。石墨烯片层的厚度与尺寸大小，对于浆料的分散性与稳定性，以及涂覆的均匀性影响极大。

目前已有碳纳米管涂层的报道，与石墨烯涂层的原理相似，碳纳米管直径小，与铝箔接触的作用力强，易附着。同时，碳纳米管是线性材料，更易形成碳导电网络，这是该涂层的优点。同时，控制碳纳米管长度与在浆料中的单分散性是形成均匀涂层的关键。

（3）无定形-多孔碳层集流体

理论上，可以在箔体表面均匀地涂覆高分子层，然后通过控制性的热分解使其变为连续的均匀碳层（具有多孔性）。该方法省略了浆料的制备环节，且可使用的高分子溶液种类多，黏度调节方便，这是该方法的优点。然而，高分子的热分解温度高于处理涂层的干燥温度，这是该方法中需要注意的环节。

（4）化学气相沉积法形成石墨烯-铝箔涂层或碳纳米管涂层

化学气相沉积碳材料的温度高（$600\sim1000$℃），而铝箔耐温性相对较差（＜500～600℃），所以常规的化学气相沉积法并不适合于在铝箔上沉积碳层。但是，使用低温等离子体技术，控制仅在局部发热，但整体环境温度比较低，铝箔不易变形。可将较活泼碳源在铝箔上原位分解，生成了石墨烯-铝箔复合层，具有接触电阻显著下降、抗电解液腐蚀等优点。

另外，已有在铝箔上生长碳纳米管阵列的报道。先用电化学沉积法在铝箔表面沉积微量的单原子铁与氧化镁涂层。在600℃下裂解较活泼的碳源（如乙烯）可制得小直径碳纳米管的阵列。控制沉积时间与乙烯分压，既可形成短而整齐的碳纳米管垂直阵列，也可形成密度较稀的、倒伏状的碳纳米管膜。碳纳米管直径越细，与铝箔的结合力越强。

这四种方法中，前两种属于物理附着法，后两种属于化学附着法。对于大规模的铝箔制备来说，要求的设备与工艺控制不同，都存在着优化空间。

6.1.1.4 穿孔箔

穿孔箔是指铝箔、铜箔、镍箔等平整的箔材表面含有大量的贯通孔的新型集流体（图6.5）。其表面存在较多的通孔，利于提高电解液中的离子扩散速率。此外，多孔箔材负载的活性物质在箔材双面是相互连接的，可起到加速电荷传导和减小电化学极化的作用。因此，采用穿孔箔时，可有效地收集极片中所负载的活性物质中的电荷并进行大量的输出，实现大功率充放电。目前已有双电层超级电容、锂离子超级电容、锂离子电池等采用穿孔箔的案例。穿孔箔对器件性能的主要影响因素包括穿孔箔的孔径和孔密度，详述如下。

（1）孔径

穿孔箔的孔径一般在$0.1～100\mu m$范围内。目前工业的涂布是以液体浆料来进行批量化涂布的。当孔径过大时，易导致活性物质在箔材孔附近堆积较多，而孔内部没有有效的金属连接以保证良好的导电性，导致极片的内阻增大，降低了器件的功率密度。此外，在涂布过程中还易

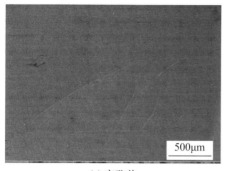
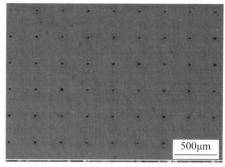

(a) 穿孔前   (b) 穿孔后

图 6.5 铝箔穿孔前与穿孔后

出现浆料从孔中漏出的情况。当孔径过小时，浆料不容易渗入孔内，双面涂覆的活性物质之间不能有效连接，穿孔箔的优势不显著。因此，穿孔箔材的孔径要根据浆料的特性（如颗粒的尺寸、浆料的黏度）等进行匹配使用。

（2）孔密度

增大箔材表面孔密度会提高箔材孔隙率，实现浆料的高面载量涂覆，利于提高器件的能量密度。同时提高了活性物质与箔材间的接触面积，使得极片能承受大电流负载，且对提高器件的循环寿命有利。但是箔材的孔密度过大时，箔材的力学性能变差，难以满足辊压加工要求。此外，当箔材中存在较多的孔时，常导致这些位置的浆料在干燥后体积收缩，进而导致活性物质的龟裂或脱落。

穿孔箔主要由机械冲孔和激光钻孔制备。机械冲孔的孔径一般在 $100\mu m$，并以圆形孔为主。激光冲孔是利用高能的激光束对金属进行切割，作用时间短，孔的排布方式灵活可调。孔径大小与激光的光斑直径直接相关，因此所得孔径要比机械冲孔的孔径小得多。但激光穿孔设备成本高，导致冲孔箔价格昂贵，难以大规模使用。

6.1.2　金属箔材在超级电容器中的应用

杨波等研究了使用不同铝箔制作超级电容电极的性能。图 6.6 是三种箔材的 SEM 照片。从图中可以看出，光箔［图 6.6(a)］的表面比较平整、光滑，刻蚀箔［图 6.6(b)］由于经过化学或物理刻蚀后表面变得粗糙，存在着较多的孔道和孔洞结构。覆碳箔［图 6.6(c)］采用了碳材料负载在箔材表面，这些炭是由一些纳米尺寸的炭颗粒和较大尺寸的片状炭所结合而成的，表面也是粗糙不平的。

(a) 光箔   (b) 刻蚀箔   (c) 覆碳箔

图 6.6　三款箔材的 SEM 照片

图 6.7(a) 是不同箔材制作电极的充放电曲线。各电极的充放电曲线都呈三角对称，具有较好的线性，体现了双电层电容行为。但由于三种箔材表面粗糙程度不一，活性物质表面负载量略有差异，因此在最终的充放电的测试结果中，覆碳箔所制备的器件具有更大的容量。

图 6.7(b) 是不同箔材制作电极的电化学交流阻抗图谱。高频区半圆代表了集流体-活性物质界面之间的电荷转移阻抗。光箔电容电极的电荷转移阻抗是刻蚀箔的两倍，而覆碳箔制作电极的电荷转移阻抗最小。显然，覆碳箔表面包覆的碳作为一层中间层，既可以为电子的转移和传递提供较为有效的通路，又由于其巨大的表面积可以实现活性物质与集流体更加紧密的接触，减小了接触电阻，因此在三种箔材中最优。从扩散阻抗来分析，覆碳箔材阻抗最小。其低频的阻抗为一条完美的直线；刻蚀箔的扩散阻抗与覆碳箔相当，这证明了粗糙的并与活性物质接触紧密的表面对离子扩散的重要性。相比之下，光箔的扩散呈现 45°，这表明了其半无限扩散的特点，也表明了其扩散过程受到了较大的阻力。

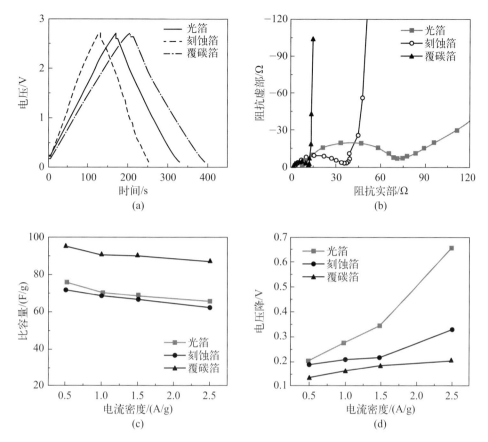

图 6.7 不同箔材制备的电容电极充放电曲线、EIS 阻抗、放电比容量与放电电压降随电流密度的变化规律（另见文前彩图）

图 6.7（c）展示了不同箔材的比容量随着放电电流密度的变化情况。随着电流密度的增加，三种箔材的比容量略有下降，覆碳箔材具有最高的比容量。

从电压降与放电电流的关系图［图 6.7（d）］中可以看出，随着放电电流密度的增大，光箔的电压降持续增加，且在三种箔材中是最大的，在 2.5A/g 的电流密度下，电压降约 0.7V。相比而言，覆碳箔材具有最低的电压降，且随着电流密度的增大电压降增加得并不明显。因此，覆碳箔材具有更加优异的倍率性能，这与电化学交流阻抗谱的测试结果也是一致的。

6.2 泡沫金属集流体

泡沫金属是一种在金属块体内部存在孔隙和孔洞的金属体,一般具有较大的表面积和较小的密度。对于储能体系而言,由于活性物质需要连续的、相互之间紧密接触并且有效的浸润电解液,因此孔洞必须是连续的通孔。根据储能体系对金属的导电性、电化学稳定性和机械加工性能的要求,常用的储能用的泡沫金属为泡沫镍、泡沫铝和泡沫铜等。

6.2.1 泡沫金属制备技术进展

6.2.1.1 泡沫镍

泡沫镍整体呈现出灰色,内部镍丝骨架之间互相接触、互相连接,构成了泡沫镍整体的三维金属网络(图 6.8)。目前的生产工艺所得泡沫镍的孔隙率在 $80\%\sim98\%$ 范围内,面密度在 $300g/m^2$,厚度一般为 $0.5\sim2mm$。泡沫镍在镍氢电池中具有降低极化、提高负载、利于大电流密度放电等显著优势,且在超级电容和锂离子电池行业也有一定的应用场景。

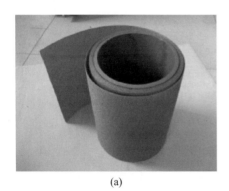
(a)

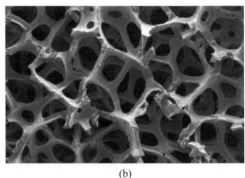
(b)

图 6.8 泡沫镍宏观照片与微观结构

目前，泡沫镍最常用的方法有以下两种：①烧结法。将松散堆积的镍粉与高熔点无机物（如氯化钠）按照一定比例混合，压实后以接近镍的熔点进行烧结。取出产品后，使用清水去除氯化钠即可得到泡沫镍。也可由冷拔的超细镍丝进行堆积直接烧结制得。该方法的优点是成本低、工艺便捷，但产品的孔隙率较低，一般在 20%～50% 范围内，在储能中应用时填充的活性物质不够多。②沉积法。即采用三维网状结构有机物（如聚氨酯）作为模板，用电沉积或者羰基镍分解的方式在其表面沉积厚的镍层，用含氧气体去除有机物模板，再进行还原得到泡沫镍。由于羰基镍极其危险而且有剧毒，电沉积法为目前商业化的主流泡沫镍生产模式。电沉积法泡沫镍的制备工艺：

（1）泡沫塑料基体准备

挑选有三维连通孔的塑料（如聚醚型或者聚酯型聚氨酯海绵）作为模板。图 6.9 展示了不同孔径（以 PPI 为单位，代表每英寸海绵所含有的孔的个数）的聚氨酯海绵产品照片。用于电池集流体的一般选用 80PPI 及以上的海绵作为前驱体。海绵成品为长方体结构，因此首先要把海绵切割为厚度为 1～2mm 的薄膜状材料。由于海绵质地柔软，在切割过程中严格控制卷切机的精度是非常关键的。

（2）导电化处理

聚氨酯海绵是不导电的，需要先进行导电化处理。常用方式包括在泡沫镍进行表面涂覆导电溶胶（含有石墨粒子的浆料）或采用化学镀在塑料表面镀覆一层金属镍薄层。

（3）电沉积镍

以金属镍为阳极，化学镀的镍产品作为阴极，以硫酸盐型（低氯化物）电解液为镀液，通入直流电进行电沉积。由于高孔隙率的泡沫镍沉积往往需要较小孔径的聚氨酯泡沫作为基底，因此在电沉积过程中需要避免镍集中沉积在外侧，而聚氨酯的芯部不存在镍的不均匀现象。常采用搅拌电镀液或采用脉冲电镀的方式进行电沉积，实现厚度方向上均匀的镍电沉积。

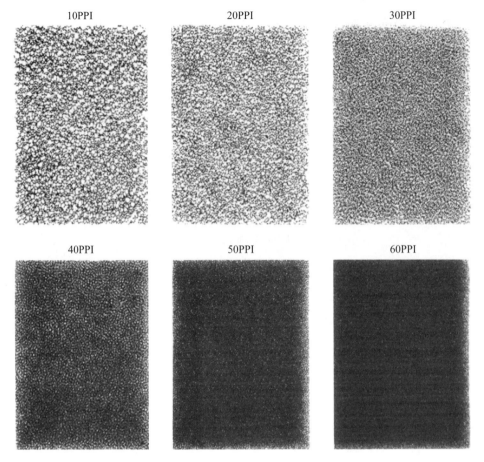

图 6.9 不同 PPI 值的聚氨酯海绵产品照片

（4）氧化与还原

电沉积产物中裹含的聚氨酯导致后续的焊接不便，必须去除。常用的去除方式为空气氧化。在空气中缓慢加热电沉积产品，控制温度使聚氨酯完全分解。过程中必须严格控制升温速度并进行有效的排风，并把尾气进行无害化处理，禁止无组织排放。除了空气氧化，也可以直接用火苗燃烧法，即采用一排喷枪并点火直接让镍带通过，在镍带通过时，内部的聚氨酯被点燃而被去除。该方法操作比较简单，也是工业上常用的方法。氧化后的镍比较脆，需要进入还原性气氛炉内，在具有氢气氛围的保护下进行还原。还原后的泡沫镍具有较大的晶粒尺寸和较好的强度与塑性，此时即可以作为集流体使用。

目前这些步骤都已经实现连续式处理，可以生产卷对卷所需的泡沫镍产品。

6.2.1.2 泡沫铜

泡沫铜的制备方法与泡沫镍类似，既可用电镀法，也可用物理沉积法。由于铜与镍的密度相似，因此，相同孔隙率下，泡沫铜的面密度与泡沫镍接近。由于电化学稳定性关系，目前有少量研究将泡沫铜用于锂离子负极，对缓冲负极材料在充放电过程中的体积变化有利。

6.2.1.3 泡沫铝

由于铝密度较小，仅有 $2.7g/cm^3$，在泡沫铝孔隙率较高的情况下，与泡沫铝相比，可以提高器件的质量能量密度。特别地，金属铝表面会形成一层钝化膜，从而维持其高电压情况下的电化学稳定性，因此泡沫铝比泡沫镍具有化学稳定性更高的优势，可以在许多高电压的超级电容器或锂离子电池体系中使用。

然而，由于铝的电化学电位较氢活泼，且铝氧化后生成的氧化铝难以通过氢气等还原性气氛还原，因此泡沫铝无法用类似于泡沫镍与泡沫铜的水性溶液电镀法进行制备。目前，三维通孔泡沫铝的制备方法有渗流铸造法、烧结法、沉积法、3D打印法四大类。3D打印法过于昂贵，渗流铸造法主要用于孔径在 5mm 以上的泡沫铝，厚度也一般较厚。其泡沫铝强度较好，耐冲击性能以及减振降噪性能也非常好，因此在航空航天及军事领域应用前景广阔。但目前该产品还不适用于储能器件的集流体应用。因此，主要介绍烧结法与沉积法。

（1）烧结法

① 加压烧结法　采用铝粉和占位剂（如氯化钠）等按照一定的比例进行混合，在较大的压力下压实之后，在高温下进行烧结，使得铝颗粒之间紧密连接，待样品冷却之后使用水去溶解样品内的氯化钠，从而得到泡沫铝。该方案与制备泡沫镍的烧结法类似，但金属铝活性高，易

与氧气反应，使得铝粉颗粒表面存在较厚的氧化层，因此烧结前压制胚体时需要较高压力，产品均一性控制难度较大。

② 三维骨架烧结法　将铝粉和黏结剂（如聚乙烯醇）以一定的比例混合并加入溶剂（如水、乙醇）等稀释，得到一定黏度的铝浆料，然后将该浆料均匀喷涂在聚氨酯泡沫孔内，使浆料均匀地覆盖在聚氨酯每一根孔筋上。然后在高温有氧气氛中去除聚氨酯，得到三维铝结构，再升温使铝粉烧结在一起。该方法的技术挑战在于控制铝的氧化程度与有机物的残留度。

（2）沉积法

① 电沉积法　相比于松散的铝浆料在三维有机物孔内的涂覆，电沉积具有镀层致密的显著优点，且结构可以完美重复有机物的三维连通的结构，因此率先成为了实用化泡沫铝制备的常用工艺之一。二者的差异在于，由于铝的电位比氢负得多，难以使用水溶液来电沉积金属铝，因此泡沫铝的电沉积需要在非水溶液（比如甲苯为溶剂的烷基铝液电解液和离子液体电解液）内进行。

烷基铝电解液主要包含了三乙基铝、氟化钠、甲苯，是比较传统的铝沉积电解液。但要注意甲苯溶剂的毒性以及电解槽的发热导致甲苯易燃易爆的安全隐患。离子液体是溶液中仅由阴阳离子互相组合而成的溶液，在室温下由于阴阳离子尺寸具有巨大的差异性，因此在室温下是液体的状态。用于沉积金属铝的离子液体主要为咪唑基阳离子搭配氯铝酸阴离子。在发生电沉积的时候，氯铝酸阴离子 $Al_2Cl_7^-$ 会在阴极上发生电还原，从而形成金属铝和 $AlCl_4^-$，铝沉积在三维的有机物骨架上，$AlCl_4^-$ 迁移到阳极，与阳极的高纯金属铝板发生反应生成 $Al_2Cl_7^-$，以此进行循环往复。氯铝酸离子液体的优势在于沸点高，在电沉积过程中不会由于温度上升而挥发。但缺点在于成本较高，且在水与空气中不稳定。

该技术主要由日本住友电气株式会社开发，主要的工艺是采用离子液体电沉积的方法连续化制备泡沫铝，且已经实现样品的小批量化生产并用于超级电容器与锂离子电池的研发。图 6.10、图 6.11 是该公司公开发表的专利展示的泡沫铝连续化电沉积的工艺流程和最终产品照片。

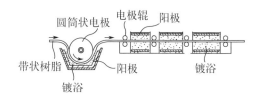

图 6.10 泡沫铝制备工艺路线图

图 6.11 泡沫铝集流体（左侧为成品照片）

② 物理沉积法　物理沉积法与电沉积法的思路基本一致，区别在于在聚氨酯类三维连通的有机物骨架上沉积铝的方式。常用的物理沉积法主要包含了真空蒸镀、多弧离子镀、磁控溅射等。这三者设备的基本原理和结构如图 6.12 所示。

a. 真空蒸镀：真空蒸镀所采用的真空范围为 $10^{-3} \sim 10^{-2} \mathrm{Pa}$，在待蒸发的样品下方放置蒸发源（有电阻加热式、电子束加热式、感应加热式等类型）。当蒸镀金属铝时，可以采用连续或者半连续的方法。半连续的方法为在蒸发舟（材质为高熔点金属）内直接加入待蒸镀的铝锭；连续的方法有连续式送丝机，使得具有一定直径的铝丝持续地加入和补充到蒸发舟内。在蒸镀时，在蒸发舟上通入交流电流，使得蒸发舟迅速升温到 1100℃ 以上，将铝迅速蒸发。铝蒸气输送到低温区的三维有机

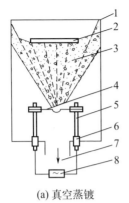
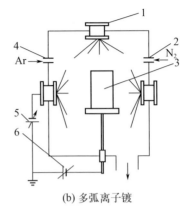

(a) 真空蒸镀

1—膜室；2—基板(工件)；
3—金属蒸汽流线；4—电阻蒸发源；
5—电极；6—电极密封绝缘件；
7—排气系统；8—交流电源

(b) 多弧离子镀

1—阴极蒸发器；2—反应气进气系统；
3—基板；4—氩气进气系统；
5—主弧电源；6—基板负偏压电源

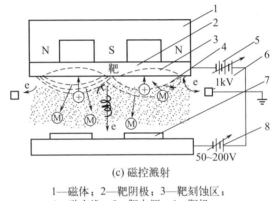

(c) 磁控溅射

1—磁体；2—靶阴极；3—靶刻蚀区；
4—磁力线；5—靶电源；6—阳极；
7—基板；8—基板偏压电源

图 6.12 真空蒸镀、多弧离子镀、磁控溅射示意图

物的表面上形成金属薄膜。该方法设备构造简单、制备成本低。该技术的主要挑战在于，蒸镀时需要对聚氨酯固定的区域加入水冷，保持模板的结构完整性，同时要控制不同位置的铝沉积厚度的均匀性。

　　b. 多弧离子镀：多弧离子镀的靶材是纯铝制成的，一般为圆柱形。在沉积时，首先将腔内抽成高真空的状态，然后通入氩气维持真空度在 $10^{-2} \sim 10\text{Pa}$ 的范围内。在靶材内通过一个较大的电流，与此同时将引弧针靠近靶材，使得靶材表面产生电弧。由于电弧温度极高，铝靶材局部熔融和蒸发，形成高密度的铝等离子体流。在待镀的基材上加入直流的千伏级别的负高压，使得金属原子在向基体运动的过程中，与电子发生非弹性碰撞变成金属正离子，加速沉积在基体的表面。该方法能够控制只在有电场的地方实现铝的沉积，所以铝的绕镀性好，也可以实现镀层致密程度的调控，产品质量要比真空蒸镀的镀层质量高得多。由于整个腔体内部仅有引弧点处温度极高，且位置一直在变换，靶材还伴有冷却水的强制换热，因此相比于蒸镀沉积的腔体内部温度较低，优于真空蒸镀的工艺。

c. 磁控溅射：在高真空的情况下，向磁控溅射设备通入少量的氩气，维持真空度在 $10^{-2} \sim 10\text{Pa}$ 范围内，在靶材和基片之间建立一个较强的高压电场，实现稀薄气体的辉光放电。电子在电场的作用下，在飞向沉积基底的过程中与氩气发生碰撞产生氩正离子和电子。氩正离子在电场的作用下加速飞向靶材，以较高的能量轰击靶材，使得靶材表面的金属被溅射出来。溅射出来的金属原子会沉积在基材的表面形成铝膜，而二次电子会在设备内强磁场（B）与电场（E）的共同作用下做洛伦兹运动，产生 EB 漂移。如果靶材所加入的磁场为环形磁场，则电子以摆线的形式在靶材表面做圆周运动。这些电子将与附近的氩气继续发生碰撞产生更多的氩正离子，从而加速对靶材的轰击，进而实现较高的金属轰击效率，提高金属的沉积效率。由于磁控溅射出的粒子能量相比于多弧离子镀更低，因此阴极的沉积温度较多弧离子镀更低一些，可不在加水冷却的情况下在三维结构的有机物（如聚氨酯）上进行沉积。该方法沉积的镀层较多弧离子镀更为致密，但沉积效率不如多弧离子镀。

目前，有相关专利（ZL 03134168.3）报道采用多弧离子镀在聚氨酯表面沉积 $10 \sim 20\mu\text{m}$ 厚的铝层，然后在真空状态下 300℃分解聚氨酯，其次逐渐升高温度在 450℃的条件下以还原性的气氛对铝镀层进行烧结，制得较大面积的泡沫铝。

本团队开发了全新的 3D 铝泡沫制备技术路线。其关键步骤包括：在厚度为 0.7～2mm 的多孔聚氨酯膜的基底上沉积铝层，然后控制升温速率，在 350～500℃ 的有氧气氛中完全去除聚合物。再将泡沫铝在惰性气体中冷却至室温，并在无氧和水的条件下保存。研究发现，磁控溅射沉积与蒸镀均可行，但核心是热加工和后处理工艺，使用的三维铝丝结构兼具较高的强度与良好的塑性行为（图 6.13）。

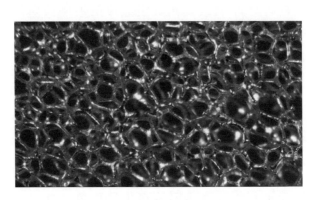

图 6.13 泡沫铝的宏观形貌

3D 网络由直径约为 0.15mm 的纯铝丝组成，孔隙率为 96%，平均孔径约为 0.5mm，厚度为 0.7～2mm 可调，面密度为 80～200g/m^2 可调。经过全新工艺开发的泡沫铝具有优良的拉伸性能，其应变-应力曲线表明，在 4.8% 的应变下，最高强度可能为 0.57MPa。泡沫的开裂发生在 5%～6% 的应变下，应力缓慢降低，并具有明显的伸长率。优化后的样品抗拉强度可达 1MPa 以上，断裂延伸率在 3% 以上，焊接卷绕等加工性能良好，使得泡沫铝满足了储能领域对集流体的一系列性能要求。

目前，受制于聚合物泡沫模板的厚度（>0.7mm），所制得的泡沫铝厚度也大于 0.7mm。使用过程中，填充电极材料后，一起压制到 0.1～0.3mm。如图 6.14 所示，长度为 20cm 的均匀三维泡沫铝，厚度仅为 1mm 并且孔隙率为 96%，因此几乎是透明的。原始的泡沫铝由许多相互连接的铝丝组成，直径非常均匀。压缩至 0.35mm 厚后，所有互连的铝线均不破裂，并且每条铝线的直径均不变。

由于该材料具有良好的力学性能，因此可以填充各种小直径的颗

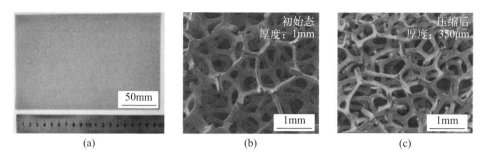

初始态
厚度：1mm

压缩后
厚度：350μm

50mm

1mm

1mm

(a)　　　　　　　　　　(b)　　　　　　　　　　(c)

图 6.14　表面非常均匀的泡沫铝宏观照片、1mm 厚度的
原始泡沫铝样品、压制到 0.35mm 厚度的泡沫铝样品

粒，构成多样化的极片。利用泡沫铝不但可以制备各种叠片式的器件，也可以制作卷绕型的器件。图 6.15 展示了本团队将泡沫铝填充 1～2μm 硬质颗粒，进行压制与烧结后，具有较好的卷绕特性。目前，该产品率先在国际上实现了公开销售（幅宽 0.5m），极大地推动了三维连通的小孔径泡沫铝迈向大批量商品化和实用化应用进程。

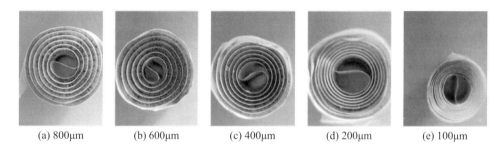

(a) 800μm　　(b) 600μm　　(c) 400μm　　(d) 200μm　　(e) 100μm

图 6.15　800μm、600μm、400μm、200μm 和 100μm 厚度泡沫铝卷绕试验

将来的研发方向是，进一步制备厚度较薄的泡沫铝，但仍然具有高的机械强度，能够适应于极片辊压、拉伸、弯曲与卷绕的各种操作。

（3）三维覆碳泡沫铝

本团队在三维泡沫铝表面涂覆树脂类胶，室温固化后，在 500～600℃下的惰性气氛下炭化，得到均匀碳涂层的覆碳泡沫铝（图 6.16）。该产品在酸溶液中浸泡数小时，无铝溶出，说明碳涂层（500nm

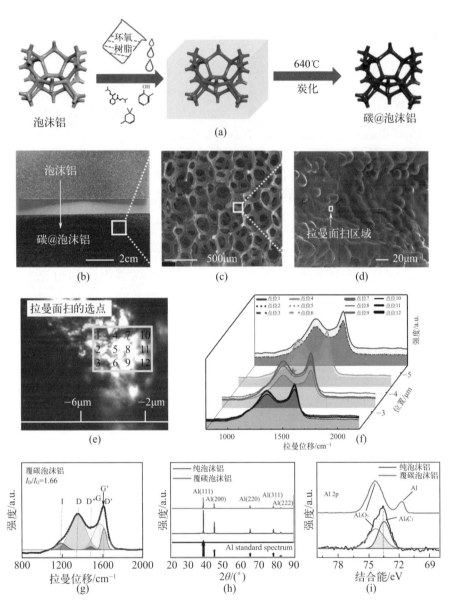

图 6.16 三维覆碳泡沫铝结构的制备与形貌表征（另见文前彩图）

厚）非常致密，可用于许多对纯铝有腐蚀性的电解液的储能体系。利用球差电镜表征铝-碳界面（图 6.17），铝元素与碳元素在界面处互相渗透，形成了一定的碳化物相。这说明碳化法比涂覆法制备的涂层更加有利于降低界面接触电阻。

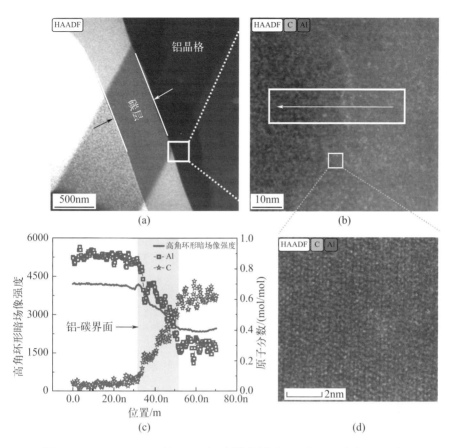

图6.17 Al/C界面的FIB与球差电镜表征（另见文前彩图）

覆碳泡沫铝还显著改变了界面特性，具有很好的液体润湿性。目前该类产品已经用于填充碳材料或电池材料，制成各种双电层电容或混合型电容器件。

由于该碳涂层本身具有电容特性，目前相关产品在用于 EMIM BF$_4$ 电解液的超级电容器（4V）时，实际上形成了具有大空隙率、新型高效电极/集流体复合结构。本团队发现，该结构可以直接和离子液体构成 4V 的超快频率响应的超级电容器。其响应速度仅 1.5ms。器件的循环扫描曲线在高达 3000V/s 的扫速下仍保持良好的矩形，呈现出优越的倍率性能。当接入全桥整流滤波电路时，软包式器件在 10MHz、60MHz、100MHz 和 1MHz 时显示出了优于商用铝电解电容器的滤波稳压能力，同时器件在 20kHz～16MHz 范围内表现出了调频性能。

另外，这种复杂集流体结构也将在需要导电导热协同的场合发挥重要作用。

6.2.2　泡沫金属的相关物理性能

泡沫金属在电化学储能领域使用，需要满足强度、塑性与导电性三方面的要求。高强度可保证泡沫铝在卷绕和拉伸中保持形貌不断裂，保证生产连续化；高塑性可保证极片在辊压和卷绕时，达到厚度与接触要求；优异的导电性是实现三维导电与导热网络的关键。

（1）力学行为

以下以具有较小孔径的、三维连接的金属网格结构泡沫镍的力学行为对此类泡沫金属的力学行为做简要的介绍。

图 6.18 是泡沫镍在承受恒定的速率拉伸和压缩的应力-应变曲线。泡沫镍在承受单一轴的恒定速率拉伸时，整体的应力-应变曲线呈现四个阶段［图 6.18（a）］。第一阶段（OA 段）为弹性变形阶段，泡沫镍的应力和应变曲线呈现线性变化趋势，符合胡克定律。泡沫镍的弹性模量 E 约为 71.48MPa，弹性极限约为 0.3MPa。第二阶段（AB 段）为非线性硬化阶段。在这一阶段内泡沫镍发生不可逆转的塑性变形，塑性应变的 0.2% 处对应的屈服强度为 4MPa。第三阶段（BC 段）中应力-应变关系基本上是线性的，对应着线性的硬化阶段，顶点 C 处为断裂强度 0.8MPa。最后一个阶段（CD 段）为断裂阶段，泡沫镍出现明显的裂纹，随着拉伸的进行，泡沫镍发生断裂。观察泡沫镍的断裂过程可知，泡沫镍的破坏萌发于泡沫镍的两侧，即金属网不相互连接的位置，这些位置对应着材料中的缺陷。

图 6.18（b）展示了泡沫镍的压缩过程中的应力-应变曲线。泡沫镍的压缩过程分为三个阶段。第一阶段是线弹性变形段（OA），应力-应变曲线呈现为线性变化规律。泡沫镍内部的孔和孔筋发生着弹性变形，

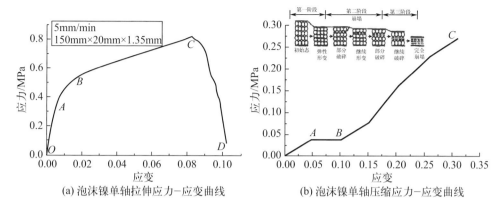

(a) 泡沫镍单轴拉伸应力-应变曲线　　(b) 泡沫镍单轴压缩应力-应变曲线

图 6.18　泡沫镍在承受恒定的速率拉伸和压缩的应力-应变曲线

对应于图 6.18（b）中的第一部分。第二阶段为屈服平台段（AB），随着应变增大，应力基本不变，对应着泡沫镍内部的小孔逐渐发生塌缩行为的过程。在受到压缩力的作用下，泡沫金属材料变形机制主要为棱杆的弯曲和拉伸。由于泡沫镍内总会有一些局部的区域是强度较弱的，当应力在这些位置出现了局部集中的情况时，这些骨架就会首先发生形变塌缩，三维的骨架被压扁，此时会带动与其相邻的孔洞继续被压坏。由于这一过程的塌缩是逐渐地发生且向泡沫镍的各个区域内蔓延的，因此在屈服平台段（AB）的应力不随应变变化。最后一个阶段是压实段（BC）。在此阶段内，泡沫铝被彻底压实，内部不再含有孔洞结构，此时应力和应变变为线性的变化关系，直到实验终止。

（2）泡沫金属导电性规律

泡沫金属内部孔洞会对金属的电导率产生负面的影响。一方面是金属由较大的横截面变成了细小的金属丝的截面。另一方面是原本电子运动只需要运动金属的长度方向，而在泡沫金属中由于每一根金属丝之间都不是以笔直的状态相互连接的，导致电子运动长度增大。因此，随着孔隙率的增大，泡沫铝的电阻率逐渐增大，电导率逐渐下降。建立起泡沫金属的结构与其电导率的规律，对于理解三维集流体的电荷导通行为及最终储能极片的电化学性能非常关键。

刘培生等对泡沫铝的结构进行几何等效重构。各向同性高孔率网状多孔材料整体由固体孔棱和大量孔隙组合而成，为简化对应多孔体的性能分析，设想其内部孔棱是按立方体对角线的简单方式连接的。如此构成大量源于体心立方晶格结构方式的八面体孔隙单元［图 6.19（a）］，每个孔隙单元包含 8 条（注：不是八面体的 12 条边）孔棱，它们具有同样的结构方式，即在结构状态上相互等价。这些八面体孔隙单元在 3 个正交的方向上交互紧密堆积，完全充满空间，并可进行均匀的三维规则延伸扩展，从而形成三维同性的均匀结构多孔体。单元八面体的中心四次对称轴即为其轴线方向，简称该八面体的方向。单元八面体的轴向投影为侧置正交十字形［图 6.19（b）］，而其两个侧向投影均为侧置正方形［图 6.19（c）］。这些单元八面体在相互垂直的 3 个正交方向上实行交互密堆积，整齐密堆积的单元八面体的投影为方孔"筛网"，这些等效"筛网"可重合性地叠加而形成孔隙结构均匀规则的三维多孔体。在推导泡沫金属的电阻率时，仅考虑轴线方向与多孔体整体电流方向一致的八面体孔隙单元。此时整个泡沫金属也可视为由大量包容这类单元八面体的立方格子进行密堆积所构成。这些立方格子不但结构形态相同，而且其导电状况也相同。通过从多孔体中隔离出这样一个立方格子，即可代表性地进行导电性能分析。对这种导电立方格子构建等效电

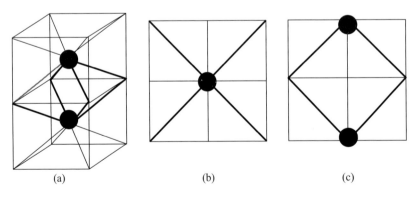

(a)　　　　　　　　(b)　　　　　　　　(c)

图 6.19 多孔材料的八面体结构模型

路，进而推演出多孔体的电阻率规律如下：

$$\rho = K\left[1 - 0.121(1-\theta)^{1/2}\right]\frac{3}{1-\theta}\rho_0$$

式中，ρ 为多孔材料的电阻率；θ 为多孔体的孔率；ρ_0 为同质致密材料的电阻率，取决于多孔体材质的组织结构；K 是材料常数，取决于多孔体材质种类和制备工艺条件，更确切地说是不同多孔制品自身具体的结构状态。

刘培生等采用该公式对泡沫镍的电阻率进行了拟合（图 6.20），实验数据和方程拟合结果非常吻合。泡沫镍的电阻率随着泡沫镍的孔隙率的变化规律公式中 $K = 0.954$。

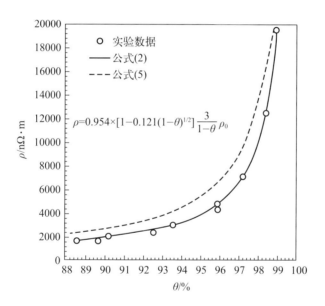

图 6.20 泡沫镍的电阻率实验数据及拟合结果

该方法可以指导泡沫金属集流体的质量评测，如果在压制过程中，随着孔隙率变小，材料的电阻不符合这条拟合曲线，则说明其三维骨架被压碎。

6.3 非金属集流体

非金属集流体主要用于柔性器件的制作过程中，由于重量轻、耐腐蚀，对于以质量能量密度计算的器件有优势。

6.3.1 碳纳米材料集流体

碳纳米管长径比巨大，形成的薄膜由大量碳纳米管交织堆叠组成。该薄膜既可以通过超顺排的碳纳米管垂直阵列上连续抽丝制得，也可以抽滤碳纳米管悬浮液制得。碳纳米管薄膜用作集流体时，比金属集流体质量轻，与活性物质浆料间润湿性、黏附性好，界面电阻低，化学稳定性好。吴子平等以纸作为基底，通过表界面改性实现了定向碳纳米管膜的规模化制备，面积高达 1.8m×1.0m。这类材料还可以用作电极，也可以负载金属氧化物，提高赝电容性能，具有较大的调变空间。

另有 CVD 方法制备可压缩的碳纳米管海绵的报道。碳纳米管海绵也可作为柔性超级电容器电极，赋予了超级电容器理想的可压缩性。该器件在 80% 的压缩程度时，具有 73% 的电容保留率，表现出优异的电化学稳定性。

同理，石墨烯具有二维延展性、优异的导电性、柔韧性与成膜特性，可用于柔性储能器件。有报道利用多孔镍-CVD 法制备出自支撑、柔性和高导电的三维石墨烯网络。石墨烯以无缝连接的方式构成大空隙率的框架结构，电导率约 1000S/m，比表面积达 850m^2/g，而密度仅 5mg/cm^3。通过改变工艺条件，可以调控石墨烯的平均层数、石墨烯网络的比表面积、密度和导电性。

氧化石墨烯（GO）富含官能团，可以实现液相自组装。还原后的 rGO 的含氧官能团数量显著减少，且片层间 π-π 相互作用和疏水作用加强，促使 rGO 彼此堆叠交联，形成具有三维连通网络结构的石墨烯海绵。其既有助于离子和电子的输运，又可容纳单质硫、金属锂、金属氧化物和硫化物等，用作电池的集流体。

Xu 等通过在 GO 水溶液中加入 H_2O_2，制得了由多孔 GO 纳米片构成的 GO 水凝胶，抗坏血酸钠还原制得 rGO 水凝胶。H_2O_2 能氧化刻蚀 GO 纳米片，形成新的纳米孔，比表面积达 $830m^2/g$，远大于未处理的样品（$260m^2/g$）。该处理有效提高了石墨烯气凝胶的电容性能。在 1A/g 电流密度下，H_2O_2 处理的多孔石墨烯气凝胶的比容量为 310F/g，比原始样品的比容量提高了 49％。在 100A/g 大电流密度下，其比容量仍达 237F/g，而显著高于原始样品的比容量（131F/g）。

石墨烯海绵与碳纳米管海绵相似，需要进一步提高压实密度、电导率与孔结构的一致性控制。

6.3.2 三维多孔碳材料集流体

与石墨烯、碳纳米管的自组装不同，工业上可以通过发泡的方法生成各种孔径可控的聚合物泡沫（如三聚氰胺泡沫、三聚氰胺甲醛泡沫和聚氨酯泡沫等），用热解的方法可得到大面积的炭薄膜材料。不需要以多孔金属为模板，制备方法相对更简单、成本更低。比如，高温炭化三聚氰胺泡沫，可得到一种柔性自支撑的三维氮掺杂泡沫炭，面密度只有 $1.77mg/cm^2$，可作为集流体；可以用于负载多种金属氧化物，用作超级电容器。

目前，这类热解材料需要高温获得，比较脆，不易辊压加工。通过在泡沫炭的表面镀上一层金属钛，增强了泡沫炭与活性物质之间的电接触和机械强度，可构成电池或电池型电容。在面向商业应用时，需要考虑比表面积等对库仑效率的影响。

另外，电纺碳纤维也是良好的碳基底材料，可用于高性能赝电容电极材料。以聚苯胺或蜜胺纤维进行炭化与活化，可以得到大比面积的电极与集流体的复合体。碳布或棉布、麻布都是工业制品，经过处理后，可提高其比表面积及改善其亲水性。这些材料在水系电解液中有一定的应用研究。

6.3.3 非碳集流体

有报道用废弃实验服为原材料，合成出一种 Ni 包覆的棉纺织品集流体。其机械强度高、柔韧性好，不需要黏结剂可直接把普鲁士蓝/石墨烯复合物包覆在 NCT 表面形成电极（PB@GO@NCT），用于钠离子电池时，倍率性能(30C)良好，可在 1800 次循环中保持稳定。也有报道制得聚丙烯酰胺-乙烯基硅颗粒复合物，用作超级电容器电极材料的基底。其具有高延伸性（拉伸量达 1000%）、高压缩性（承受自身 257 倍的重量，压缩量为 50%保持 99.4%的电容量）和良好的导电性。

总的来说，金属集流体加工路线成熟、易工业化，价格具有竞争优势。碳基集流体与非碳基集流体还没有达到重复制备、价格可控、形成市售商品的程度，但在新型的柔性电容器件以及电池电容复合器件中体现了质量轻、环境友好、柔性好的优点，应用领域侧重性不同，值得继续探索。

6.4 隔膜技术

隔膜是超级电容器的关键材料之一。隔膜的主要作用是保证电解质离子迁移导通，保证充放电过程快速进行。同时还要隔离正负极材料，防止电极间接触造成短路。双电层超级电容器可以进行几十万次或上百万次的循环寿命，因此，要求薄膜具有较高机械强度、变形率小；同时，隔膜表面平整、孔隙分布均匀，保证内部离子扩散的空间均匀性。同时，由于超级电容器的充放电速率特别快，离子的迁移速率也非常快，因此薄膜需要拥有较高的孔隙率、吸液和保液性能；这与锂离子电池的隔膜显著不同。另外，隔膜材料的化学性质需要非常稳定，不与电解质发生反应，且电阻低，这样才能经得起高温老化实验的冲击。同时，能使超级电容器的自放电率低，保证长期运行性能。

超级电容器隔膜主要有纤维素纸隔膜、合成高分子聚合物隔膜、静电纺丝隔膜和生物隔膜等 4 大类。

6.4.1 纤维素纸隔膜

纤维素不导电，有良好的电子绝缘作用，初始分解温度较高（可达 270℃以上），热稳定性良好。天然类的材质有棉浆、木浆、草浆、麻浆、再生纤维等。纤维素属于长度比较长的纤维，在成纸过程中，不同纤维之间易形成立体网状结构，同时微纤丝可在主干纤维与微纤丝之间形成桥接，使纤维素隔膜产品具有较高的机械强度。同时，为强化其强度，可以有多层复合的成膜工艺。另外，添加一定量的合成纤维（如聚乙烯、聚乙烯醇、聚丙烯、黏胶纤维、聚酯、芳纶等），也可进一步提高复合隔膜的强度。另外，纤维素分子具有大量羟基官能团，使薄膜具有良好的吸液保液效果，能够使电解质阴阳离子在充电、放电过程中实现快速交换。

由于其绝缘性及机械强度，均要求增加隔膜厚度；但降低内阻、减少自放电，以及提高功率，又要求降低隔膜厚度。两种因素是冲突的。因此，制造具有大而均匀的孔隙率和孔隙分布匀度、较薄且较韧的隔膜是努力的方向。比如，胺氧化物处理纤维素所得隔膜，厚度小于 $30\mu m$，平均孔径为 $0.24\mu m$，阻抗约为 $0.031\Omega/100kHz$。利用聚酯纤维和原纤化纤维素制成的隔膜，可适用于 3V 以上的高电压双电层电容器。孙现众等对比了非织造布聚丙烯隔膜、干法聚丙烯拉伸隔膜、Al_2O_3 涂层聚丙烯隔膜以及纤维素纸隔膜的性能，纤维素纸隔膜可以获得更高的比容量和功率密度，但所制得的超级电容器自放电趋势比使用聚合物隔膜的超级电容器要严重。

6.4.2 合成高分子聚合物隔膜

制备合成高分子聚合物隔膜的方法主要有干法拉伸、干法非织造布、相分离和湿法非织造布等工艺。其中，干法拉伸工艺分为单向拉伸和双向拉伸两种。在干法单向拉伸工艺中，将聚烯烃用挤出、流延等方法制备出特殊结晶排列的高取向膜，在低温下拉伸诱发微缺陷，高温下拉伸扩大微孔，再经高温定型形成高晶度的微孔隔膜产品。干法双向拉伸主要是在聚烯烃中加入成核改性剂，利用聚烯烃不同相态间的密度差异拉伸产生晶型转变，形成微孔隔膜。干法双向拉伸也是目前制作拉伸超级电容器薄膜的主要方法。相分离法工艺主要是在聚烯烃中加入制孔剂高沸点小分子，经过加热、熔融、降温发生相分离，拉伸后用有机溶剂萃取出小分子，形成相互贯通的微孔膜，从而制成隔膜产品。湿法非织造布抄造隔膜与造纸法类似，由于聚丙烯等合成纤维亲水性和耐热性能较差，在实际生产中通常与植物纤维混抄，提高吸液保液性及热稳定性能。干法非织造布工艺与湿法非织造布工艺类似。以上方法采用的主要原料包括聚丙烯、聚乙烯等聚烯烃类高分子化合物。

一般来说，非织造布聚丙烯隔膜纤维较长、直径较大，隔膜孔隙分布较差且大小不均匀；纤维素纸隔膜纤维较短，纤维直径及孔径分布较均匀，较粗的纤维在隔膜中起到骨架作用。聚丙烯隔膜采用干法拉伸工艺制得，孔径分布均匀，孔隙呈贯穿孔状，孔隙率较低。对于商品类隔膜来说，NKK纤维素纸隔膜表面孔隙分布更加均匀，孔隙也更小，纤维素纸隔膜之间通过分丝帚化出的微纤丝桥接形成稳定的三维立体结构；而Celgard聚丙烯隔膜纤维较长、直径较大，纤维间排列较为松散。

由合成高分子聚合物隔膜制作的超级电容器在电性能上与纤维素纸隔膜相当，自放电率较低，但是由于烯烃类聚合物自身熔点较低，因此隔膜产品热稳定性较差。商用超级电容器隔膜在国际上的主要生产商包括日本高度纸业（Nippon Kodoshi Corporation，NKK）、美国 Celgard 公司，国内有中国制浆造纸研究院有限公司、浙江凯恩特种材料股份有限公司等。其中，日本 NKK 生产的纤维素纸隔膜占据了全球 90％以上纸隔膜生产销售份额，占超级电容器隔膜全球市场的 60％以上；我国的超级电容器生产厂商使用的隔膜产品也以日本 NKK 纤维素纸隔膜为主。

值得指出的是，目前的高性能超级电容器隔膜商品，主要是针对有机电解液的超级电容器使用的。目前还没有针对离子液体型电解液的专用隔膜商品。一方面，离子液体的阴阳离子尺寸更大，需要更加大的孔径与孔隙率。另一方面，离子液体型电解液可适用更高的操作电压，这对隔膜也提出了要求。近来，庹新林团队开发了芳纶隔膜。由于芳纶在 500℃下不会分解，因此具有良好的机械强度与化学稳定性。这类隔膜的逐渐发展，可能会适用于快速充放电的双电层电容器及电池型电容器。

参考文献

[1] 王力臻，郭会杰，李荣福，等．铝集流体表面直流刻蚀对超级电容器性能的影响 [C]．第十四次全国电化学会议．2023-12-04.

[2] 曹小卫，吴明霞，安仲勋，等．一步法腐蚀铝箔对超级电容器性能影响 [J]．电池工业，2012，16(3)：143-146.

[3] 金松，季恒星．用于储锂电池的三维碳结构集流体 [J]．中国科学：化学，2018，48(9)：1015-1026.

[4] 蒋江民，聂平，董升阳，等．预嵌锂用穿孔集流体对锂离子电容器电化学性能的影响 [J]．物理化学学报，2017，33(04)：780-786.

[5] 王宪，罗向军，任碧野，等．超级电容器集流体用铝箔交流腐蚀研究 [J]．广东化工，2013，40(21)：52-54.

[6] 周海生，何捍卫，洪东升，等．铝箔电化学与化学刻蚀对超级电容器性能的影响比较 [J]．粉末冶金材料科学与工程，2013，18(6)：840-845.

[7] 蒋江民．锂离子电容器集流体的表面改性技术研究 [D]．南京：南京航空航天大学，2017.

[8] 徐启远，徐永进，朱永法，等．锂离子电容器集流体用穿孔箔的研究进展 [J]．材料导报，2013，27(23)：28-31.

[9] 张然．石墨烯超级电容器的性能研究与优化 [D]．北京：北京交通大学，2014.

[10] 张榕芳，刘婧．泡沫镍的制备方法及技术工艺分析 [J]．化工设计通讯，2019，45(3)：68.

[11] Nishimura J，Okuno K，Kimura K，et al. Development of new aluminum-celmet current collector that contributes to the improvement of various properties of energy storage devices [J]. Sei Technical Review，2013，76：40-44.

[12] Wang J S，Liu P，Sherman E，et al. Formulation and characterization of ultra-thick electrodes for high energy lithium-ion batteries employing tailored metal foams [J]. Journal of Power Sources，2011，196(20)：8714-8718.

[13] 骞伟中，薛济萍，杨周飞，等. 多孔铝宏观体及其制造系统与方法：CN108520833B [P]. 2019-09-17.

[14] 骞伟中，金鹰，崔超婕，等. 覆碳泡沫铝复合材料及其制备方法、集流体及过滤材料：CN109904459A [P].2019-06-18.

[15] 董卓娅. 金属复合集流体在不同电解液中的稳定性研究 [D]. 北京：清华大学，2018.

[16] 何水剑，陈卫. 碳基三维自支撑超级电容器电极材料研究进展 [J]. 电化学，2015，21 (6)；92 (6)：518-533.

[17] 尹婷，严飞，罗来雁，等. 高孔隙率隔膜在超级电容器中的应用研究 [J]. 电源技术，2017，41(12)：1767.

[18] Tõnurist K，Jänes，Thomberg T et al. Influence of mesoporous separator properties on the parameters of electrical double layer capacitor single cells [J]. Journal of the Electrochemical Society，2009，156(4)：A334.

[19] 郝静怡，王习文. 超级电容器隔膜纸的特性和发展趋势 [J]. 中国造纸，2014，33 (11)：62.

[20] 田中宏典，藤本直树. 电容器用隔膜及电容器：CN105917429A [P]. 2016-08-31.

[21] 孙现众，张熊，黄博，等. 隔膜对双电层电容器和混合型电池超级电容器的电化学性能的影响 [J]. 物理化学学报，2014，30(3)：485.

[22] 俞建兵. 双向拉伸聚酯薄膜生产技术研究 [J]. 科学技术创新，2017 (24)：24-25.

[23] 顾旭，郑泓，周持兴，等. 热致相分离法 UHMWPE/HDPE 微孔膜的制备及性能 [J]. 高分子材料科学与工程，2012，28(12)：138.

[24] Laforgue A. All textile flexible supercapacitors using electrospun poly (3，4-ethylenedioxythiophene) nanofibers [J]. Journal of Power Sources，2011，196(1)：559-564.

[25] Yu H J，Tang Q W，Wu J H，et al. Using eggshell membrane as a separator in supercapacitor [J]. Journal of Power Sources，2012，206(206)：463-468.

[26] 杨波，伍俊霖，刘文宝，姜宝正，超级电容器碳电极用涂炭箔集流体研究，电子元件与材料，2018，37(10)：32-36.

[27] 孙伟成，一种泡沫铝卷毯的生产装置及其制备方法：CN03134168.3 [P]. 2003-08-26.

[28] 刘培生，夏凤金，程伟. 多孔材料性能模型研究 2：实验验证 [J]. 材料工程，2019，47 (7)：35-49.

[29] 刘培生，杨春艳，程伟. 多孔材料性能模型研究 3：数理推演 [J]. 材料工程，2019，47 (8)：59-81.

[30] Xu B，Wang H R，Zhu Q Z，et al. Reduced graphene oxide as a multi-functional conductive binder for supercapacitor electrodes [J]. Energy Storage Materials，2018，12：128-136.

第**7**章
电容器极片及器件技术

电容器极片与器件的工艺技术是生产合格产品的核心，涉及电极的纯化、分散、制浆，以及涂布、干燥、裁切及组装工艺。长期以来，这一部分都与公司级的加工有关，大都不在高校与科研院所的视野之内。这也导致了各种技术转移、对接与成熟间的鸿沟。本章将结合一些新材料的加工进行介绍。

7.1 电极材料的纯化

7.1.1 金属杂质、金属氧化物杂质及去除

由于矿藏原因，各种来源于生物质的活性炭、石墨（石墨烯的前驱体）天然含有金属杂质与金属氧化物杂质。同时，CVD法制备碳纳米材料，以及各类方法活化活性炭、石墨烯等都是高温过程，一般都需要高强度的大体积容器。虽然可以在金属容器内表面加涂陶瓷衬里，但依然不能够完全消除铁等金属由于高温蒸发向碳材料中扩散，并形成金属碳化物结构。对于碳纳米管来说，常用金属催化剂制备而得。制备过程中，常生成碳壳包覆金属的结构。比如，崔超婕等通过不同时间段的取

样获得单壁管与碳包铁相的比例。通过酸处理样品发现，不但能够去除MgO载体，而且能够观察大量的尚未封口的碳壳。而随着取样时间的延长，发现碳壳逐渐封闭，内部的铁就不易被酸去除（表7.1）。结果也说明，单壁碳纳米管会在粒径合适的催化剂晶粒上快速生长，而金属聚并后生成的大晶粒的比表面积小、活性相对较低、生成碳包铁的速率慢。从而可以主产品与杂质生成的动力学速率差异控制生长时间，最大化地得到高选择性的主产品。另外，生长石墨烯过程也类似，也可能发生碳包覆金属现象。另外，载体（如 MgO、Al_2O_3、SiO_2 等 ）也可能由于反应时间过长，被碳层逐渐包覆，形成炭产品中的灰分。

表7.1 碳纳米管生长中金属与 MgO 载体逐渐被碳包覆的 ICP 表征

反应时间	Fe(质量分数) /%			Mg(质量分数) /%	
	全部	酸溶	包覆	全部	酸溶
3min	3.58	3.08	0.0203	54.59	47.94
15min	3.24	2.73	0.1361	50.6	49.35
1h	3.22	2.31	0.2031	50.74	45.68

注：ICP—电感耦合等离子体。

对于金属杂质或金属氧化物的去除，常使用各种酸溶、碱溶或高温真空蒸发、高温氯化等方法去除铁杂质。工业上常常采用多种方法搭配（比如酸洗加磁选），逐渐去除灰分与金属杂质。用酸去除微孔活性炭中的金属杂质或金属氧化物杂质时，要考虑酸介质的分子大小与孔结构的匹配性。还要注意酸碱纯化方法均有可能使材料氧化，引入大量的官能团。高温真空蒸发方法（在 1600℃ 以上时）去除碳纳米材料中的金属杂质比较彻底，但常导致碳纳米管聚并及石墨烯叠合，比表面积损失比较大，且处理后的样品（宏观颗粒）会变硬，很难分散。

7.1.2 炭上官能团的电化学影响与去除

由活化造孔法或酸碱处理法得到的碳材料常含有大量的 O、N、S、F、P 官能团。这些官能团的存在，可以改善碳材料的亲水性，可以显著提高水系电解液中的电容值。但对于有机电解液体系（2.7～3V）与离子液体体系，过多的官能团在充放电过程中被分解产生气体，影响超级电容器的性能。因此，用于高电压的电极材料时，常采用高温惰性气体、H_2 处理等方法去除官能团。

同理，利用 Hummers 法制备的氧化石墨烯（graphite oxide，GO）含有大量的官能团，也可以利用还原的方法得到 rGO。而在高温化学气相沉积过程中形成的石墨烯与碳纳米管，则原始氧含量很低。对于官能团的确定包括 XPS、EDS、滴定法、红外光谱检测等。

余云涛采用氩气中高温煅烧除氧以及酸氧化增氧的方法，制得五种氧含量不同的单壁碳纳米管样品。用 XPS 表征发现，样品几乎都由碳原子和氧原子构成（有少量氢原子无法用 XPS 检测到），氧原子的特征峰强度有明显区别。强氧化样品、弱氧化样品、原始样品、900℃煅烧样品、1100℃煅烧样品的氧含量分别为 14.7%、8.0%、3.2%、2.3% 和 1.1%。证实 900℃煅烧使氧含量降低了 28%，1100℃煅烧使氧含量降低了 65%，而液相氧化也成功制备出了较高氧含量的对照样品。

由表 7.2 可知，900℃煅烧和 1100℃煅烧均导致材料的比表面积略微降低。孔径分布曲线（图 7.1 采用 DFT 法分析）显示 1～2nm 处的微孔峰消失了。可能是高温下少量缺陷位处的碳原子重新结合成 SP^2 杂化的完美结构，使得缺陷处的少量微孔消失。此外，介孔范围内的峰形变化不大，说明高温煅烧除氧并未大幅度改变碳纳米管的孔径结构。液相弱氧化的样品，其比表面积和孔径分布变化不大，而液相强氧化的样品表面被刻蚀得较严重，缺陷处接枝上了较多的杂原子，因此氧含量升高的同时，密度也增大了，比表面积下降得较多，介孔孔容也有一定程度减少。

表 7.2　五种单壁碳纳米管样品的氧含量、比表面积和孔容对比

材料名称	氧含量	比表面积/(m²/g)	孔容/(mL/g)
强氧化	14.7%	1103	0.85
弱氧化	8.0%	1417	1.6
原始	3.2%	1464	2.2
900℃煅烧	2.3%	1388	2.8
1100℃煅烧	1.1%	1325	2.8

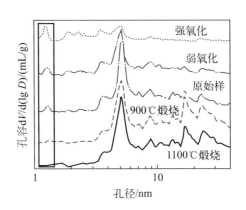

图 7.1　五种样品的孔径分布

　　循环充放电采用小电流密度（5A/g）充放电和大电流密度（10A/g）充放电、5000 次循环的平行实验。如图 7.2 所示，无论是小电流还是大电流充放电循环，氧含量最高的样品（14.7%），其电阻的绝对值（约 8Ω）和电阻的增长率均较大，而其他四个样品的电阻绝对值（5～6Ω）和变化率均较为接近。说明当氧含量增大到一定程度时会对超级电容器的直流电阻产生显著影响，进而影响体系的功率密度。低氧含量样品的电容性能衰减主要集中在前 1000 次，而高氧含量样品过了 1000 次后仍有着缓慢的衰减，因此循环结束后也对应着较大的电容衰减率。以氧含量最极端的 2 个样品为例：氧含量为 1.1% 的样品，5000 次循环后电容衰减到初始的 94.6%（5A/g）和 98.1%（10A/g）；

而氧含量为 14.7％ 的样品，5000 次循环后电容衰减到初始的 72.6％
（5A/g）和 60.6％（10A/g）。大电流密度循环时，高氧含量的样品在
2500～5000 次循环区间内出现了大幅度的电容性能衰减，衰减率从
93.3％ 迅速降到 60.6％，电阻也从 8.4Ω 大幅增大到 12.0Ω。这说明，
当副反应产生的气体和杂质累积后，影响超级电容器中各部分之间的接
触，加速了性能衰减。

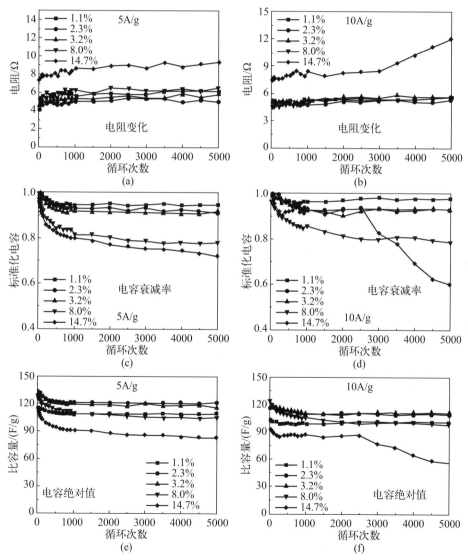

图 7.2 超级电容器内阻、电容衰减率及比容量随循环次数的变化（另见文前彩图）

从电容绝对值的角度分析（表 7.3），氧含量高的样品官能团多，比表面积下降得多，电容衰减率也最大，因此其初始容量和最后的容量均为最低。低氧含量的样品，并非氧含量越低越有利，因为过高温度煅烧会损失材料的比表面积，导致电容的绝对值降低。例如 1100℃ 煅烧的样品的电容绝对值就低于原始单壁碳管的样品，而 900℃ 煅烧的样品并未明显改变原始单壁碳管的电容性能。

表 7.3　5000 次循环后五种不同氧含量样品的电容性能

材料名称	比容量保持率（5A/g）/%	比容量保持率（10A/g）/%
强氧化	72.6	60.6
弱氧化	78.1	78.4
原始	91.4	93.0
900℃ 煅烧	92.0	92.9
1100℃ 煅烧	94.6	98.1

将超级电容器充电到 4V 并保压 10min，随后进行静置，测试超级电容器的开路电压和漏电流。如图 7.3 所示，自放电效应的强弱与氧含量显著相关。从漏电流的数值可知，900℃ 煅烧的样品与 1100℃ 煅烧的样品的漏电流相近。综合自放电测试结果，即电容衰减率和电容绝对值的变化情况，900℃ 煅烧还原去除含氧官能团是优化的条件，不仅能去

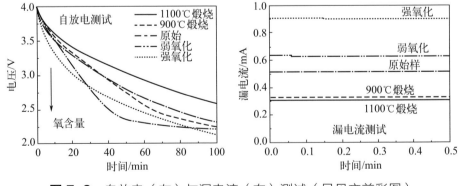

图 7.3　自放电（左）与漏电流（右）测试（另见文前彩图）

除部分含氧官能团，提高自放电效应和循环稳定性，处理能耗低，而且电容值下降小。

除了官能团以外，灰分也是影响活性炭性能的主要性能之一。通常，原料中所含的金属元素以及 S、Cl 等非金属元素可造成电容器在充放电过程中出现漏电流大、产生气体等现象，因此，对于灰分，特别是其中金属铁离子的控制尤为关键。

对于灰分的组成与含量，可以通过 ICP 与 XRF 进行测量。对于灰分的去除，通常采用酸处理、高温物理蒸发的方法，以及磁选的方法进行去除。

7.2 电容电极炭的工业标准

经过长时间的实践，活性炭成功用于商业超级电容器，建立起了一系列的物理性能指标。如表 7.4 所示，通常用比表面积、孔容等来表征活性炭的孔结构，用粒度及其分布来表征活性炭颗粒的大小，用灰分等表征活性炭的杂质含量，用 BET、碘吸附值来表征活性炭的比表面积，同时，活性炭表面官能团含量也是衡量活性炭性能指标的一项重要指标。

表 7.4 超级电容炭的物理性能指标

	检测指标	指标
物理性能指标	碘吸附值/（mg/g）	≥1100
	BET/（m^2/g）	≥1000
	孔容/（mL/g）	≥0.35
	平均粒径/μm	5~11
	官能团总量/（mmol/g）	≤1
	灰分/%	≤0.2
	Fe/%	≤0.01
	水分/%	≤0.9
	振实密度/（g/cm^3）	≥0.27
	压实密度/（g/cm^3）	≥0.38

用活性炭制备的超级电容器的电学性能来反映活性炭的电化学性能，目前用于商业的超级电容器均使用有机体系，其活性炭的电化学性能指标见表 7.5。

表 7.5 超级电容炭的电化学性能指标

电化学性能指标		植物类	矿物类
初始质量比容量/(F/g)		24～28	34～40
初始体积比容量/(F/mL)		13～19	17～22
2.7V，加速试验	容量衰减率/%	＜6	＜6
	内阻增加率/%	＜12	＜12
2.7V，循环试验	容量衰减率/%	＜100	＜100
	内阻增加率/%	＜6	＜6

注：表格数据均来自超级电容活性炭行业标准。

这些标准虽然都是针对活性炭的，且目前超级电容器的标准主要是针对 2.7V 双电层电容器的。但对于行业准入来说，这些指标中的大部分内容对于新兴碳材料也适用或必须达到。

7.3 不同材料的加工特性

在所有的关键材料具备后，组成器件仍然具有极大的挑战。其主要原因是，器件要求品质一致性与易实现工业化、连续化操作的要求，以便大幅度降低制备成本。已有的产线加工工艺是在对已经成熟的材料体系的大量研究与优化后形成的。如果新开发的关键材料的粒度与粒度分布、颗粒形状、密度、亲水/亲油性、吸液量、体积膨胀特性、干燥特性、颗粒堆积特性、机械强度等发生变化，就有可能出现关键材料无法与现有的工业体系兼容的情况。因此，可能需要形成一个认识：材料非极片、非器件。

显然，在形成器件的众多环节中，都涉及颗粒技术领域许多复杂的跨学科科学及工程问题。因此，既有必要研究这些问题，也有必要针对新兴关键材料的特性（表 7.6）开发新的加工技术。

表 7.6　不同电极材料的颗粒特性与大致用途

电极材料	特性	用途
活性炭	$3\sim10\mu m$，堆积密度 $0.2\sim0.5g/mL$，比表面积 $1000\sim2000m^2/g$，微孔 $>80\%$	双电层电容的正负极 锂离子电容器的正极 电池型电容的正极添加物
磷酸铁锂，三元材料	$3\sim7\mu m$，$3\sim5g/mL$，比表面积低，实心颗粒居多	锂离子电池的正极 电池型电容器的正极
Super P	$10\sim20nm$，实心颗粒	电容器或锂电池的导电添加剂，添加量常小于 $4\%\sim5\%$
碳纳米管浆料	直径 $1\sim30nm$，长度 $1\sim3\mu m$	电容器或锂电池的导电添加剂，添加量常小于 $4\%\sim5\%$
原生碳纳米管粉，原生石墨烯粉	聚团直径 $1\sim10\mu m$，密度 $0.01\sim0.1g/mL$。碳纳米管比表面积：$300\sim1000m^2/g$。石墨烯比表面积：$1000\sim2000m^2/g$	已用作导电剂 正在开发为电容器的关键电极材料

由于传统的微米级的颗粒已经能够有效地构成极片，形成器件，本书主要利用对比的方法讨论纳米颗粒的加工与性能。

在形成电容器件的过程中，电极材料的加工主要发生在形成极片阶段。一般来说，包括浆料制备、浆料涂覆、极片辊压、极片分切、极片干燥五道工艺。这些操作步骤中，主要涉及固相与液相的密封体系，由于体积装配关系与气液接触关系，基本不希望在固定的容积中存在气相或产生气相。因此，分析电极材料（固体）与电解液之间的关系是非常必要的。

7.3.1 不同材料的吸液特性

如图 7.4 所示，活性炭颗粒远大于石墨烯-碳纳米管杂化物。前者是实心块状，而后者则松散得多，存在许多堆积孔或各小颗粒间距离很远。在 20nm 标尺下，隐约可见活性炭的孔非常密集均匀，这说明这些孔都是活性炭内部的，被活性炭的连续完整的孔壁所束缚。微孔活性炭的孔壁在 H_2O 活化前约为 0.7nm，活化后孔壁减薄为 0.4～0.5nm。微孔活性炭的孔主要在 0.5～1nm，这说明从微观结构上，基本是孔壁占体积的一半、孔隙占体积一半的结构（贡献孔容）。而石墨烯-碳纳米管杂化物是非常薄的平面石墨烯与碳纳米管相间的结构，没有传统意义上的孔结构。显然，这种结构不存在活性炭的孔壁对孔的束缚方式。

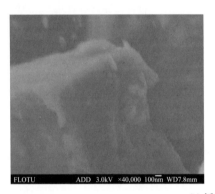

(a) 活性炭

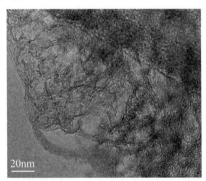

(b) 石墨烯-碳纳米管杂化物

图 7.4 不同材料的电镜照片

由表 7.7 可知,石墨烯-碳纳米管杂合物(1#4)与多壁碳纳米管(MWCNT)的堆积密度相同,都远小于活性炭 AC1。石墨烯-碳纳米管杂化物在纯化干燥后,堆积密度增加,与活性炭接近。石墨烯-碳纳米管杂合物(1#4)的比表面积远大于活性炭 AC1,更加远大于多壁碳纳米管。而在氮气吸附所得的孔容方面,石墨烯-碳纳米管杂化物(1#4)远大于 AC1,更加远大于多壁碳纳米管。

表 7.7   不同炭/碳材料的结构特性

特性	石墨烯-碳纳米管杂化物				多壁碳纳米管	活性炭		
	1# 1	1# 2	1# 3	1# 4	MWCNT	AC1	AC2	AC3
比表面积 /(m^2/g)	1070	1259	1545	2089	127	1666	2116	1375
孔容 /(mL/g)	1.221	1.272	1.873	3.281	0.331	0.912	1.104	0.727
堆积密度 /(g/mL)	0.154	0.137	0.110	0.034	0.034	0.179	0.196	0.238

注:1#4 与 MWCNT 为原始粉体,1#1、1#2、1#3 为纯化干燥后的粉体。

图 7.5 对比了不同碳材料的吸液特性。活性炭 AC1 在瞬间(1~2min 内)可以吸收自身重量 2.3 倍的液体,随后吸液量保持不变。这说明,如果在混浆中,添加 2.5 倍以上的溶剂,就能够使活性炭颗粒体系稳定。而石墨烯-碳纳米管杂化物样品(1#4)在 1~2min 内可以吸收 22 倍于自身重量的液体。多壁碳纳米管也可在瞬间吸收 13 倍于自身重量的液体。

由图 7.6 可知,原生的石墨烯-碳纳米管杂化物样品(1#4)与原生的多壁碳纳米管样品的吸液量最高,而这两种材料的比表面积与孔容都相差巨大。显然,材料的吸液能力与比表面积的关系不大,与孔容也不是正相关关系。比表面积小的多壁碳纳米管,由于其长径比大,管与管之间架桥,从而形成大量的堆积孔,堆积密度小。而这些堆积孔容易

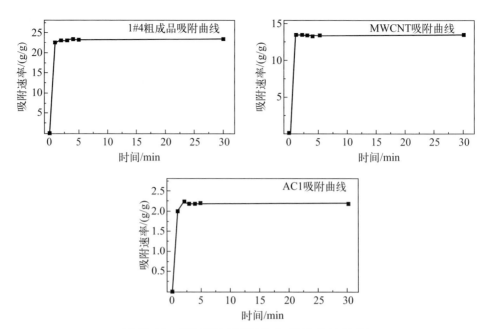

图 7.5　不同碳材料吸收有机液体的性能

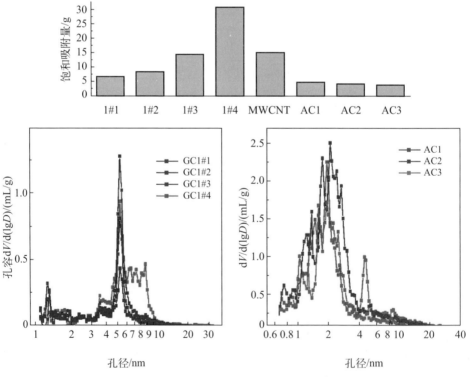

图 7.6　不同碳材料的孔径分布与吸收有机液体的能力及其原始孔径分布（另见文前彩图）

膨胀，从而具有了更加大的吸附液体的能力。活性炭（AC1、AC2、AC3）都属于刚性颗粒结构，其吸液量接近。当调变石墨烯-碳纳米管的比例时以及纯化干燥后，结构收缩，堆密度增大，虽然绝对孔容仍然远大于多壁碳纳米管，但其吸液能力显著下降。显然，是由于碳纳米材料可变的堆积孔赋予了其优异的吸液性能。这是传统的微米级活性炭与传统的微米锂电正极材料所不具备的特征。

在吸液量方面，碳纳米材料≫传统微米级活性炭≫传统微米锂电正极材料，这将导致传统的活性炭或锂电池正极材料的混浆工艺的配方与控制，对于碳纳米材料可能是不完全适用或完全不适用的。吸液量大既增加了液体消耗量，又增加了干燥能耗与时间。另外，构成极片时，如果沿用传统的极片辊压工艺，事先控制一定的湿极片厚度，上述不同的材料使极片的含水量显著不同。用碳纳米材料制作的极片，在干燥以后，由于其有效成分少，干燥后极片的厚度将远低于活性炭极片的要求。从上面的数值估计，厚度至少会下降 80%。显然这从工艺控制的角度上难度很大。这也预示着，如果采用干法加工碳纳米管极片，在压制与胶的熔融过程中，期望用胶把极片固定在金属箔体集流体上时，熔化的胶液极有可能在局部被瞬间吸干，导致极片黏结强度的不均匀性。

7.3.2　浆料的分散特性与辊压特性

在制备浆料的过程中，材料的密度不同，聚团程度不同，分散难度差异比较大。直径为 $5\sim7\mu m$ 的活性炭颗粒，由于密度较大，其在液体中如砂粒，聚团程度比较轻微。在使用分散剂的条件下，是相对容易疏干的。而相近粒度的锂电子正极材料密度更大，聚团体呈现刚性，也很容易通过研磨与分散达到单分散的目的。

而图 7.7 显示，碳纳米管聚团直径达几十微米，由于长径比大而卷曲与缠绕严重。同时，碳纳米管聚团的密度很小且具有良好的弹性，在液相中容易随着液流运动而且很难分散。石墨烯材料则是层间接触面积大、堆叠紧密。其三维结构也可能呈现复杂的连接结构，因此，需要使用强剪切力的砂磨或对撞流设备来进行粉碎。从分散的难度来说，碳纳米材料≫传统微米级活性炭≫传统微米锂电正极材料。

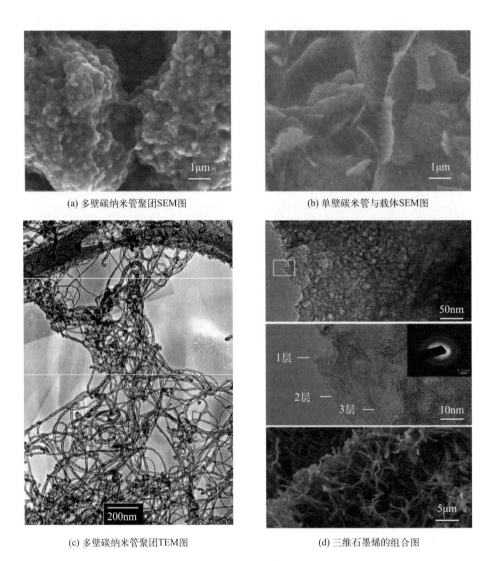

(a) 多壁碳纳米管聚团SEM图

(b) 单壁碳纳米管与载体SEM图

(c) 多壁碳纳米管聚团TEM图

(d) 三维石墨烯的组合图

图7.7　不同碳纳米材料的聚团结构

　　显然，将碳纳米材料、活性炭与锂电正极材料混合在一起构成混合型电容器或电池型电容器的正极材料时，因为这些材料的密度、分散性等相差巨大，所以在分散过程中，既容易出现不同颗粒的分层现象，也可能出现耗时长、效果差的后果。另外，当浆料配制好，静置后也会出现颗粒分层的现象。在使用前，还需要再分散。因此，及时配制与及时使用，减少储存时间，对于这类浆料的加工非常关键。

黏度方面，活性炭浆料（固含量为 20%～40%）的黏度一般为 1000～1200cP。如果参考这个黏度标准来制备碳纳米材料的浆料，会导致浆料中的固相体积分数差异巨大。比如，固含量为 10%～13% 的碳纳米管-离子液体浆料在常温下仍是固体状态，而不是浆料状。因此，当控制浆料具有相同黏度时，碳纳米材料的浆料固含量很低，与传统材料差异很大。同时，其挤压特性类似于牙膏，很容易粘在辊压机上，形成粘片现象，加工难度增大。

大量实践证明，在极片干燥后进行二次辊压（以提高压实密度）时，材料堆积密度越大，极片就越容易压实。而碳纳米材料的堆积密度最小，还具有弹性。因此，含碳纳米材料的极片，即使增加辊压的压力，控制极片厚度的效果也不明显。从辊压的难度来说，碳纳米材料≫传统微米级活性炭≫传统微米锂电正极材料。因此，这种特性对于湿法极片或干法极片的加工的挑战都很大，需要继续研究。

7.3.3 不同材料的干燥特性

另外，不同材料在升温干燥时，缩水率也有很大差异（图 7.8）。活性炭颗粒（或锂电池材料）的堆积密度大，质地坚硬，干燥后缩水率小于 5%。对于棉、麻、丝织物，通过经纬编织，两个方向的收缩特性互相制约，其干燥后缩水率约在 10%。这个数值优于大部分干法极片的缩水性能。而碳纳米管或石墨烯的比表面积、长径比、管与管之间或片与片之间的范德瓦耳斯力巨大，在干燥过程中蒸汽或蒸气挥发，常导致体积收缩率超过 50%。这意味着含水量大的极片非常容易干裂，成为废品。

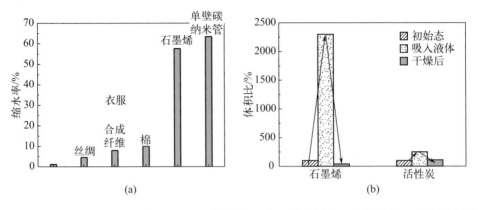

图7.8 不同材料的缩水率以及不同材料润滑与干燥的体积变化（另见文前彩图）

7.3.4 极片的膨胀特性

本书考察了通过机械压制的石墨烯极片（不含胶）的吸液状态（相当于干燥极片的注液状态），发现石墨烯被润湿局部存在着瞬间膨胀的现象，而其他不接触液体的区域保持厚度恒定，直接导致极片开裂。图7.9总结了在利用传统箔片湿法加工极片与干法加工极片过程中的问题。

箔体极片　　　　　遇到液体不均匀膨胀　　　　　干燥时不均匀皲裂

图7.9 石墨烯压片的不均匀吸液时的破裂现象

总结目前成熟的金属箔片上湿法涂布形成极片的工艺体系，电容器制作的关键步骤与包含的工艺问题如表7.8所示。

表7.8　极片加工过程中的材料特性导致的加工性能差异

序号	器件制作步骤	微米材料与纳米材料的异同	主要难点	主要影响因素
1	浆料制作过程	基本类同，但固液比不同	溶剂、胶、电极材料、导电剂的均匀混合	颗粒大小，不同溶剂特性
2	极片与涂布	形式大不相同		固体材料的吸液量，浆料的黏度
3	干燥	操作类同，干燥速度与温度不同	极片在干燥过程中液体蒸发时，极片不开裂，厚度变化小	固体材料的空隙率
4	辊压	不同	压实程度颗粒不碎裂极片不变形	颗粒的强度与搭配
5	切割、叠片、封装	类同		极片厚度均匀性
6	注液	不同		孔材料的均匀浸润性、固体吸液量
7	老化处理	类同		材料的易分解性，产生介质的腐蚀性气体的膨胀特性

因此，对于碳纳米材料的极片加工，需要解决注液时体积膨胀、干燥时体积收缩与极片开裂问题。从粉体形成极片的过程中，实质上有两种约束力，一是压制导致的粉体间的结合力、粉体与极片间的结合力，二是浆料中配制的胶在粉体间与粉体与极片间的结合力。箔体极片对于碳纳米材料的约束有限，主要是在极片厚度方向出现了问题。

7.4 碳纳米材料的极片加工技术

7.4.1 将碳纳米材料预聚团的技术

由于管间范德瓦耳斯力的吸引，碳纳米管很容易聚并。聚并现象虽然会导致比表面积和比容量降低，但也是实现材料密实化的重要途径。本团队将双壁管制成浆料，过滤干燥后获得平均粒径为 $0.2 \sim 2mm$ 的颗粒团。该技术既利用了双壁管易聚团的特点，又利用了其具有弹性不至于产生过分密实聚团的特点。90% 颗粒团与 10% 的 $100\mu m$ 长的 MWCNT 构成的一种分层 CNT 膜如图 7.10 所示。小直径的 CNT 颗粒堆积密度高且电解质离子的扩散距离短，长的 MWCNT 可以起到导电和结构支撑作用。这种分层结构的堆积密度可达 $420kg/m^3$，而且孔结构可渗透入电解质离子，提高了电导率，改善了机械稳定性。

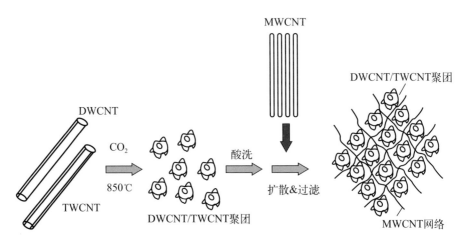

图 7.10 将双壁管、三壁管聚团，利用长的阵列多壁管做龙骨的电极膜

同时，杨全红利用预聚团的方法将氧化石墨烯制成块体，显著地提升了材料的密实度。这说明控制性地预聚团可以提高纳米材料的堆积密度，从而可利用铝箔体系顺利加工成极片。

值得指出的是，工业辊压不允许存在极大或极坚硬的颗粒（会导致极片变形或金属集流体被刺穿）。同时，大部分宏观颗粒的尺寸应在 $5\sim6\mu m$ 之间，以便在压实密度、黏结强度以及充放电时电子极化与离子极化间取得性能的均衡。因此，有必要进一步发展预聚团技术，以接近工业使用要求。

7.4.2 针对纳米材料加工的三维泡沫极片技术

另外，泡沫金属由于空隙大、自身厚度大，在极片压制的过程中具有很强的伸缩性，从而有可能保证极片的完整性，这是一种新型的、非箔体的极片结构形式。显然，如果将碳纳米浆料灌在泡沫集流体中（图 7.11），当碳纳米材料体积膨胀与收缩时，泡沫金属框架都能施加强的结构约束力，从而更加高效地将各种纳米材料可控地加工成极片。

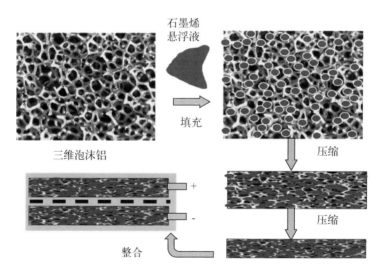

图 7.11 利用泡沫集流体、填充碳材料压制为极片的过程

7.4.2.1 泡沫铝-碳纳米管极片的制备及电容器

单壁碳纳米管是一种直径非常细小的碳电极材料，其堆积密度小、压实密度低。日本住友电气株式会社在其专利 CN 103370757A 中报道了

使用泡沫铝作为集流体的超级电容以及锂离子电容体系的架构（图7.12）。

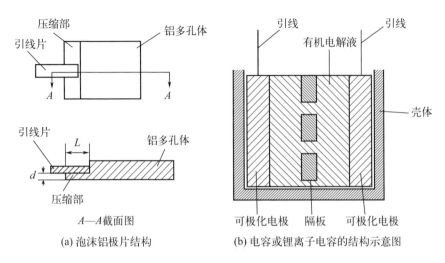

图7.12 住友电气株式会社专利中公开的泡沫铝极片
结构和电容或锂离子电容的结构示意图

2012年，日本明电舍将纯泡沫铝集流体用于两种不同的碳纳米管电极材料的极片制备，并且使用 EMIM BF$_4$ 离子液体型电解液组装成工作电压为 3.4V 的双电层超级电容器。泡沫铝内部的空间较大，因此可以有效提高碳纳米管负载量，使电容器件的能量密度显著提高到了 12.4W·h/L，高于绝大多数市面上的产品性能。由于泡沫铝的离子传输和电子导电的优势，该产品的功率密度也较商业活性炭基超级电容器产品有了较大的提升。

在传统的铝箔集流体上，电极材料厚度约 100μm。而将活性物质灌装在泡沫铝中，并压制成相当厚度的极片时，活性物质被极片中的三、四层铝丝均匀分隔。因此，电解液的离子从活性物质到铝丝的距离，要明显小于电解液的离子从极片最远处到达铝箔集流体的距离。这显著减轻了离子极化现象。另外，活性物质中的电子传导阻抗随着距离金属集流体距离的增加而增大，因此使用泡沫铝集流体所制备的极片还具有降低电子极化与内阻的明显优势。

根据测算，使用泡沫铝作为集流体后，超级电容的器件电阻减小到了铝箔极片的 1/3。由于超级电容在使用过程中需要频繁地经历大电流的充放电过程，因此内阻的降低对于降低极片内部的极化行为以及减少产热、提高能量的存储与转换效率具有重要的意义。

7.4.2.2 石墨烯-泡沫铝极片的制备及电容器

考虑到大多数碳纳米管产品的比表面积远低于高级石墨烯，本团队研究了石墨烯电极材料的极片与电容器制备。使用金属负载的层状双氢氧化物（LDH）的催化剂制备的石墨烯产品以 1～3 层为主（图 7.13），比表面积为 $1443\mathrm{m^2/g}$，具有明显的 3～30nm 的介孔。样品中的中空笼子是完全去除了 MgO 模板形成的，因而该石墨烯被研磨成小的、单分散石墨烯片就相对容易些。

使用的石墨烯浆料是通过添加去离子水和聚乙烯吡咯烷酮（PVP）经过研磨制成的。控制石墨烯在浆料中的较高体积比，可以控制浆料具有较大黏度，从而可以有效填充在泡沫铝中而不发生浆料泄漏现象。将浆料在真空条件下均匀地填充在泡沫铝的孔中，干燥并辊压为 $450\mu m$。泡沫铝电极上石墨烯的单位面积质量负荷为 $10～15\mathrm{mg/cm^2}$。

制备的极片均匀度很好，且不掉粉（图 7.14）。从极片的压制过程来看，填充量很大时，部分浆料被挤出在铝丝框架之外，自然形成了碳材料多的极片表面。石墨烯-泡沫铝的电极在外观上是全黑的，因为铝线的外表面被石墨烯覆盖。从石墨烯的外层轻微刮擦后，可以看到铝线。由于有黏结剂的存在，被挤出铝丝外的浆料仍然能够有强的结合力，不掉粉。同时，这种结构也保护了隔膜在叠片后压紧时，不被铝丝上的毛刺损坏。

对干燥的电极横截面进行能量色散 X 射线光谱（EDS）表征，确认了 C 和 Al 元素的存在。泡沫铝结构均匀地填充有石墨烯，显示出高的质量负载量和活性材料的致密堆积，从而实现了高能量密度。

为深入研究不同位置的元素分布，还进行了单点 EDS 测试（图

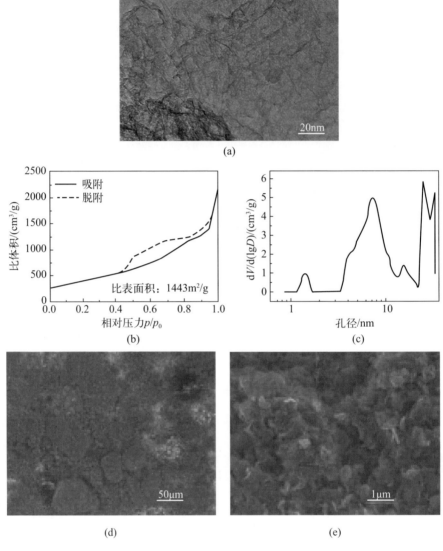

图 7.13 石墨烯的 TEM、 SEM 浆料照片及孔径分布

7.15)。C 和 Al 元素在点位 1 和点位 3 的重叠是由于小尺寸石墨烯完全包裹了铝线，这表明石墨烯与 Al 表面之间具有良好的接触行为。请注意，只有尺寸很小且尺寸均匀的石墨烯才能充分填充，并与集流体的表面形成极佳的接触效果。

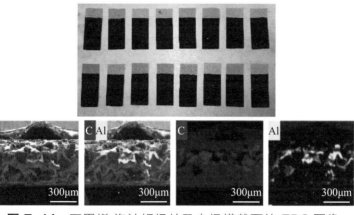

图 7.14 石墨烯-泡沫铝极片及电极横截面的 EDS 图像

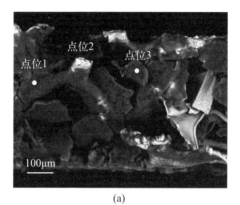

(a)

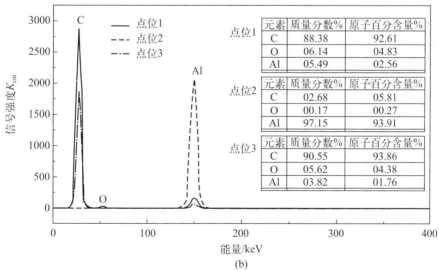

(b)

图 7.15 泡沫铝极片局部切面的元素分析（另见文前彩图）

7.4.3　石墨烯电极的溶胀行为

使用环境扫描电子显微镜观察逐渐填充电解质的电极的结构变化（图7.16）。由于石墨烯的体积收缩，图7.16(a) 显示出非常长的干燥电极，带有明显的孔。无论是半湿状态还是全湿状态，其在长电极表面上分布均匀以及长电极的极片厚度一致性良好。这表明大量的铝线在石墨烯极片内部表现出较高的机械强度，均匀地化解了石墨烯的溶胀力，保证了石墨烯吸液后平稳地膨胀。

该电极在干燥状态时的初始厚度为$351.2\mu m$。加入离子液体后，极片厚度持续变化，并在720min后最终增加至$488.5\mu m$，然后不再变化。湿电极表面非常光滑［图7.16(b)］。湿电极的横截面显示出铝线与石墨烯的紧密接触［图7.16(c)、(d)］。电极的压缩使一些铝线接触在一起，这意味着较高的压缩力使铝线笼中的石墨烯接触在一起。

如果没有铝线，紧密压缩的石墨烯-铝箔片往往会形成大而平行的层［图7.16(e)、(f)］。从理论上讲，石墨烯的尺寸越大，堆叠起来越容易，并且形成的平行层越多。在微观尺度上，这种结构导致在吸收电解质时在局部区域突然膨胀，这在制造器件中需要极力避免。

上述对比说明，石墨烯-泡沫铝电极的均匀增厚是由于极片内存在大量均匀的、短而有序的扩散路径，从而使电解质离子快速进入所有石墨烯孔。平行层在充电和放电时垂直于离子的扩散方向，导致形成"之"字形离子通道。电解质离子在不同电极中的扩散途径见图7.16(g)。

把该极片压制后，取一单片，往上面滴加液体，从侧面看非常平整（图7.17），确实不会像纯石墨烯极片那样迅速膨胀而导致开裂。

把单个极片浸入大量液体中，在没有压制的状态下，可详细记录极片初期的膨胀情况（图7.18）。当把研磨后的石墨烯压制成片后，大约在0.03s内，极片就开始膨胀，1～10s显著膨胀，在40s后，极片迅速

(a) 处于干燥状态，半湿状态和湿状态的
石墨烯-泡沫铝电极的SEM图像

(b) 湿电极外表面
的SEM图像

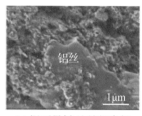

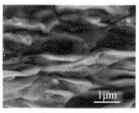

(c) 湿石墨烯-泡沫铝电极
的横截面的SEM图像一

(d) 湿石墨烯-泡沫铝电极
的横截面的SEM图像二

(e) 压缩石墨烯-铝箔电极
的SEM图像一

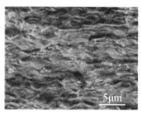
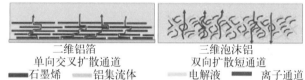

(f) 压缩石墨烯-
铝箔电极的SEM图像二

(g) 由铝箔或泡沫铝辅助的电极中离子扩散行为的示意图

图 7.16 石墨烯-泡沫铝电极的溶胀行为表征（另见文前彩图）

图 7.17 泡沫铝极片滴加液体后不变形的照片

溶解在液体中，在 $40\sim600s$ 呈现厚度急剧上升的状态，最后其悬浮高度约是原来厚度的 2.5 倍。然而填充在泡沫铝中的石墨烯，在 $8s$ 内厚度变化不明显，在 $8\sim40s$ 厚度线性增加，到达 $50s$ 后，厚度增加的速率显著变缓。这说明泡沫铝骨架对这一时期的极片膨胀起到了约束作用。在 $800s$ 时，厚度为原始厚度的 $1.25\sim1.3$ 倍。这是在大量液体中的膨胀特性，而在实际的器件中，液体没有这么多，众多极片又处于被器件外壳束缚压制的状态，这就能够确保器件的变形率是可控的。

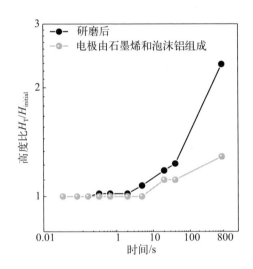

图 7.18 泡沫铝极片与单纯石墨烯压片在液体中的溶胀特性对比

7.4.4　石墨烯-泡沫铝电容器件的电化学性能

纽扣形电容器的制作步骤为：将获得的电极片切成直径为 $13mm$ 的圆盘。将圆盘在 $150℃$ 的真空下干燥 $12h$，然后转移到手套箱中。将具有相同质量负载的两个圆盘与 TF4030 膜（NKK 公司）组装在一起，并在 2025 型硬币壳中装入过量的 EMIM BF_4 电解液。

软包电容器的制造步骤为：将获得的电极片切成 $3cm\times5cm$（对于 100F 及以下的软包）或 $7cm\times10cm$（对于 $100\sim500F$）。用 TF4030 膜组装并进行极耳焊接后，将约 $450\mu m$ 厚的石墨烯基泡沫铝电极的 16 片矩形电极片在150℃的真空下干燥12h，然后转移到手套箱中，铝塑包装，在真空下填充 EMIM BF$_4$ 电解液并密封。添加的 EMIM BF$_4$ 电解质的质量约为软包中活性物质总质量的5.8倍。

值得指出的是，器件由许多堆叠的电极组成，因此泡沫铝中石墨烯湿电极的平坦且均匀的厚度是顺利制作软包的关键［图7.19（a）、(b)］。此外，与石墨烯-铝箔片相比，控制石墨烯在泡沫铝内的膨胀有利于制造具有高活性物质体积比的器件。考虑到纯石墨烯粉末很难在铝箔上形成厚涂层以制造软包，我们将三种石墨烯电极与纽扣电池型器件的接触电阻进行了比较，获得了电化学阻抗谱（EIS）［图7.19（c）］。石墨烯-泡沫铝的电容器在 Nyquist 图的低频区域很直，表明泡沫铝和石墨烯之间紧密接触，而无须使用 PTFE（聚四氟乙烯）黏结剂。PT-FE 的使用增强了石墨烯与泡沫铝的相互作用，但是电容器与石墨烯-铝箔-PTFE 的电容响应与理想 EDLC 的偏差最大。此外，三个电容器的半圆形曲线表明，有 PTFE 的电阻比没有 PTFE 的电阻更大。定量地使用多孔电极的传输线模型拟合了关键的电化学阻抗参数，包括电极的电荷传输阻抗、电解液离子扩散阻抗以及多孔电极的电子传递阻抗，均是 deLevie 发明的，并发展成为改良的 Warburg 元素。EIS 曲线的拟合结果说明，因为电极材料和电解质相同，所以三个纽扣电池的 R_s 值几乎相同。但是，石墨烯-铝箔-PTFE 和石墨烯-泡沫铝-PTFE 的 R_{ct} 值分别是石墨烯-泡沫铝的 R_{ct} 值的4倍和2.3倍。显然，PTFE 的添加对石墨烯内的电子转移具有负面影响，并且会阻塞石墨烯的孔或减少离子的通道。另外，泡沫铝辅助电极的电解质相电阻远低于铝箔辅助电极的电解质相电阻，这证明了基于3D泡沫铝的电极提供了更多的、具有较低曲折性的离子扩散通道［图7.16（g）］。因此，如 EIS 曲线所示［图7.19(d)］，由16个石墨烯-泡沫铝电极极片集成的100F的软包［图7.19(a)、(b)］具有更小的电阻。多层电极的堆叠有效降低了接触电阻，其 R_s 值仅为0.0196Ω。R_{ct} 值接近零，验证了多层电极的平行效应。低频区域的笔直尾巴表明，该软包非常接近理想的双电层电容器的响应特性。

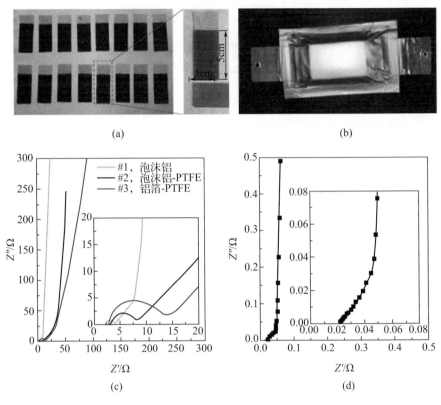

图 7.19　石墨烯-泡沫铝电极和石墨烯-铝箔电极的 EIS 表征（另见文前彩图）

用恒电流充放电模式（称为模式 A）将 100F 软包充电至 4V［图 7.20 (a)］。放电开始时的电压降很小，进一步证实了软包具有低电阻。软包的充放电曲线几乎呈线性响应，这表明软包中石墨烯内部的离子扩散行为非常好。另外，该小软包以类似于电动车辆的电容器的标准模式被充放电。首先用恒定电流充电至 4V，然后在保持 4V 恒定的状态下继续充电一段时间，最后用恒定电流放电（称为模式 B）［图 7.20(b)］。计算的比容量在电流密度为 0.2A/g、0.5A/g、1.0A/g、2.0A/g 时分别为 132F/g、130.5F/g、129F/g、124F/g（基于石墨烯材料）［图 7.20 (c)］。这些值均大于从模式 A 计算得出的值。4V 下恒压充电，可有效地驱动离子进入在高电流密度下受离子隔离的微孔。能量密度和功率密度是根据我国行业标准推荐的充电模式 B 计算得出的。随着小软包容量从 5F 增加到 500F（通过增加每个电极的尺寸和质量负载），小软包的体积能量密度从 $10W \cdot h/L$ 增至 $21W \cdot h/L$［图 7.20(d)］。

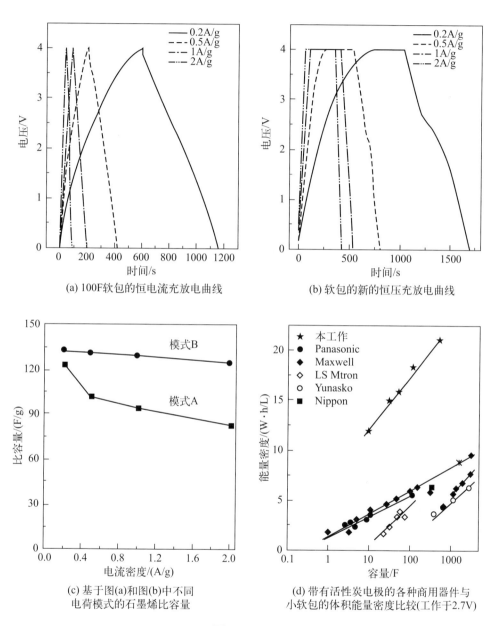

(a) 100F软包的恒电流充放电曲线

(b) 软包的新的恒压充放电曲线

(c) 基于图(a)和图(b)中不同电荷模式的石墨烯比容量

(d) 带有活性炭电极的各种商用器件与小软包的体积能量密度比较(工作于2.7V)

图 7.20

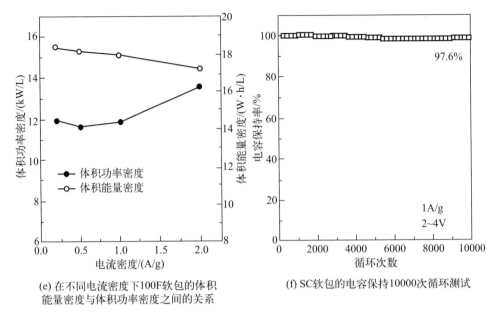

(e) 在不同电流密度下100F软包的体积
能量密度与体积功率密度之间的关系

(f) SC软包的电容保持10000次循环测试

图 7.20 超级电容器的电化学性能（另见文前彩图）

另外，泡沫铝软包的容量与尺寸的变化趋势与相同容量的基于活性炭（AC）的器件的变化趋势完全不同［图 7.20(d)］，由后者制得的小型器件的能量密度要低得多。原因是商用 AC 型器件使用的电极为活性材料涂覆在铝箔两侧（100~130μm）。电极厚度较小，器件中的活性材料比例较低。相比之下，本书使用的厚电极中使用了大比例的活性材料和高比容量的石墨烯。基于整个 100F 软包的体积或质量，计算出能量密度分别为 18.34W·h/L 和 7.65W·h/kg，最大功率密度在 11.62~13.59kW/L 和 4.85~5.66kW/kg 之间［图 7.20(e)］。与纽扣形电容器的趋势不同，软包的功率密度首先降低，然后随软包中电流密度的增加而增加［图 7.20(e)］。大量电极材料产生的大量焦耳热可能导致在高电流密度下软包的温度升高，导致 EMIM BF$_4$ 黏度下降，离子迁移率增加。在这种情况下，功率密度的值是在高温下 EMIM BF$_4$ 扩散电阻降低和在高电流密度下严重的离子极化的制约的效果。从数量上看，100F 软包的体积能量密度几乎是相同容量的商用活性炭器件的 2~3 倍

[100F，有机电解质，2.7V，铝箔作为集电体的图7.20(d)]。本软包器件的质量能量密度是后者的1.5～2倍，甚至可与3000F的商用AC型SC的质量能量密度接近。如果与具有类似容量（50～100F）的商用器件进行比较，则本器件具有几乎相同的质量功率密度，但其体积功率密度却远远高于商用器件。该结果说明，3D泡沫铝增强的电容器件同时具有高能量密度和高功率密度。由于器件的容量始终随其尺寸而增加，因此可以最大程度地减小其他不贡献电容的组件的影响。上述逻辑推理说明，由本技术制得的较大尺寸的软包的性能可能会更加出色。

另外，对100F软包进行了循环稳定性测试。在2～4V下以1A/g进行10000次循环后，电容保持率为97.6%[图7.20(f)]。显然，基于泡沫铝的器件在商业上非常有前途。另外，逐渐减少石墨烯在泡沫铝上的负载量，制得厚度为300μm的预制电极。基于4片该电极的软包器件表现出逐渐提高的功率性能。当测试的电流密度从2A/g提高到5A/g时，4极片的软包器件的功率密度变化不大，再次验证了3D泡沫铝导电网络的有效性。

以上述100F软包来说，体积能量密度达18～26W·h/L，质量功率密度达到5kW/kg，性能是非常优异的。显然，泡沫体金属集流体有效解决了碳米碳材料的极片加工问题，同时有可能形成厚电极，具有良好的性能。

7.4.5　铝箔和泡沫铝器件的电化学模拟

将电极材料粘贴在箔体上后，电极材料越厚，越易形成离子极化与电子传导极化明显的结构，而三维泡沫集流体则是一个电子传导比较均匀而离子传递存在弱极化的结构。

由于制备工艺的限制，目前难以大量制备厚度小于0.7mm的泡沫铝。同时，石墨烯填充在泡沫铝中后，仍然存在着一定的极片厚度膨胀现象。由于无法将与泡沫铝极片同样厚度的石墨烯粘贴在铝箔上，因此使用 COMSOL 软件对离子的扩散行为以及不同基于电极的器件性能进行了研究。

COMSOL 软件提供了多孔电极模式集成的结构仿真功能。根据当前工作中使用的电极和电解质的性质以及设备的尺寸设置仿真参数。石墨烯的电导率设置为 $3000S/m$，而 EMIM BF_4 的离子电导率仅为 $1.57S/m$，显然该器件是离子传导受限的过程。由于将小尺寸石墨烯紧密压缩以形成平行层，Bruggeman 系数设置为 3，表示压缩的石墨烯片内部的"之"字形离子通道结构。不使用黏结剂，可以避免复杂的孔堵塞效应。这种仿真结构的性能会优于粘贴在铝箔上的石墨烯片的性能（需要黏结剂），但是仍然可以较好地估计泡沫铝辅助石墨烯电极的性能。该模式考虑了电极的结构，其中石墨烯-铝箔片倾向于形成具有较少扩散通道的平行层。相反，互连的铝线像各种笼子一样，破坏了石墨烯的连续层，从而为离子提供了足够的扩散通道。考虑到 3D 泡沫内部的离子扩散是在互连的铝网络的驱动下在多方向上发生的，因此构建了 3D 网格 [图 7.21(a)、(b)]。

通常，离子存在于电极的表面、电极的孔和电解质的主体相中。在电荷的驱动下，离子在电极/电解质界面上的定向吸附在动力学上取决于可及的孔隙。厚的石墨烯-铝箔电极在 18.6s 时迅速从 0V 接近 4V，并在 28.8s 时迅速放电至 0V [图 7.21(c)]。由于放电不足，曲线的类型不对称。相比之下，在 40s 内从 0V 充电到 4V 并从 4V 放电到 0V 的泡沫铝中的石墨烯花费了 22.3s。放电时间远比石墨烯-铝箔电极的放电时间长，这表明离子在石墨烯-泡沫铝电极内部的大量快速扩散有助于高能量。

定量上，由于使用纯 EMIM BF_4 作为电解质，所以离子浓度约为 $6516mol/m^3$。这对于慢速充电状态的 100F 软包而言是足量的。因此，离子极化（如果有的话）取决于电极结构和孔结构。对于模拟中的两个电极，当充电到 4V 时，最大离子浓度不靠近集电器一侧。这是由于离子

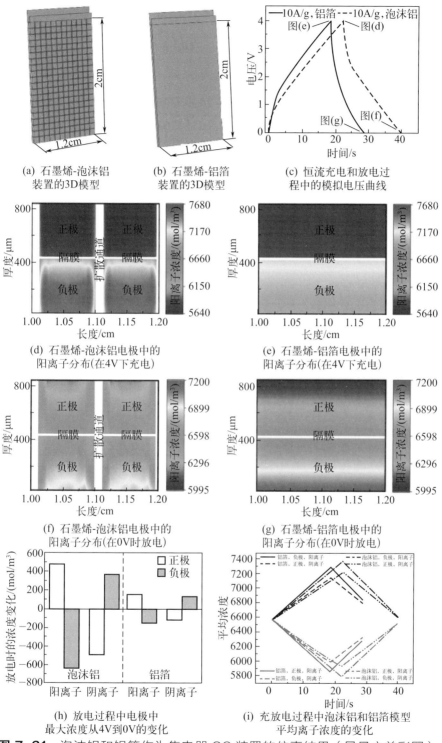

(a) 石墨烯-泡沫铝
装置的3D模型

(b) 石墨烯-铝箔
装置的3D模型

(c) 恒流充电和放电过
程中的模拟电压曲线

(d) 石墨烯-泡沫铝电极中的
阳离子分布(在4V下充电)

(e) 石墨烯-铝箔电极中的
阳离子分布(在4V下充电)

(f) 石墨烯-泡沫铝电极中的
阳离子分布(在0V时放电)

(g) 石墨烯-铝箔电极中的
阳离子分布(在0V时放电)

(h) 放电过程中电极中
最大浓度从4V到0V的变化

(i) 充放电过程中泡沫铝和铝箔模型
平均离子浓度的变化

图 7.21 泡沫铝和铝箔作为集电器 SC 装置的仿真结果（另见文前彩图）

的随机扩散和电荷驱动的离子的定向迁移所产生的抵消效应。离子浓度在第一种作用下趋于均匀，而在第二种作用下趋于表现出最大的梯度。离子的最大浓度出现在有源电极与隔板的界面处。在该区域中，仍然存在从分离器方向到该界面和扩散通道的离子强烈扩散。

图 7.21（h）显示了放电过程中阳离子和阴离子的最大浓度在 4V 和 0V 之间的变化。在泡沫铝模型中，在放电过程中，正极中的阳离子浓度增加了 480mol/m³，而负极中的阳离子减少了 640mol/m³。相比之下，铝箔的离子变化仅在正极增加 155mol/m³，而在负极减少 150mol/m³，这表明泡沫铝模型的扩散通道帮助离子在电场下更自由地传输。阴离子也一样。考虑到离子在电极中分布不均匀，在充电和放电过程中还评估了平均浓度（图 7.21）。当初始电压为 0V 时，两个模型在 0s 处显示相同的浓度。在充电过程中，铝箔模型显示出的平均浓度略高于泡沫铝模型。但是，由于更高的离子极化度，铝箔模型比泡沫铝模型更快地达到4V，而泡沫铝的浓度仍在增加，因此，泡沫铝模型在 4V 时显示出比铝箔更高的平均浓度。在放电过程中，泡沫铝的平均浓度比铝箔模型下降得慢。放电结束时（0V），所有阳离子和阴离子浓度都恢复到初始状态。离子的大多数位置变为绿色，从界面返回到本体相［图 7.21(d)、(f)］。相比之下，铝箔模型无法恢复到其初始状态，仍然存在大量离子而未返回体相［图 7.21(e)、(g)］。这种现象清楚地表明，厚膜电极中的离子的电化学极化被铝网络提供的扩散通道显著缓解。类似地，对电池中厚电极的研究证实，设计足够的离子通道对提高功率性能非常重要。它很好地解释了为什么厚泡沫电极（450μm）显示出的功率密度与120μm 厚的基于箔电极的商业器件相当。请注意，更改扩散通道的数量（代表将石墨烯分成不同聚集体的铝导线的数量）会直接影响模拟中离子对石墨烯的可及性。因此，导致不同的电容和不同的离子极化度。需要进一步研究以建立非常接近泡沫铝辅助石墨烯电极实际结构的模型。

7.5 介孔炭-泡沫铝双电层电容器

将介孔炭与泡沫铝制成复合极片，以离子液体为电解液，制得双电层电容器，对其性能进行了研究。

所得电极材料，宏观为粒径在 $10\mu m$ 左右的颗粒结构 [图 7.22 (a)]，高倍扫描电镜照片显示颗粒表面呈多孔状 [图 7.22(b)]。通过物理吸附仪，利用氮气在 77K 条件下进行吸脱附表征 [图 7.22(c)]，计算所得材料的比表面积为 $2642.55m^2/g$，孔容为 $1.29mL/g$，孔径集中在 $1\sim2nm$ 和 $2\sim4nm$ 两个区间 [图 7.22(d)]。该材料巨大的比表面

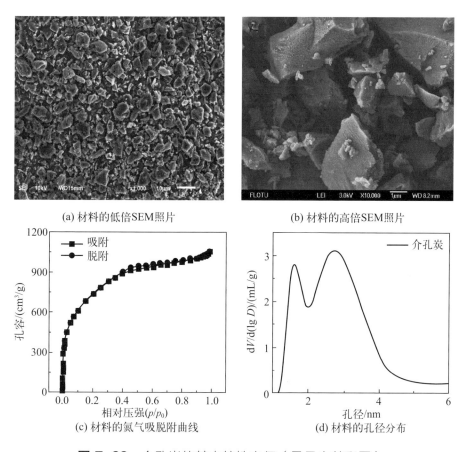

(a) 材料的低倍SEM照片

(b) 材料的高倍SEM照片

(c) 材料的氮气吸脱附曲线

(d) 材料的孔径分布

图 7.22 介孔炭的基本特性表征（另见文前彩图）

积为超级电容器的物理储能机制提供了巨大的离子吸脱附界面。同时，大孔容和高比例的介孔孔道为倍率性能和功率性能提供了材料结构基础。特别地，EMIM BF$_4$ 型电解液的离子半径大于 0.7nm，黏度为 14cP，高于传统乙腈基有机电解液，而离子电导率低于乙腈基有机电解液。该介孔炭电极的孔结构对于比表面积的有效利用以及离子液体快速充放电特性的发挥均有至关重要的作用。

由于泡沫铝集流体的通孔直径约 0.5mm，而介孔炭颗粒直径是 5～6μm，因此，可以非常容易地将介孔炭浆料填入其中，通过干燥、压制后形成表面均匀的极片 [图 7.23(a)、(b)]，将极片的面密度控制为 10～13mg/cm^2。SEM 表征显示，粒度在 5～6μm 的介孔炭颗粒非常均匀地附着在泡沫铝的粗糙表面，接触效果良好 [图 7.23(c)]。

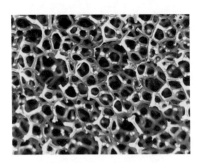  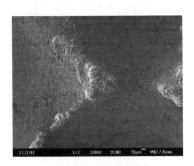

(a) 三维通孔泡沫铝　　　(b) 介孔炭与泡沫铝集　　　(c)介孔炭颗粒在泡沫铝
集流体的光学照片　　　　流体构建的复合极片　　　　突起表面的附着情况

图 7.23　介孔炭与泡沫铝集流体特征

所制得的软包在低扫速下（5mV/s）呈现良好的矩形结构 [图 7.24(a)]，表明在此条件下软包器件表现出良好的双电层电容特性。随着扫速的提高（20mV/s），CV 曲线的图形有所变化，在快速充放电过程中偏离了理想的双电层特性。从 EIS 谱图 [图 7.24(b)] 上看，软包的接触电阻为 0.028Ω。这与离子液体型电解液的高黏度及低离子电导率有关，也与极片的叠片层数相关。该曲线的尾部比较接近 90°，说明该电极材料与电解液组成的体系接近于理想的电容特征。在 1A/g 的电流密度下，基于活性物质质量的比容量分别为107F/g（恒流充放电模式）和117F/g（恒流-恒压充放电模式）。这两个数值的差异比较小，说明离子液体能够在较短时间内进入介孔炭电极材料的大部分孔中，建立双电层电容效应。

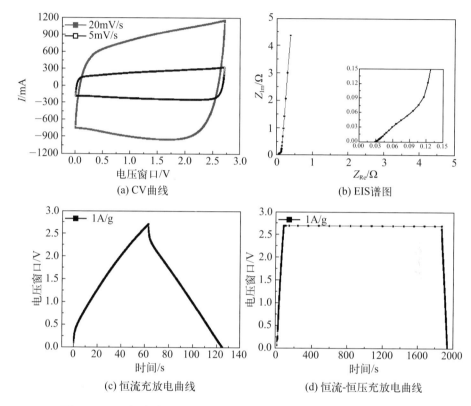

(a) CV曲线

(b) EIS谱图

(c) 恒流充放电曲线

(d) 恒流-恒压充放电曲线

图 7.24 介孔炭-EMIM BF$_4$-泡沫铝器件的电化学性能测试

为了证明介孔炭-EMIM BF$_4$-泡沫铝器件的潜在实用性，依据相关国标，在 2.7V、65℃ 下对软包进行 1500h 的高温快速老化测试。如图 7.25（a）显示，在 1250h 之前，恒流充放电曲线几乎重合，只有在 1500h 时才出现明显衰减；而介孔炭-TEA BF$_4$/ACN-泡沫铝器件［图 7.25(b)］在 24h 后容量就出现了较大程度的衰减。这说明 EMIM BF$_4$ 基器件的稳定性要显著高于 TEA BF$_4$/ACN 基器件的稳定性。从 EIS 谱图［图 7.25(c)］来看，随着高温老化的不断进行，两体系的接触电阻均有不断增大的趋势，但 EMIM BF$_4$ 型软包的增大幅度明显小于 TEA BF$_4$/ACN 型软包。图 7.25(d) 显示，1500h 循环测试后，CV曲线包含的面积变小，但形状更加接近矩形，说明器件的响应特征更加接近于双电层电容特征。

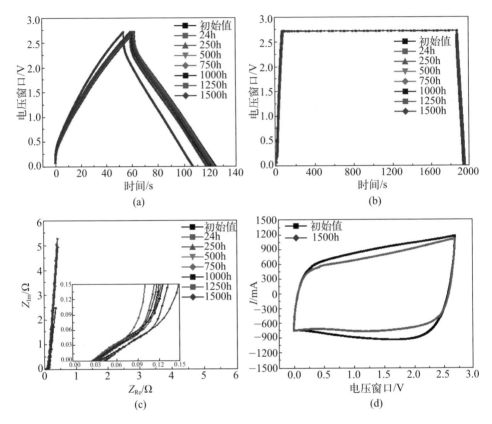

图 7.25　高温老化实验数据（另见文前彩图）

将介孔炭-EMIM BF$_4$-泡沫铝体系和介孔炭-TEA BF$_4$/ACN-泡沫铝体系的高温老化实验数据进行对比分析（图 7.26）。从 30ms 电压降值和 30ms 电阻值来看，介孔炭-TEA BF$_4$/ACN-泡沫铝体系均小于介孔炭-EMIM BF$_4$-泡沫铝体系，体现出有机电解液的本征优势。然而，TEA BF$_4$/ACN 基体系的数值呈现近线性增加的趋势，而 EMIM BF$_4$基体系则表现为振荡上升的趋势，具体原因仍在研究中。将二者的电阻

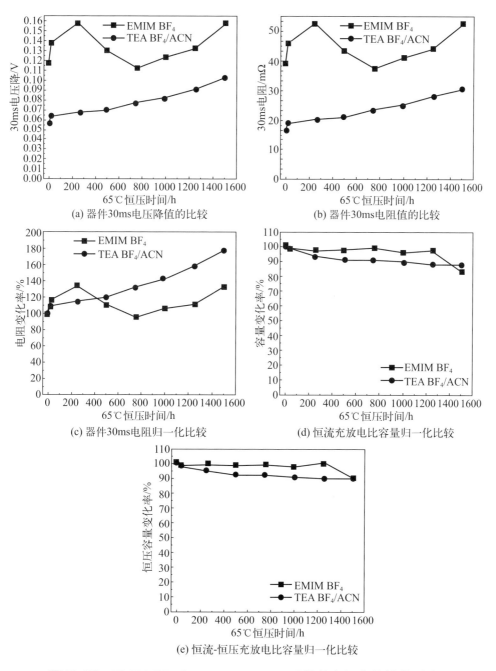

(a) 器件30ms电压降值的比较

(b) 器件30ms电阻值的比较

(c) 器件30ms电阻归一化比较

(d) 恒流充放电比容量归一化比较

(e) 恒流-恒压充放电比容量归一化比较

图 7.26 EMIM BF$_4$ 和 TEA BF$_4$/ACN 器件的高温老化性能对比

进行归一化比较，发现经过 1500h 老化实验，TEA BF$_4$/ACN 基体系的电阻值持续增加至 177%，而 EMIM BF$_4$ 基体系则最终为初始值的 140%，明显低于 TEA BF$_4$/ACN 基体系的电阻增加幅度。同样，对二者的恒流充放电比容量和恒流-恒压充放电比容量进行归一化比较，发现 TEA BF$_4$/ACN 基体系的比容量持续衰减，最终保持率约为 90%，EMIM BF$_4$ 基体系在前 1250h 相对平稳，一直在 96%～100% 之间，1500h 时才下降至 90% 左右。

　　为进一步理解造成两体系差异的原因，我们分析了两软包的产气情况（图 7.27）。结果发现，TEA BF$_4$/ACN 体系的产气量显著高于 EMIM BF$_4$ 体系。在 1500h 老化过程中，软包的总产气量达到 65mL，单位活性物质质量的产气量为 40mL/g，而 EMIM BF$_4$ 体系的产气情况仅为其 1/4 左右。从定量的角度分析，两种软包都是在相同的湿度条件下制得的，电解液中的含水量差不多，而二者产气量不同，说明气体并不是仅由水的分解导致的，而会有电解液分解的贡献。TEA BF$_4$/ACN 体系由于本征的高电导率等优势，使得器件的初始电阻小。但由于 TEA BF$_4$/ACN 不太稳定，在老化过程中有所分解，导致产气过程快速且量大，因而容量快速下降，内阻快速上升。由于产气主要发现在电极/电解液界面，因此，微小的气泡可能会导致活性物质与集流体的剥离，部分活性物质无法继续贡献容量。因此，乙腈基电解液软包在老化实验中的产气导致了器件中一系列的变化或性能衰减。而对于 EMIM BF$_4$ 体系，其初始电阻值较大导致的焦耳热较大是影响其长周期稳定性的原因，其中也包括可能对电解液产生的影响。但是由于其本征稳定性高于乙腈电解液，在泡沫铝集流体良好导热功能的辅助下，器件发热情况显著改善，使得其产气量很小，在长循环评价中表现出明显的优势（测试过程中，内阻虽然振荡，但整体上升并不高）。

　　测量得到 EMIM BF$_4$ 软包与 TEA BF$_4$/ACN 软包的初始能量密度与功率密度的 Ragone-plot 图 [图 7.28(a)]。TEA BF$_4$/ACN 器件初始内阻低，因而在功率特性上表现出了明显优势。其在 13.18～14.15kW/L 的

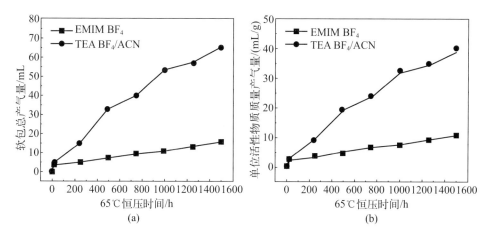

图 7.27 EMIM BF$_4$ 基器件和 TEA BF$_4$/ACN 基器件的
高温老化过程中的产气量对比

功率密度下，体积能量密度为 $5.11 \sim 5.49 \text{W} \cdot \text{h/L}$。相比较而言，离子
液体型软包的功率密度在 $9.89 \sim 11.46 \text{kW/L}$ 范围内，不如乙腈基软包
的功率密度。但是，在同电压下，EMIM BF$_4$ 软包的体积能量密度为
$5.56 \sim 7.38 \text{W} \cdot \text{h/L}$，是 TEA BF$_4$/ACN 软包的 1.1～1.3 倍。同时，
与铝箔型软包相比，本书的泡沫铝基软包在同电压下具有能量密度的优
势。经过 1500h 老化后，两体系的能量密度和功率密度均出现一定程度
的衰减 ［图 7.28(b)］，尤其是在电阻值明显增大的情况下，功率密度
的下降趋势加快。

具体地，测试过程中不同老化时间的软包进行了能量密度与功率密
度的关联。相对而言，两体系的体积能量密度都略有下降。EMIM BF$_4$
基软包的功率密度一直在较小的范围内振荡下行 ［图 7.28(c)］，但
TEA BF$_4$/ACN 基软包的功率密度却持续下降 ［图 7.28(d)］。当充放
电 1500h 后，其功率密度优势逐渐弱化 ［图 7.28(b)］。这也说明了离
子液体型器件更加稳定。

本工作通过采用介孔炭为电极材料，以新型三维通孔泡沫铝为集流
体，以 EMIM BF$_4$ 离子液体或 TEA BF$_4$/ACN（1mol/L）为电解液，

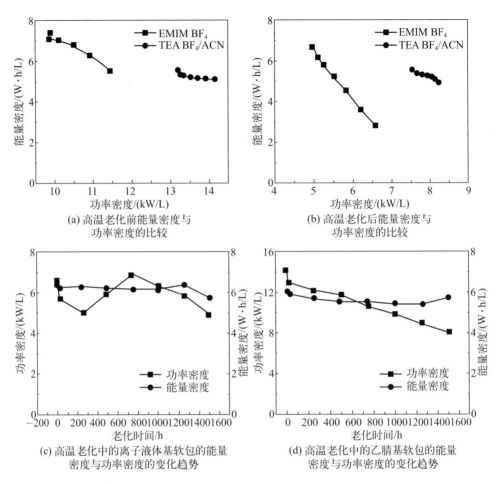

图 7.28 介孔炭-EMIM BF₄-泡沫铝器件和介孔炭-TEA BF₄/ACN-泡沫铝
器件在高温老化前、后的能量密度与功率密度的比较，以及高温老化中的
离子液体基软包、乙腈基软包的能量密度与功率密度的变化趋势

构建容量为 40F 的软包型超级电容器件，并进行 65℃ 下 1500h 的高温
老化实验。研究发现，在新型三维通孔泡沫铝为集流体的辅助下，
EMIM BF₄ 离子液体相较于 TEA BF₄/ACN 电解液，产气现象明显缓
解，使得 EMIM BF₄ 离子液体在初始电阻值较高的情况下，容量保持
率为 90%，电阻升高幅度为 40%，均明显优于 TEA BF₄/ACN 电解液。
良好的循环稳定性为离子液体基超级电容器在公共场所（封闭体系）的

应用提供了基础。

由于介孔炭的压实密度远高于石墨烯，将离子液体的工作电压提高到 4V，相关软包级器件上实现了超过 $35\sim38W\cdot h/L$ 的体积能量密度。

另外，在锂离子电容、电池型电容的正极侧，都可以使用铝基集流体，因此可以用类似于双电层电容的经验，利用泡沫铝来构筑泡沫铝锂离子电容（$LiPF_6$ 电解液）及泡沫铝电池型电容（$LiPF_6$ 电解液）。这同时为电池与电容行业的发展开启了两个有希望的方向（厚电极获得更高的能量密度，以及新兴碳纳米材料的商业化可能），值得继续探索。

表 7.9 不同电极材料与不同集流体配合使用的技术成熟度情况

编号	电极材料、形状、密度	集流体	器件案例	优缺点
1	微米级颗粒状，$0.2\sim0.5mL/g$	金属箔	电池：电容器商业案例的代表，占加工方式的 90%	极片面密度高，厚度可调
2	片状石墨烯或线状碳纳米管，$0.02\sim0.05mL/g$	金属箔	有少量的公司实现中试级别器件	吸液量大，干燥后极片面密度低，厚度难控，能量密度低
3	大量微米级颗粒＋少量碳纳米管/石墨烯	金属箔	已经有商业案例：CDC＋石墨烯、YP50＋石墨烯＋CNT	优缺点同 1
4	微米级颗粒，$0.2\sim0.5mL/g$	金属泡沫	基于泡沫镍的镍氢电池商业化。面向电容的泡沫铝器件有少量专利与少量文献，尚无产品	面向电容的，泡沫铝刚刚进入商品化前期，有前景
5	片状石墨烯或线状碳纳米管	金属泡沫	少量专利与少量文献，中试级产品	泡沫铝刚刚进入商品化前期，有前景

针对新的泡沫铝集流体在超级电容器方面的应用，列出了目前已有的一些研究结果。同时，考虑到泡沫铝集流体对于电池材料的加工，也

有利于构筑电池型电容，因此也一并提供了目前的研究结果。从表 7.9 中可知，对于电容器材料来说，目前的极片厚度多在 $450\mu m$ 以上。这是泡沫铝制备工艺的局限导致的。本书为了探究泡沫铝薄极片的性能，在适当降低面载量的情况下，其功率密度大幅度增加，显示了良好的发展前景。

7.6 已有工业极片与器件的加工技术

7.6.1 湿法箔极片加工技术

湿法涂布电极制造工艺及设备见表 7.10。

表 7.10 湿法涂布电极制造工艺及设备

工艺	要求	活性炭浆料配比	设备
制浆工艺	（1）浆料黏度适宜，且固含量尽可能高 （2）活性材料不沉降，可均匀涂覆而不产生明显颗粒 （3）导电炭黑和黏结剂分散均匀，且优先存在于整个活性物质表面，避免活性物质间的二次团聚	活性炭、导电炭黑、黏结剂和分散剂的配比为 $85\% \sim 90\%$、$5\% \sim 10\%$、$3\% \sim 5\%$ 和 $3\% \sim 5\%$，浆料固含量为 $20\% \sim 40\%$（均为质量分数）。SBR 和 PTFE 与去离子水搭配，PVDF 与 NMP 搭配。分散剂 CMC 起分散、提高黏结效果与抑制活性炭吸水的作用	双行星式搅拌器等
涂布工艺	浆料的固含量、浆料的黏度、电极涂布的厚度和电极密度	（1）浆料中活性炭固含量一定，浆料黏度越高，涂覆后电极密度反而降低 （2）双面涂覆，电极厚度为 $50 \sim 300\mu m$	挤压式、逆转辊涂式以及刮刀式涂覆设备

工艺	要求	活性炭浆料配比	设备
碾压工艺	（1）保证铝箔不发生褶皱的前提下尽可能压实电极 （2）加温辊压使浆料中胶混合，提高黏结力 （3）过度碾压易导致极片过分密实化，注液困难	（1）能量型极片 $100\sim120\mu m$ （2）功率型极片 $<70\mu m$ （3）升高温度至 $100\sim120℃$，使极片密度接近 $0.6g/mL$	

湿法工艺由于具有连续生产效率高的特点，是国内外双电层超级电容器厂商、电池电容器厂商、锂电池厂商的主流电极制备工艺（图7.29、图7.30）。

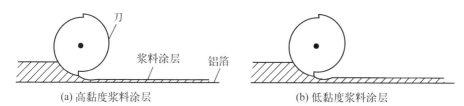

图 7.29 浆料黏度对涂布电极厚度的影响示意图

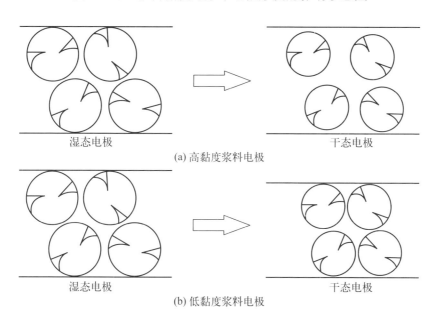

图 7.30 浆料黏度对电极密度的影响示意图

7.6.2 干法箔片压模电极工艺

湿法极片工艺引入了大量的液体，使产品的电极密度偏低（常小于 $0.6g/cm^3$），电容器单体的容量受限，操作电压窗口（小于 2.7V）受限，极片与器件品质控制难度提高，过程能耗增大，设备复杂度增加，设备投资增大。因此，不需要添加任何溶剂的干法电极制备工艺成为了解决上述工艺不足的针对性方案。

采用 PTFE 粉末与活性炭、导电炭黑等预先均匀混合，通过"超强剪切"使 PTFE 分子由球形变到线形，将炭黑与活性炭紧密黏结，将混合后的干粉通过"垂直碾压"形成碳球，然后"水平碾压"形成密度很高、厚度均一的碳膜，再与集流体粘贴在一起，然后加热固化成形（图 7.31）。

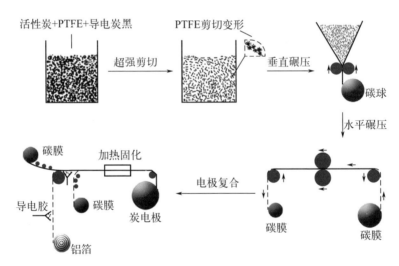

图 7.31 干法电极制备工艺示意图

相关技术最早由美国 Maxwell 公司开发，随后日本的一些公司也掌握了该技术，可以生产相关极片或 3000F 电容器。随着特斯拉收购 Maxwell，此技术正在逐渐用于锂离子电池生产，也引起了国内电池厂家大量跟进式研发。预计干法电极技术将在双电层电容器、电池型电容器及锂电池方面迎来更大的量产机会，随着成本的摊薄，将有助于器件性价比的进一步提升。

据宣传报道，干法极片的好处还在于避免了干燥过程中极片上颗粒的聚集，电解液扩散通道相对规则，可强化液体的扩散。显然，这种性能优势取决于极片上电极材料、添加剂等的粒径、比例与接触结构形态。颗粒越小，接触面积越大，黏结越严重。这方面可以从颗粒学的角度加以充分研究。

7.6.3 基于泡沫集流体的工业加工技术

由于泡沫铝、泡沫镍与泡沫铜的厚度、孔结构等参数非常接近，因此，可以用镍氢电池的泡沫镍极片为例来讨论未来应用于超级电容的泡沫铝极片的加工。图7.32是拉浆法镍氢电池正极生产工艺图，包括制浆、填充、干燥、抛光、压实等工艺步骤。

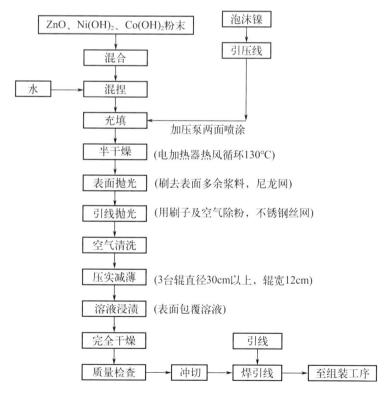

图7.32 拉浆法镍氢电池正极生产工艺图

从制备过程中来看，多孔泡沫体是采用加压泵两边同时喷涂的方法进行的，这与箔体上的刮浆涂布方式有很大不同。在泡沫金属中有两种接触方式，即颗粒与金属丝的接触，以及颗粒与颗粒间的接触。总体而言，由于显著区别于箔体与颗粒的接触，因此，这种拉浆技术的成功率取决于浆料中的颗粒度大小、与浆料的黏度。

有意思的是，对于箔体极片，类似于砂粒的微米级颗粒容易挤压、密实化。而在泡沫金属极片中，较小的纳米颗粒有比较大的外比表面积，能够与金属丝进行良好的接触。特别地，碳纳米管直径越细，石墨烯片层数越少，就越具有柔软性，易包裹缠绕在金属丝的表面，形成良好的接触。这种良好的接触甚至可以省略导电剂（Super P 等），以及节省黏结剂。

从这个角度讲，泡沫金属集流体可以有效解决纳米材料的加工，其三维机械约束方式可以良好地抑制极片膨胀，且解决极片膨胀的不均匀性，便于工业化生产。同时，专利上还报道了利用抽真空的方法把浆料吸进泡沫铝空隙中的技术，这也与泡沫体是通透型孔结构密不可分。

泡沫镍作为电极材料用于 Ni-Cd 电池的电极时，能效可提高 90%，容量可提高 40%，并可快速充电。轻质高孔率的发泡基板和纤维基板等多孔金属材料与传统烧结基板材料相比，可使镍材消耗降低约一半，极板质量减少 12% 左右，并大大提高能量密度。目前，泡沫镍与泡沫铝均可以采用电镀法制备，但泡沫铝的制备成本比泡沫镍更低。类似地，基于泡沫铜集流体的极片加工，也可以依照此加工技术路线，可用作电池或电池型电容的负极。泡沫铜自身还比较重，需要进一步改进工艺，制备超轻、高强度的泡沫铜，以促进其器件商业化。

应用于超级电容的泡沫铝和泡沫铜集流体的生产工艺仍在完善阶段，需要增强卷绕性、强度等加工性能。同时在电极制备过程中，关于极片的厚度、活性物质负载量、碾压率等问题都需要进一步探索。

本团队还探索了泡沫铝极片制备纯碳的电容的可能性，发现面载量可以达到 18~20mg/cm^2，而负载锂电正极材料时，面载量甚至可以超

过 $100mg/cm^2$。碳材料的堆积密度为 $0.3\sim0.4g/mL$，而锂电正极材料的堆积密度可达 $4\sim5g/mL$。显然，在保持泡沫铝压制条件相同时，极片的面载量与所填充材料的堆积密度呈现正相关的规律。

另外，在泡沫铝极片加工中，自然会发生部分浆料被挤压到极片表面的现象。这启发了本团队进而提出"三明治"结构的泡沫铝极片（图 7.33）。显然，在辊压工艺允许的范围内，可以将泡沫铝极片做成中间复合层。由于其表面光滑、有强度，可以进一步地黏结一些纯电极材料层。这种结构与纯铝箔上的极片相比，内部的电子传导与离子传导依然得到了强化，且在一定程度上可能实现功率密度与能量密度的调节。这种思路也可以延伸解决目前固态电池厚极片内部的传导与扩散问题。

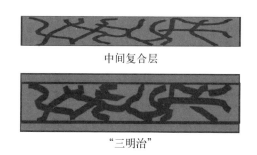

中间复合层

"三明治"

图 7.33 基于泡沫铝中间层的"三明治"极片

另外，由于泡沫集流体原始厚度为 $0.7\sim1mm$，可以容纳很多颗粒，因此具有在极片表面使用细颗粒浆料、在极片内部使用粗颗粒浆料或长径比大的材料的可能性。与铝箔极片相比，其多了更多的结构与材料的使用可能。

比如，作者使用直径为 $5\sim6\mu m$ 的非球形活性炭，利用湿法制备泡沫铝极片。图 7.34 显示了一个泡沫铝内部铝丝连接处的颗粒分布情况。可以看到，虽然铝丝的三维连接处是一个不平整的结构，但活性炭粉能够均匀涂覆在这个连接处的表面。这充分说明了泡沫铝有可以适用于多种材料加工的优势。

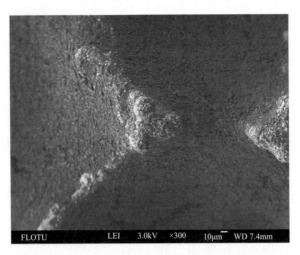

图 7.34 泡沫铝与碳材料接触的微观照片

目前，泡沫集流体极片技术的湿法工艺实现了工业化。从加工原理上来看，目前的干法极片技术需要强剪切力制粉，压制碳膜，再黏合，目前只适用于箔体极片的加工。然而，但只要剪切后，使 PTFE 与颗粒、导电剂进行均匀分散与预黏结，此技术或许也适用于泡沫集流体的灌浆，值得充分关注。另外，相比于泡沫镍、泡沫铜，泡沫铝的制备难度更大。但相关叠片式加工与连续转移工艺类似，可以借鉴。

将纳米磷酸铁锂（LFP）、活性炭（AC）、碳纳米管（CNT）混合成浆料，可以良好地填充在泡沫铝的结构中，形成电池型电容器的正极。

由图 7.35 可知，纳米磷酸铁锂颗粒的直径为 100nm，活性炭的颗粒直径为 5~6μm［图 7.35（c）使用微孔活性炭；图 7.35（d）使用介孔活性炭］，Super P 颗粒与碳纳米管则更加小。传统上这样的浆料很难混匀，且很难在铝箔上进行良好涂布，但是却可以均匀地填充泡沫铝的孔隙中，压紧后，能够与泡沫铝的铝丝进行良好的接触。该图中，纳米磷酸铁锂与活性炭的质量比例为 3∶1，为构筑高能量密度、高功率密度的电池型电容提供了基础。

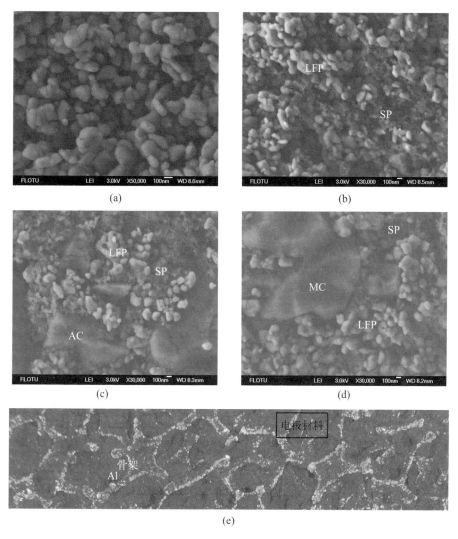

图 7.35 纳米磷酸铁锂、介孔炭与三维泡沫铝及构成的极片

7.7 柔性集流体与柔性器件的探索

目前，常用柔性集流体按材料可分为金属、碳材料、高分子材料三
大类。

Maher F. El-Kady 等通过在 DVD 上构建微型双电层电容器（图 7.36、

图 7.37），直接地证明了电极厚度对于离子输运和比容量及倍率性能的影响。研究者在 DVD 上构建以石墨烯为电极材料、氧化石墨为隔膜结构的双电层电容器，通过可控的方式改变石墨烯电极带的宽度，制备得到一系列电极厚度不等的微型双电层电容器。实验结果表明，电极厚度，即离子渗透电极材料需通过的距离越短，比容量越大，倍率性能越出色。

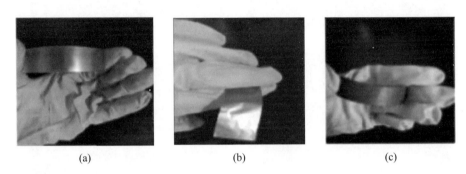

(a)　　　　　　　(b)　　　　　　　(c)

图 7.36　PET（聚对苯二甲酸乙二醇酯）、铝箔、碳纤维集流体示意图

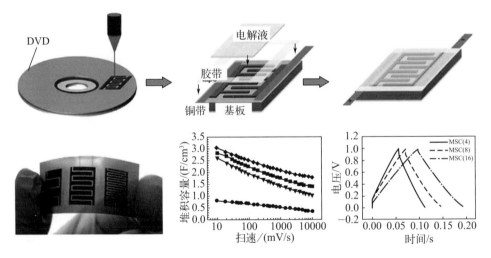

图 7.37　在柔性基底上直接构建微型双电层电容器及电容性能（另见文前彩图）

　　由以上分析可见，合理的电极材料结构，尤其是离子输运通道的设计可极大改善大充放电电流下的电容性能。

7.7.1　金属基柔性超级电容器

在传统工艺制备电极时，黏结剂影响了超级电容器的电化学性能。为了开发不需要黏结剂的金属集流体，目前学术界正在尝试不锈钢网、多孔纳米金、阵列结构镍、泡沫镍等三维层次结构的集流体，以期提供高的比表面积和良好的倍率性能，且保证良好的柔性特征和循环稳定性能，是当前柔性超级电容器金属集流体研究的方向之一。

程等成功制造了 $NiCo_2S_4/NiCo_2O_4$ 柔性不对称超级电容器，能量密度为 44.06W·h/kg，功率密度为 6.4kW/kg，且表现出优异的机械柔性和稳定性。Radha Mukkabla 等合成了聚 3，4-亚乙基二氧基吡咯包裹的硫化铋复合材料。将其沉积在柔性集流体上，结合石墨作为对电极，组装得到不对称型柔性超级电容器。其能量密度和功率密度分别高达 100.5W·h/kg 和 0.5kW/kg。

目前，金属集流体的应用研究已经较为成熟，但由于其机械柔性的限制，在柔性超级电容器上的应用还有待进一步探索。

7.7.2　碳基柔性超级电容器

碳基材料不但是双电层电容器的电极材料，而且纤维状或膜状的碳基材料［如碳纤维纸、石墨烯膜、碳纳米管（CNT）膜等］常被用作集流体材料。

赵等得到了有序的碳纤维材料，直接作为负极，其具有延长的电位窗（-1.6~0V）。随后制得的二氧化锰/碳纤维复合材料作为超级电容器正极时，具备 228.8F/g 的比容量。组装的不对称超级电容器的工作电位窗口为 0~2.0V，能量密度为 22.9W·h/kg。Murat Cakici 等应用碳纤维纺织物作为基底，在其上均匀地生长珊瑚状 MnO_2 纳米材料。所得柔性电极具有 467F/g 的高比容量。在循环 5000 次后，电容保持率高达 99.7%。然而，碳纤维复合材料也呈现拉伸强度强、剪断强度弱、对加工技术要求严格等缺点。

对于碳纳米管（CNT）基柔性膜的应用，韩国高丽大学 Kang 等将改性的 CNT 与离子凝胶电解质组装成柔性电容器，具备 70F/g 的比容量 21.1W·h/kg 的能量密度和 3.0kW/kg 的功率密度。Sanjeev K. Uj-jain 等在 PET 基底上喷墨印刷，得到了多壁碳纳米管电极，与凝胶聚合物电解质组装成全固态超级电容器。其可在 0～3V 电压下工作，比容量达 235F/g。Nousheen Iqbal 等制备的 $NiCo_2O_4$/CNT/碳纳米纤维复合柔性电极，在 1mol/L KOH 中，当电流密度为 1A/g 时，测得比容量高达 220F/g。

陈等将铜纳米颗粒和氧化还原石墨烯的混合物生长在石墨烯纸上，制得柔性电极。比容量达 335F/g，能量密度为 47W·h/kg。孙等利用聚苯胺/rGO 制备三维复合泡沫体电极，比容量达 701F/g，1000 次充电放电循环后，容量保持率为 92%。

这些柔性器件将来作为可穿戴设备用途很大，但量产工艺仍不成熟，需要大力发展。

7.8 器件封装技术与性能

7.8.1 器件封装类型及关键因素

电化学电容器的封装技术是做成器件的最后步骤，一般有纽扣式、卷绕式、方形、软包式、叠片式等几种不同的封装形式（图 7.38）。对于铝箔或铜箔型极片来说，由于箔体厚度薄，叠片式、卷绕式封装均可实现。而对于比较厚的泡沫金属极片，目前以叠片式为宜。

对于超级电容器加工来说，目前超大型或超小型双电层电容器均仍然存在挑战。比如，以前 5000F 以上的双电层电容器曾一度只用作军工用品。目前，通过方形结构突破了 10000F 的双电层电容单体。大的单体利于内部结构优化，使基于体积或质量的能量密度均有所提升。而小

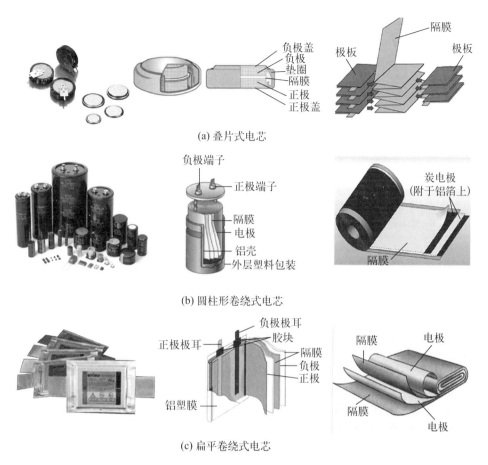

各标注:

(a) 叠片式电芯
负极盖
负极
垫圈
隔膜
正极
正极盖
隔膜
极板
极板

(b) 圆柱形卷绕式电芯
负极端子
正极端子
隔膜
电极
铝壳
外层塑料包装
炭电极
(附于铝箔上)
隔膜

(c) 扁平卷绕式电芯
负极极耳
正极极耳
胶块
隔膜
负极
正极
铝塑膜
隔膜
电极
隔膜
电极

图 7.38　三种电芯制作方式

型的超级电容器，则由于结构复杂，难以加工。目前我国刚突破了直径为 $2\sim3\text{mm}$ 的超小型双电层电容器的加工，为液态工作介质的双电层电容拓展了应用领域。

　　传统上，器件的封装属于产线技术，不受学术界重视。然而，当需要发展大功率密度的器件时，则关系到大电流的瞬时传输。较厚与大面积的全极耳可保证良好的焊接质量，提高成品率，且降低接触电阻。同时，大功率器件内的温度分布不均匀，也会导致器件老化加快，对其温度场、离子浓度场的模拟研究有利于开发特定的结构，从而指导工业设计。

另外，封装结构设计也影响器件的寿命，目前对于超大型单体设置了放气阀，用于将老化或使用过程中产生的气体及时排出，以减少气体对于液体对固体的浸润性的影响。然而，对于小型的单体，从成本与器件大小考虑，则没有这样的设置。这在一定程度上制约了小器件的性能与使用范围。

器件加工技术的不足在于，大部分工艺必须使用胶将电极材料与集流体牢牢固定。这样可以避免器件使用过程中，由于杂质或高温导致的电解液分解产气将电极材料与集流体分离或内阻显著变大。然而，这样的设计也使得电容器在报废之后很难拆解回收。这已经成为电容器、电池型电容与锂离子电池的通病，需要重视与解决。

7.8.2　器件中材料占比与性能

经过长时间的探索，目前所得碳材料在不同电解液中的性能如表 7.11 所示。

表 7.11　不同碳材料在不同电解液中的性能

电解液	电极材料	比表面积/(m²/g)	比容量/(F/g)	能量密度/(W·h/kg)
H₂SO₄	活性炭（橡胶树木）	＜920	8～139	0.1
	中间相活性炭	403～2652	50～334	0.45～2
	活性炭（樱桃核）	1130～1273	174～232	0.9～2
	活性炭（蔗渣）	1155～1788	240～300	5.9
	活性炭纳米片	2557	264	约 10
KOH	活性炭（石油焦）	792～2312	125～288	8～10
	活性炭（葵花籽壳）	619～2585	220～311	3～6
	模板活性炭	930～2060	120～180	2.7～4.2
	石墨烯纳米片	1874	276	7.3

电解液	电极材料	比表面积/(m²/g)	比容量/(F/g)	能量密度/(W·h/kg)
有机系	活性炭纤维布	1500～2500	36.5	36.5
	活性炭（樱桃核）	1130～1273	110～120	4～7
	活性炭（聚糠醇）	1070～2600	65～150	32
	活性炭（咖啡渣）	940～1021	100～134	5～40
	活化石墨烯纳米片	1874	196	54.7
离子液体	微波剥离的石墨烯	2400	166	约70
	活性炭纳米片	2557	168	约15
	活化的微波法石墨烯	3290	174	约74

由表 7.11 可知：基于材料，在水系电解液中，比容量可达 300F/g 以上；有机电解液中，比容量可达 150F/g；离子液体电解液中，比容量可达 170F/g 以上。目前商用器件中的活性炭为了产品稳定性与一致性，在有机电解液中，其电容值很少超过 140F/g。

从大量电容器件的性能统计（表 7.12）来看，2.7V EDLC 单体的能量密度为 9W·h/kg。形成模组后，并没有显著上升。对于高电压的混合型电容器来说，可以达到 20～40W·h/kg。

表 7.12 不同器件的性能统计

器件		电压范围/V	C/F	R_{ss}/mΩ	RC/s	功率密度		能量密度/(W·h/kg)
						（匹配阻抗）/(kW/kg)	/(W/kg)	
EDLC	Batscap	2.7～1.35	2680	0.2	0.54	18	2050	4.2
	DAE-China	2.7～1.35	1522	1	1.52	14.75	1522	5.79
	DAE-China	2.7～1.35	437	2	0.87	10.8	1135	5.5
	EPCOS	2.7～1.35	3280	0.45	1.48	6.75	760	4.3
	loxus	2.85～1.425	2955	0.425	1.26	8.12	1055	4.99

器件		电压范围/V	C/F	R_{ss} /mΩ	RC /s	功率密度		能量密度 /(W·h/kg)
						(匹配阻抗) /(kW/kg)	/(W/kg)	
EDLC	loxus	2.7~1.35	1327	0.53	0.7	7.29	1312	3.72
	loxus	2.7~1.35	3000	0.45	1.4	7.36	828	4.0
	loxus	2.7~1.35	2000	0.54	1.1	8.21	923	4.0
	LS Cable	2.8~1.4	3187	0.25	0.80	12.4	1400	3.7
	Maxwell	2.7~1.35	2885	0.375	1.08	8.8	994	4.2
	Maxwell	2.7~1.35	605	0.9	0.54	9.6	1140	2.35
	Nesscap	2.7~1.35	3640	0.30	1.1	8.01	928	4.2
	Nesscap	2.7~1.35	3160	0.4	1.26	4.56	512	4.4
	Nesscap	2.7~1.35	1825	0.55	1.00	8.67	975	3.6
	Skeleton	3.4~1.7	3090	0.475	1.47	15.4	1730	9
	Skeleton	2.85~1.425	335	1.2	0.40	24.2	2714	4
	Vinatech	3~1.5	342	6.6	2.26	6.32	710	5.6
	Vinatech	2.7~1.35	336	3.5	1.18	9.66	1085	4.5
	Yunasko	2.75~1.375	480	0.25	0.12	91.15	10241	4.45
	Yunasko	2.75~1.375	1275	0.11	0.13	78.12	8791	4.55
模组	DAE-China (2P×1500F，6S)	16~8	518	2.7	1.40	14.4	1518	2.43
	Nesscap (18S×3000F)	48~24	153	5.6	0.86	10.2	3980	4.28
	Nesscap	16~8 (6S×3000F)	498	2.4	1.20	36.6	1295	4.35
	Yunasko	16~8 (6S×1200F)	208	0.53	0.11	122	11000	4.4
混合 电容器	DAE-China	3.8~1.9	866	4.53	3.92	4.9	1518	12.23
	JSRMicro	3.8~1.9	1955	1.9	3.71	9.2	1038	11.2
	JSRMicro	3.8~1.9	1096	1.15	1.26	7.99	900	12.1

器件		电压范围/V	C/F	R_{ss} /mΩ	RC /s	功率密度		能量密度 /(W·h/kg)
						(匹配阻抗) /(kW/kg)	/(W/kg)	
混合 电容器	Power Systems	3.3～2.5	1778	1.5	2.67	4.32	486	8
	Yunasko	2.7～1.35	5150	1.5	7.73	30.2	3395	36.5
	Yunasko	2.7～1.35	7200	1.4	10.08	10.95	1230	26.8

注：比容量是在 60C 放电速率下测试的（对应时间为 60s）；能量密度是基于 400W/kg 下恒功率放电测试的；功率密度是按 95％脉冲效率计算而得。

目前，4V 的泡沫铝-石墨烯软包器件的容量为 100～500F。虽然是实验室产品，但仍然比 2.7V 的活性炭铝箔器件（商用）的质量能量密度高很多，在体积能量密度方面则更具优势（图 7.39）。显然，高电压器件是提高超级电容器能量密度的关键。

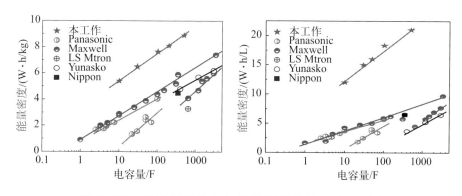

图 7.39 泡沫铝基软包与铝箔器件的能量密度对比

对于电容器来说，常要求恒功率放电性能（表 7.13）。这些数值与高功率性电池的横向对比也能够揭示出将来技术提高的方向。然而，对于实验室制备的小器件或软包来说，很少有相关报道。数据的不完整性使得无法对海量文献中的电容器件进行客观的性能评估。随着材料开发的成熟，研究重心会逐渐过渡到器件上，届时状况可能会有所改观。

表 7.13　电容器件（Nesscap，圆柱形，　2.7V，3000F）的恒功率放电性能

功率/W	质量/kg	时间/s	能量/（W·h）	能量密度/（W·h/kg）	有效容量 C_{eff}/F
100	192	84.8	2.36	4.52	3107
200	383	41.8	2.32	4.44	3055
400	766	19.7	2.19	4.20	2884
500	958	15.4	2.14	4.1	2818
700	1341	10.9	2.12	4.06	2972

注：$C_{eff}=2（W-s）/[（2.7-IR)^2-1.35^2]$，从 2.7V 放电到 1.35V。

在 EDLC 中，一般电极材料在压实后，密度约在 0.6g/mL，而电解液的密度为 1～1.2g/mL。使用活性炭电极材料时，电极/电解液的质量比为 0.4～0.5。使用纳米碳材料时，电极/电解液的质量比为 0.2～0.25。图 7.40 展示了一个小的电容器件，在不包括外壳与极耳的前提下，电极材料的质量占比仅在 15% 左右。这与器件小、外壳表面附着大量电解液相关。因此，电容器总是随着器件容量的增加（电极片增多），将外壳、隔膜、极耳的重量占比逐渐摊薄，能量密度逐渐提高。然而，即使如此，碳电极材料在器件中的重量占比也很难超过 25%。

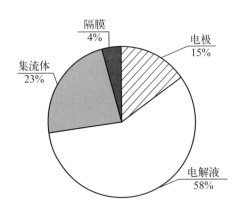

图 7.40　电容器中不同材料的质量占比图（不包括外壳与极耳，　600F 器件）

而在锂离子电池（图 7.41）中，电极材料的密度大，可达 4～5g/mL，而电解液密度也在 1～1.2g/mL。显然，锂离子电池中的电极材料的占比要大得多。把两种材料掺在一起构成的电池型电容，由于电极材料的宏观堆积密度在变，在器件中的质量占比在变，既导致了加工特性的变化，也导致了器件性能的变化（图 7.42）。

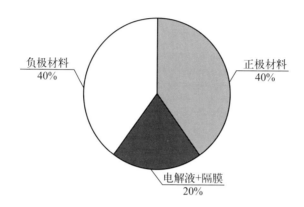

图 7.41 锂离子电池中不同材料的占比图（不包括集流体、外壳与极耳）

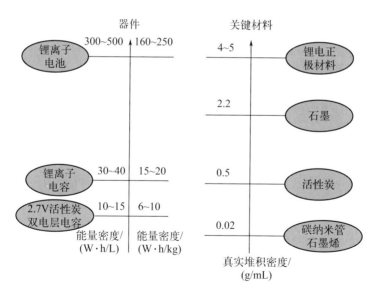

图 7.42 材料堆积密度与器件间的能量密度之间的阶梯图

由上述材料的堆积密度与在器件中的估算可知，对称型的双电层电容器的能量密度极限为 $35 \sim 40 W \cdot h/L$ 或 $18 \sim 20 W \cdot h/kg$，目前实现的范围为 $<30 W \cdot h/L$。锂离子电容器的正极为碳材料，负极为锂离子负极材料。这样可以充分发挥碳材料的电容值，器件能量密度约为双电层电容器的 2 倍，但目前实现的值约为 $23 W \cdot h/kg$。电池型电容器是电池材料与电容材料的混合体，而电池材料的能量密度常是电容材料的 $8 \sim 15$ 倍。因此，随着工艺的不同，很难给出电池型电容器的性能界定。目前而言，实现纯电池器件 50% 的电池型电容，兼具了能量密度与功率密度，以及寿命的要求，从而在用作纯动力源，驱动公交车或有轨电车方面，有效地拓展了市场。

7.9 预嵌锂技术

在锂离子电容器、混合型电容器以及电池型电容器中，只要涉及锂离子在正负极迁移的器件，都会不可避免地涉及锂的无效沉积，导致库仑效率下降、功率下降与能量密度下降、寿命缩短。因此，预嵌锂工艺逐渐成为这些器件在商用时必不可少的保证产品质量与性能的技术。

该技术起源于日本，刚开始是锂离子电容器的核心工艺，最近在锂离子电池行业也逐渐兴盛。

表 7.14 列出了日本公司生产的部分锂离子电容器产品的参数。负极预嵌锂的方法主要有内部短路法、钝化锂粉补锂法、金属锂带补锂法、含锂化合物掺杂法和电化学嵌锂法。内部短路法是通过在电容器内部放置金属锂电极，并将其与负极焊接在一起，在电化学势的驱动下，金属锂逐渐溶解在电解液中，然后锂离子输运至负极并嵌入负极活性材料中。日本富士重工业和 JM Energy 等公司采用该方法，但嵌锂用时较长（$10 \sim 30$ 天），且嵌锂量是通过控制金属锂电极的质量来实现的，嵌锂过程和负极电位监测困难。钝化锂粉补锂法是将钝化锂粉压覆在负极表面，或在干法制备极片时掺入负极实现锂掺杂。目前仅富美实

（FMC）、3M 等少数公司掌握该工艺，价格较昂贵。金属锂带补锂法是将金属锂箔覆盖在负极表面，然后卷绕制成电池。该工艺控制比较困难，生产过程存在安全隐患，需要控制好金属锂片的厚度和质量，避免负极补锂过量、电芯出现析锂和循环性能变差等问题。含锂化合物掺杂法是利用"摇椅机制"在正极掺入含锂化合物，充电后锂从正极脱出并嵌入负极达到锂掺杂的效果。三电极电化学预嵌锂工艺是在器件内设置金属锂箔作为准参比电极和锂源，注液和封口后以负极作为工作电极、以金属锂作为对电极，通过电化学放电的方法使锂从金属锂电极输运至负极，达到预嵌锂的目的，在封装时将残余的锂电极取出。该工艺的优点是嵌锂量直观、可控，并可以监测化成及电化学测试过程中正极和负极电位及其演变。中国科学院电工研究所、中车青岛四方车辆研究所、上海奥威科技开发有限公司最近发展了锂离子电容器技术，器件能量密度达到 20W·h/kg，并逐渐用于小型电动车或电动自行车的展示。

表 7.14 日本锂离子电容器企业产品参数

公司名称	电压 /V	容量 /F	直流内阻 /mΩ	工作温度 /℃	质量能量密度 /(W·h/kg)	体积能量密度 /(W·h/L)	循环寿命
JMEnergy	2.2～3.8	3300	1.0	−30～70	12	20	10 万次
AFEC	2.0～4.0	约 2000	约 1.5	−25～80		18	10 万次
太阳诱电	2.2～3.8	200	约 50AC	−25～70	10	20	10 万次
新神户电机	2.2～3.8	1000	3.5	−15～80		10	

由于预嵌锂工艺的操作安全性要求严格，且对操作环境要求高（尽量隔绝氧与水分），因此呈现出专业化、大型化的态势。目前，由于新能源产业的巨大需求，要求锂离子电池既具有快充特性，又具有超高储能特性。混合型电容器及锂离子电池的各种预补锂技术在产业中得到了长足发展。

参考文献

[1] Yu K J，Chung H，Kim M S，et al. Enhancement of CNT/PET film adhesion by nano-scale modification for flexible all-solid-state supercapacitors [J]. Applied Surface Science，2015，355：160-165.

[2] Ujjain S K，Ahuja P，Bhatia R，et al. Printable multi-walled carbon nanotubes thin film for high performance all solid state flexible supercapacitors [J]. Materials Research Bulletin，2016，83：167-171.

[3] Iqbal N，Wang X F，Ahmed Babar A，et al. Highly flexible $NiCo_2O_4$/CNTs doped carbon nanofibers for CO_2 adsorption and supercapacitor electrodes [J]. Journal of Colloid & Interface Science，2016，476：87-93.

[4] Geim A K，Grigorieva I V. Van der Waals heterostructures [J]. Nature，2013，499(7459)：419-425.

[5] 张敬捧，关咸善，宗继月. 一种锂离子电池正极功能涂层及其制备方法：CN102757700A [P]. 2012-10-31.

[6] 黄佳琦. 碳纳米管阵列的制备、组装及其在电化学储能中的应用 [D]. 北京：清华大学，2012.

[7] 张敬捧，关咸善，宗继月. 一种锂离子电池正极功能涂层及其制备方法：CN102757700B [P]. 2014-12-03.

[8] 易炜，郭春雨，牛永芳，等. 超声波混浆对活性炭电极电容性能的影响 [J]. 电源技术，2013，37(07)：1163-1166.

[9] 胡学斌，秦少瑞，张哲旭，等. 柔性超级电容器的研究进展 [J]. 电力电容器与无功补偿，2016，37(5)：78-82.

[10] 杜金风，王海洋，韩慧敏，等. CNTs基柔性和可拉伸超级电容器的研究进展 [J]. 广东化工，2016，43(23)：66-68.

[11] Chen Y X，Chuang P C，Wang R C. Cu particles induced distinct enhancements for reduced graphene oxide-based flexible supercapacitors [J]. Journal of Alloys and Compounds，2017，701：603-611.

[12] 阮殿波，王成扬，杨斌，等. 双电层电容器电极平衡技术的研究 [J]. 中国科学：技术科学，2014，44(11)：1197-1201.

[13] 阮殿波，王成扬，杨斌，等. 有机系超级电容器漏电流性能的研究 [J]. 中国科学基金，2014，28(03)：206-208.

[14] Sun H，She P，Xu K L，et al. A self-standing nanocomposite foam of polyaniline@reduced graphene oxide for flexible super-capacitors [J]. Synthetic Metals，2015，209：68-73.

[15] Skeleton Technologies GmbH. Data Sheet 02-SCA-170525-1C [R]. Estonia，Germany：Skeleton Technologies GmbH，c2017.

[16] Ba D L，Li Y Y，Sun Y F，et al. Directly grown nanostructured electrodes for high-power and high-stability alkaline nickel/bismuth batteries [J]. Science China Materials，2019，62

(4)：487-496.

[17] 阮殿波，王成扬，王晓峰，等．超高功率型双电层电容器的研制［J］．电池工业，2011，16(04)：195-200.

[18] 阮殿波，陈宽，傅冠生．超级电容器用石墨烯基电极材料的进展［J］．电池，2013，43(6)：353-356.

[19] 阮殿波，王成扬．超级电容器用炭电极材料的研究进展［J］．电源技术，2015，39(9)：2024-2027.

[20] 阮殿波，王成扬，王晓峰．高比能量混合型超级电容器的研制［J］．电池，2012，42(2)：91-93.

[21] Maxwell Corp. Data Sheet-HC Series Ultracapacitors 10113793.9［R］. San Diego，USA：Maxwell Corp，2018.

[22] Nippon Chemi-con Corp. CAT. No. E1009E［R］. Tokyo，Japan：Nippon Chemi-con Corp，2018.

[23] Ls Mtron Ltd. Document number：V01 _ 170529［R］. Tokyo，Japan：Ls Mtron Ltd，2018.

[24] Balducci A，Belanger D，Brousse T，et al. Perspective-A guideline for reporting performance metrics with electrochemical capacitors：from electrode materials to full devices［J］. Journal of The Electrochemical Society，2017，164(7)：A1487-A1488.

[25] 邱景义，曹高萍，余仲宝．串联超级电容组合的保护电路：CN105896478A［P］. 2016-08-24.

[26] 杨裕生，李晓忠，余荣彬，等．一种方形电池及电容器：CN210606978U［P］. 2020-05-22.

[27] 杨裕生，邱景义，余仲宝，等．一种表面涂布导电炭层的电极及其制备方法：CN105895855A［P］. 2016-08-24。

[28] Yang Z F，Tian J R，Ye Z Z，et al.，High energy and high power density supercapacitor with 3D Al foam-based thick graphene electrode：Fabrication and simulation［J］. Energy Storage Materials，2020，33：18-25.

[29] Chen H，Qian W Z，Xie Q，et al. Graphene-carbon nanotube hybrids as robust，rapid，reversible adsorbents for organics［J］. Carbon，2017，116，409-414.

[30] 余云涛．基于单壁碳纳米管的高电压超级电容器性能研究［D］.北京：清华大学，2016.

[31] 田佳瑞．基于石墨烯-离子液体的高电压双电层电容器规律研究［D］.北京：清华大学，2019.

[32] 骞伟中，金鹰，崔超婕，等．双电层电容器及其制备方法：CN111554524A［P］. 2020-08-18.

[33] 骞伟中，薛济萍，田佳瑞，等．可方便拆解回收的超级电容、制作方法及拆解回收方法：CN107134371A［P］. 2017-09-05.

[34] 骞伟中，田佳瑞，余云涛．一种超级电容器及其制备方法：CN105869913A［P］. 2016-08-17.

[35] 骞伟中，田佳瑞，余云涛．一种基于碳纳米材料的超级电容器及其制备方法：CN105869918A［P］. 2016-08-17.

［36］叶珍珍，陈鑫祺，汪剑，等．离子液体型超级电容器软包高温老化性能评测研究［J］．化工学报，2021，72(12)：6351-6360.

［37］Ye Z Z，Zhang S T，Chen X Q, et al. Carbon-Al interface effect on the performance of ionic liquid-based supercapacitor at 3 V and 65℃［J］．Journal of Electrochemistry. DOI：10.13208/j. electrochem. 2219005.

［38］叶珍珍，陈鑫祺，张抒婷，等．离子液体型双电层电容器在45℃和3V状态下的长周期运行研究［J］．发电技术，2022，44(2)：213-220.

［39］El-Kady M F，Strong V，Dubin S，et al. Laser Scribing of High-Performance and Flexible Graphene-Based Electrochemical Capacitors. Science［J］. 2012，335(6074)：1326-1330.

［40］El-Kady M F，Kaner R B. Scalable fabrication of high-power graphene micro-supercapacitors for flexible and on-chip energy storage［J］. Nat Commun，2013，4：1475.

［41］Cheng S，Shi T，Huang Y，et al. Rational design of nickel cobalt sulfide/oxide core-shell nanocolumn arrays for high-performance flexible all-solid-state asymmetric supercapacitors［J］. Ceramics International，2016，43(2)：2155-2164.

［42］Mukkabla R，Deepa M，Srivastava A K. Poly（3，4-ethy-lenedioxypyrrole）enwrapped Bi_2S_3, nanoflowers for rigid and flexible supercapacitors［J］. Electrochimica Acta，2015，164：171-181.

［43］Zhao C J，Ge Z X，Zhou Y N，et al. Solar-assisting pyrolytically reclaimed carbon fiber and their hybrids of MnO_2/RCF for supercapacitor electrodes［J］.Carbon，2017，114(4)：230-241.

［44］Kang Y J，Chung H，Kim M S，et al. Enhancement of CNT/PET film adhesion by nano-scale modification for flexible all-solid-state supercapacitors［J］.Applied Surface Science，2015，355：160-165.

第**8**章

电容器的储能应用

8.1 超级电容器的性能与应用场合

超级电容器具有充放电速度快、使用寿命长、适用温度范围宽、安全可靠性高等特点，使得其在诸多应用领域具备明显优势，在汽车、轨道交通、工业自动导向车（AGV）、电网及电力设备、仪器仪表和传感器、数码电子、智能家电、电动工具、通信设备、工程机械、船舶、航天军工等领域已经得到广泛应用，并处在一个高速增长阶段。显然，这些应用与超级电容器的单体性能以及形成的模组是直接相关的。

对于在仪器仪表和传感器、数码电子、智能家电、电动工具、通信设备等上面的使用，主要是在高功率下能够有一定的储能特性，使得数据读写操作具有可以满足要求的延时，因此这类器件的共同特性是：器件体积小，能量密度或器件储能的绝对值要求不是太高。然而，对于风电变桨、势能回收等应用，就具备了显著的储能特性。而发展到各种车辆的启停乃至续航，就对传统超级电容器的能量密度提出了更高的要求。

根据国内市场预测，交通运输用超级电容器将是支撑整个行业高速发展的重要动力，占 50% 左右。在工业、清洁能源和军事领域占比分别在 30％、10.5％与 8％左右（表 8.1）。

表 8.1　超级电容器在各领域的应用

领域	应用场景	适用电容器种类	占比与发展趋势
交通运输	混合动力汽车、电动汽车、车辆低温启动、轨道车辆能量回收、航空航天、电动叉车、起重机、港口设备	电池型电容器为主，双电层超级电容器次之	＞50％
工业	变配电站（智能电网）、石油钻井、直流屏储能系统、应急照明灯储能系统 UPS，通信设备、远程抄表、电梯、智能三表、税控收款机、电动玩具、便携式除颤器、电动工具	双电层超级电容器为主	30％
清洁能源	太阳能、风能	双电层电容器为主	＞10.5％
军事领域	战车混合电传动系统、舰用电磁炮、坦克低温启动	电池型电容器为主，双电层超级电容器次之	8％

从应用市场角度分析，新能源市场发展潜力大，门槛适中，适合大力发展；智能电网市场的发展受制于智能电网投资，但具备一定的增长潜力；消费电子市场量大面广，应用领域众多，但增长潜力有限，竞争激烈。目前来看，新能源汽车市场竞争激烈，超级电容器在新能源汽车领域的应用最为迅猛。经过中国超级电容产业联盟统计，从 2010 年至今，中国的超级电容市场每年的增长率在 20％～25％。随着"十三五"与"十四五"国家政策扶持力度的加大，超级电容器的未来发展潜力巨大。

双电层超级电容器由于寿命长、功率大，在风电、势能回收及高功率应用等领域具有显著的优势，长期占据着超级电容器市场的主流地位。不同公司产品的技术参数如表 8.2 所示。

表 8.2　100～500F 商用双电层电容器的性能对比

公司	松下	NIPPON chemi-con	Maxwell	SPSCAP	Skeleton	LS Mtron		VINATech	
质量能量密度/(W·h/kg)	4.1	4.5	4.6	5.5	5.1	5.2	6.8	6.25	6.5
体积能量密度/(W·h/L)	5.7	6.5	5.9	6.9	7.1	6.8	8.8	7.3	7.9
功率密度/(kW/kg)	—	—	2.7	—	80	—	—	—	—
内阻/mΩ	<10	8	15	4	0.24	9	3	10	45
额定电压/V	2.7	2.5	2.85	2.7	2.85	3	3	3	3
电容/F	100	350	100	400	500	100	480	100	500
形式	卷绕								
质量/g	25	90	22	74	111	23	88	20	96
直径/mm	18	35	22	35	40	22	35	22	35
长度/mm	70	65	45	61.7	63	46	71	45	82
体积/L	0.018	0.063	0.017	0.059	0.079	0.017	0.068	0.017	0.079

原来的双电层超级电容器的大型单体以 3000F 为主。单体超过 6000F 的双电层超级电容器定义为军工用途。但随着车用市场的兴起，单体的容量逐渐超过了 9000F 甚至更大容量的趋势发展。单体尺寸增大，器件的能量密度也适当增大，目前商用双电层超级电容器单体的能量密度可达 9～10W·h/kg，相关模组可以能够提供较大的能量。

8.2　车载应用实例

8.2.1　再生制动系统方面的应用

在轨道交通领域，双电层电容器具有快速吸收和释放能量的能力，比其他储能器件更适合于实现再生制动。列车启动、制动频繁，利用双电层电容器可将再生制动产生的能量储存起来，该能量一般为输入牵引能量的 30％，甚至更多。

国际上双电层电容器已经实际应用于轨道交通再生制动能量回收存储系统中，主要有西门子公司的 SITRAS SES 系列和庞巴迪公司的 MI-TRIC 系列。SITRAS SES 超级电容能量回收系统已先后在许多国家的轨道交通路线上得到了应用，MITRIC 超级电容器能量回收系统也在加拿大投入了使用。如图 8.1（a）所示，未装备线路节能器的线路功率见区域①，制动电阻功率见区域②。图 8.1（b）所示为装备线路节能器后的功率/速度-时间曲线，其中区域①为线路功率区域，区域②表示的是节能器功率区域。通过对比图 8.1（a）、（b）中的线路功率、制动电阻功率及节能器功率曲线，可得出线路峰值功率需求降低了 40％左

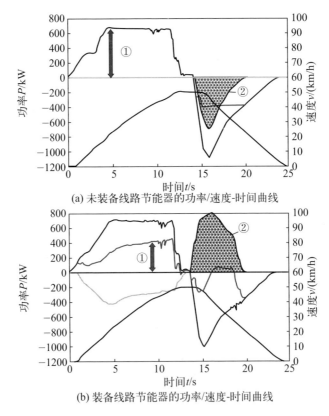

(a) 未装备线路节能器的功率/速度-时间曲线

(b) 装备线路节能器的功率/速度-时间曲线

图 8.1 功率/速度-时间曲线

右、能量节约率为 30% 左右。正是由于双电层电容器可以存储非常高的能量且可以实现快速释放，从而可以在轨道车辆制动时储存电能，当列车再次启动时，将这部分能量再次利用，降低列车运行能耗。

另外，为了减轻车重、减少该系统占用的车辆空间，也可将制动能量回收模块放置于牵引站内，即线路储能系统。目前，韩国 Woojin 工业系统公司针对传统受电式地铁配电站开发出了双电层电容线路储能系统（energy storage system，ESS），见图 8.2。

图 8.2 线路储能系统（ESS）

在车辆制动的过程中，回馈能量通过供电线路被输送至配电站并储存在超级电容器储能系统中，牵引时，电能从超级电容器释放出来。这样既减少了配电站的电能消耗，也降低了车辆频繁启动时对网压造成的波动。同时实现牵引、制动能量循环高效利用，避免制动电阻消耗和机械制动生热产生的环境污染。从图 8.3 中可以看出，储能系统（ESS）投入使用后，可以将接触网压降低 12%。

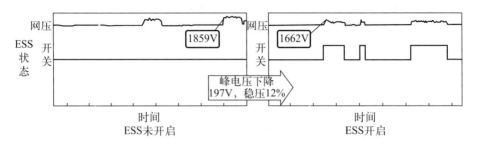

图 8.3 储能系统（ESS）运行前后对接触网压的稳定效果对比

图 8.4 为某公司 2010 年 7 月至 2011 年 4 月这段时间内车辆加装 ESS 和车辆未加装 ESS 运行能耗统计数据，根据该公司对这段时间内车辆运行能耗的统计分析，节能率为 11.9%～21.7%。

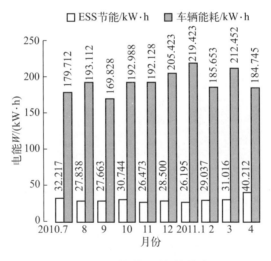

图 8.4 储能系统节能率

8.2.2　城轨车辆动力电源方面的应用

双电层电容器具有高功率密度，因此适合在大电流场合应用，特别是高功率脉冲环境，可更好地满足使用要求。作为城轨车辆的主动力源，双电层电容器可以经受车辆启动的高功率冲击、制动尖峰能量全回馈的高功率冲击以及大电流快速充电的高功率冲击，适应城轨车辆的在站快速充电、强启动和制动能量的回收。同时，相比其他储能器件而言，双电层电容器的长寿命、免维护、高安全性以及环保的特性使得双电层电容器成为城轨车辆动力源的最佳选择。

目前，国外已有一些使用双电层电容器作为动力源的轻轨车辆的例子。西班牙 CAF 研制出了用于部分线路无接触网的超级电容轻轨车辆，运营于西班牙的萨拉戈萨。2013 年 1 月，CAF 公司获得高雄捷运轻轨批量订单，为其提供全线路无接触网超级电容车。

我国在研制双电层电容器主动力源的有轨电车及无轨电车方面也有大的突破。2013 年，中车株洲电力机车有限公司开发出了储能式轻轨车（图 8.5），整车采用双电层电容器作为储能元件，车辆能够脱离接触网运行。车站设有充电系统，充电最高电压 DC 900 V，充电最长时间约 30 s，车辆减速时，制动能量回馈至超级电容器。线路无供电接触网，既美化了景观，又降低了供电网的建设和维护成本，同时可在车辆制动时回收能量，其能耗较传统车辆降低 30% 以上。

图 8.5 储能式轻轨车辆

2014 年，该类储能式现代有轨电车在广州海珠线上投入运行（图 8.6），是首次采用双电层电容器的 100% 低地板有轨电车（三动一拖四模块编组），车辆长度约 36.5m，最大载客量为 368 人，最高运行速度为 70km/h，平均站台充电时间约为 10s（表 8.3）。

图 8.6 广州海珠线储能式有轨电车

表 8.3 宁波中车用于广州海珠线储能式有轨电车的系统参数

储能系统参数（宁波中车）		车辆运行参数	
储能电量/kW·h	20	供电制式	站台区快速充电<30s
工作能量/kW·h	16	供电电压/V	DC 900
最大充电电流/A	2800	储能器件	7500F 超级电容
制动效率/%	85	地板高度/mm	350
制动能量回收率/%	30	最高速度/（km/h）	70
充电时间/s	20	最大坡道	80%
满载运行/km	3	最大载客量	380
		线路距离/km	7.7
		站点数量	10
		运行线路	广州海珠线

另外，美国 Maxwell 公司所开发的超级电容器已在各种类型的电动车上都得到了良好应用，其开发的 500V 有轨电车用系统一般用于有网区间的工况，单个 125V 组件参数见表 8.4。本田公司在其开发出的第三代和第四代燃料电池电动车 FCX-V3 和 FCX-V4 中使用超级电容器

取代二次电池，减少了汽车的重量和体积，使系统效率增加，同时可在制动车时回收能量。测试结果表明，使用超级电容器时燃料效率和加速性能均得到明显提高，启动时间由原来的 10min 缩短到 10s。此外，法国 SAFT 公司、澳大利亚 Cap-XX 公司、韩国 NESS 公司等也都在加紧电动车用超级电容器的开发应用。

表 8.4　Maxwell 轨道交通用超级电容器参数表

性能参数	K2 单体	48V 模块	125V 模块
电容量/F	650～3400	83～165	63
电压/V	2.70～2.85	48	125
内阻/mΩ	0.28～0.8	6.0～10	18
漏电流/mA	1.5～18	3.0～5.2	10
能量密度/（W·h/kg）	4.1～7.4	2.6～3.9	2.3
功率密度/（W/kg）	12000～14000	5600～6800	3600

此外，上海奥威自 2013 年进入轨交领域开始，已在武汉东湖、滇南红河、沈阳浑南和成都等地交付了逾百辆有轨电车，其自主开发的高能量超级电容产品可实现快速补电和站点间隔较长的优势，涉及各种方式的供电模式，积累了丰富的经验。

据统计，目前国内使用超级电容器的有轨电车开通里程 65.68km，占无网供电的 79.77%。开通运营的城市有：江苏淮安、广州海珠、南京麒麟、沈阳浑南、深圳龙华、武汉大汉阳、华为松山湖、云南弥勒等。宁波中车、上海奥威在有轨电车方面的应用比较成熟。尤其是在全程无触网的线路上，宁波中车在国内共计改装 12 列线路，总共 80 列车辆在运行，上海奥威开发的能量型超级电容器有独特的优势，目前已经在多条线路上投入使用。如图 8.7 所示是国内使用超级电容器的有轨电车典型线路。

(a) 淮安

(b) 武汉光谷量子号

(c) 武汉大汉阳

(d) 南京麒麟

(e) 深圳龙华

(f) 沈阳浑南

图 8.7　国内使用超级电容器的有轨电车典型线路

8.2.3　公交线路（无轨）应用

2004 年，上海奥威开发的国内首台超级电容器电动客车（水系电解液）下线，2006 年部分公交线路投入运营，一直到 2010 年世博大道公交车的示范运营。2010 年 5 月，61 辆超级电容公交车在世博会上应用，经历了 103 万人/日入园客流和高温、暴雨、雷电等恶劣天气的考验，安全运行六个月，共运行 120 多万千米，运送客人 4000 多万人次。

2012 年后，上海奥威推出新型高能量超级电容器，能量密度超过 50W·h/kg，最高甚至达到 90W·h/kg，成功开拓了海外市场，包括以色列特拉维夫、白俄罗斯明斯克、保加利亚索菲亚、塞尔维亚贝尔格莱德、奥地利格拉茨、意大利都灵、俄罗斯莫斯科等，充分证明了超级电容公交车自身的市场竞争力。

宁波中车新能源公司推出 7500～12000F 的较大体积的有机电解液储能用超级电容器，无轨电车是由浙江中车电车公司开发，全国首条超级电容器储能式无轨电车已在 2014 年底投入运营。整车采用双电层电容器作为储能元件，全程电力牵引，站台区受电，无架空网，可提供良好的城市景观。充电站设有由双电层电容器组装而成的储能式充电站，确保无轨电车到站利用乘客上下车时间快速完成充电。充电最长时间约 30s，充电后一次性行驶 5～7km。车辆减速时，制动能量回馈至双电层电容器，可回收制动能量的 85％以上。目前在宁波公交约有十几条公交线路，近 600 辆车在运行。

能量超级电容器快充城市客车中间不需要充电，可大幅节约基建费用、土地成本和建设周期。这种分散式供电、就近取电，利用发车间隙的时间碎片充电的运营模式深受用户喜爱。车辆可以"即充即走"，其运营方式和车辆调度基本上与传统柴油客车相同，十几年的运营实践有力地证明了超级电容公交运营系统行之有效。

通常来说，以柴油为动力的大巴车（12m），每年平均排放 28～32t CO_2 和 $0.75～1.25t NO_x$，以及 $0.05～0.1t PM_{2.5}$。以汽油为动力的大巴车（12m），每年平均排放 25～30t CO_2 和 $0.4～0.8t NO_x$，以及 $0.03～0.05t PM_{2.5}$。我国目前在线运营公交客车 20 万辆，年更换 6 万辆。假设全部使用超快充储能式纯电动客车进行替代，则每年可节约 5.84 亿度电，减少 CO_2 排放 6700000t。

另外，超级电容器电动大客车能量回收效率高，紧急制动能量回收高达 75％；而铅酸电池能量回收率仅为 5％。因此，超级电容器的电动客车可节约大量燃料。

8.2.4 车辆低温启动等方面的应用

电动汽车的动力源包括铅酸电池、镍氢电池、锂离子电池以及燃料电池等。普通电池虽然能量密度高、行驶里程长，但是其存在充放电时间长、无法大电流充电、工作寿命短等不足。同时，内燃机车、卡车等重型运输车辆在寒冷地区启动时，蓄电池性能大大下降，很难保证正常启动。而双电层电容器具有功率大、充电速度快、制动能量回收效率高的优点。同时，双电层电容器工作温度范围是 40~65℃，在低温环境下有较强的放电能力。当车辆处于低温环境时，将二者组成混合动力系统，通过双电层电容器与蓄电池并联来辅助车辆启动，可以确保启动时提供足够的启动电流和启动次数。同时，此过程避免了蓄电池的过度放电现象，对蓄电池起到极大保护作用，延长蓄电池的寿命。在电动汽车或混合动力汽车的加速过程中，双电层电容器可以通过提供瞬时脉冲功率，极大地减少燃油消耗及提高电池使用寿命(图 8.8)。

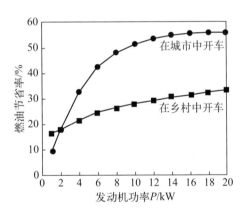

图 8.8 发动机功率-燃油节省率曲线

8.2.5 其他特殊车辆的应用

随着国家"工业 4.0"的持续推进，人们对车辆在自动化程度、节能、环保等方面的要求越来越高。此时，自动化生产过程的无线供电模式无人车、机场摆渡车、河口渡船等固定工作线路模式的特殊车辆的研究受到了广泛的关注。这类车辆工作线路固定、运行里程较短、运行频次较高、使用环境差异较大，使双电层电容器成为其优质动力电源。

日本富士重工 SUBARU 技术研究中心推出了锂离子电容器技术后，日本在许多公司（包括 JM Energy、日本 FDK 公司、太阳诱电、新神户电机、东芝等）都先后开发出快速充电型、耐高温型、小型化等多类型产品，以适应不同的应用场合。其中以 JM Energy 为代表，其锂离子电容器产品的工作电压为 $2.2 \sim 3.8V$，能量密度为 $10 \sim 20W \cdot h/kg$。日本旭化成电子在 2013 年 2 月东京"第三届国际充电电池展"上展出了采用 $15W \cdot h/kg$ 锂离子电容器的高尔夫车。

日本贵弥功在"Ceatec Japan 2016"上展示了利用双电层电容器（超级电容器）无线供电的无人搬运车（AGV），该产品在大阪变压器公司开发的 AGV 用无线供电系统"D-Broad CORE"中组合了电容器单元。这款 AGV 小车选用日本贵弥功公司生产的高功率圆柱形 1200F 双电层电容器，将其串联成 15F/66.7F 的电源模块，配上受电单元、DC/DC 转换器后从侧面进行无线供电。测试结果表明：充电约 10s，AGV 车辆可向前移动 3m 左右，然后回来再充电，如此反复。该无线供电系统是将三相 200V 的交流电源转变成 85kHz 交流电进行无线供电，充电效率达到了 86%。无线供电的无人搬运车的无线供电系统设备如图 8.9 所示。由于采用双电层电容器的无线供电可瞬间充电，因此可以一边在生产线上快速充电一边行驶，可实现 24h 连续行驶。另外，由于电容器的寿命长，还可以降低生产运行成本。

由中国船舶重工集团第七一一研究所承建了世界上首艘运用超级电容、双全回转推进器的车客渡船（"新生态"轮，图 8.10），并于 2022 年 9 月底完成建造并交付崇明生态交通集团下属上海市客运轮船有限公司运营。"新生态"轮由钢材质构成，总长 65m，型宽 14.5m，型深 4.3m，载重量 210t，核定载客 165 人，可装载 30 辆中小型车或 14 辆大车。与传统以柴油机为主推进动力的常规车客渡船相比较，"新生态"

图 8.9 无线供电的无人搬运车的无线供电系统设备

轮运行一年预计可节省燃料成本 87 万元左右，每年可减少 730t 的 CO_2 排放。

图 8.10 使用超级电容器的渡船（"新生态"轮）

8.2.6 超级电容器在小汽车上的应用

目前，兰博基尼已经在跑车中使用超级电容器提供瞬间启动动力。中国的红旗轿车（H7、H9 系列）已经有几十万辆车使用超级电容器。但将超级电容器用于更加便宜的、更加大众的 A 级车与 B 级车，需要进一步降低成本与提高体积能量密度。

燃料电池是未来清洁能源车的发展方向。然而，燃料电池能量密度虽高，但由于液体燃料电氧化与氧电还原反应动力学过程慢，其功率密度较低。2018 年，中国科学院大连化学物理研究所设计并构筑了一种基于赝电容材料聚苯胺和电催化材料 Pt/C（阴极）或 PtRu/C（阳极）的新型双效电极，借此构建了原位直接甲醇燃料电池与超级电容器复合电源。该复合电源借助聚苯胺在阴极（氧电还原反应）与阳极（甲醇电氧化反应）电位区间可发生氧化/还原态转变的特性，实现了超级电容器原位自充电。得益于聚苯胺快速的赝电容放电特性，复合电源的脉冲放电性能大幅提升，单体电池功率密度可达 4kW/kg，较传统单纯的甲醇燃料电池提高了 80% 以上。同时，甲醇的持续供给保障了复合电源的高能量密度，实现了化学电源高功率密度和高能量密度两者兼得。

未来，以氢气为动力源的氢燃料电池汽车越来越受关注。专家们预测，使用超级电容与氢燃料电池的联立系统，用氢燃料电池续航，用超级电容器可以提供启动瞬时动力与刹车回收能量，是最佳组合之一。

在中国超级电容产业联盟的组织下，我国逐渐制定了超级电容器用于各类储能领域的团体标准与行业标准（部分标准见表 8.5），规范了超级电容器的应用，极大地促进了行业的健康与快速发展。

表 8.5   超级电容器领域标准情况

序号	名称
1	QC/T 741—2014《车用超级电容器》
2	QC/T 925—2013《超级电容电动城市客车 定型试验规程》
3	QC/T 839—2010《超级电容电动城市客车供电系统》
4	QC/T 838—2010《超级电容电动城市客车》
5	GB/T 34870.1—2017《超级电容器 第 1 部分：总则》
6	GB/T 25121.3—2018《轨道交通 机车车辆设备 电力电子电容器 第 3 部分：双电层电容器》
7	《车用超级电容器系统测试规程》
8	《轨道交通用双电层超级电容器规范》
9	《道路交通牵引用双电层超级电容器规范》
10	《轨道交通牵引用双电层超级电容器规范》
11	《轨道交通线路能量储存用双电层超级电容器规范》

8.3　光伏路灯应用案例

清洁能源（如太阳能光伏）非常依赖日照强度，只有达到一定的光照强度，达到一定启动电压后锂离子电池才能启动储电操作。然而现实环境中，低光照强度的场景（阴天或太阳斜照等）更多，低品位的光伏能更多，超级电容器具有比锂离子电池更低的启动电压，因此就显出了优势。

充足照明是城市化进程中的重要环节，城市道路需要全天候环境的电力供应与定时照明。钛酸锂与活性炭组成的电池型电容（内阻<0.49mΩ，额定电压 2.7V，充电倍率 15C，循环寿命>3 万次）已经实现了对短寿命的锂离子电池在光伏照明领域的替代应用（图 8.11）。

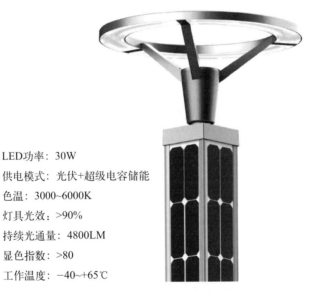

LED功率：30W
供电模式：光伏+超级电容储能
色温：3000~6000K
灯具光效：>90%
持续光通量：4800LM
显色指数：>80
工作温度：−40~+65℃

图 8.11　光伏+超级电容器储能路灯及其技术参数

超级电容器光伏路灯由于采用了最新的 LED 灯，具有最新电源管理技术平滑光伏＋超级电容器储能系统的充放电特性，因此质保期可达 10 年，显著优于传统太阳能路灯（使用锂离子电池），节省了更换的人工成本，同时比电力照明路灯施工简单、省电费，而且无污染（表 8.6）。

表 8.6 超级电容器光伏路灯与其他路灯对比表

项目	超级电容器光伏路灯	传统太阳能路灯	电力照明路灯（400W）
电缆	无	无	有
箱式变电站等	无	无	有
控沟埋管	无	无	有
质保期/年	10	2～3	10
维护费用 /[元/（盏·年）]	无	无	300～500
能源消耗 /[kW·h/（盏·年）]	无	无	>1750
电费 /[元/（盏·年）]	无	无	>1500
绿色环保	环保	蓄电池污染	非清洁电的碳排放
连续阴雨天正常照明/天	365	3～5	365
低温环境照明	正常照明	无法正常照明	正常照明

目前，该类光伏＋超级电容器路灯已经有百余项应用案例。比如，延崇高速是京津冀一体化高速通道之一 [图 8.12(a)]，也是 2019 年世园会园区道路和 2022 年冬奥会赛场的重要联络通道。超级电容器光伏路灯作为交通运输部第一批绿色公路建设典范工程，2019 年元旦已经投入使用。同时，该产品也用于北京首条自行车专用道路 [图 8.12(b)] 以及一些双向 6 车道的高速公路上的照明 [图 8.12(c)]。

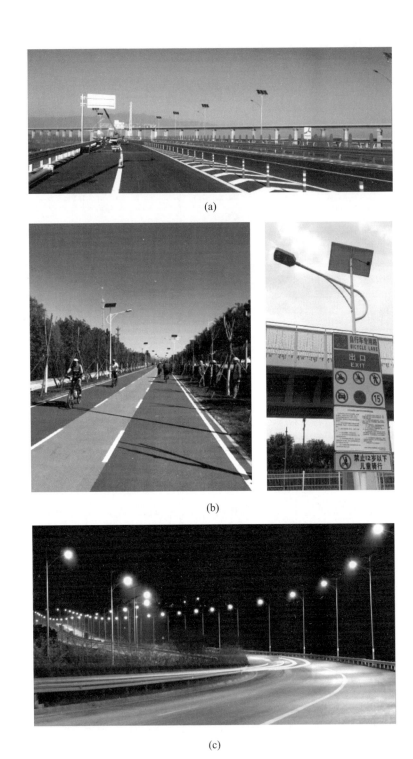

(a)

(b)

(c)

图 8.12 超级电容光伏路灯在延崇高速上的应用

8.4 高楼大厦的电梯运行节能

电梯运行能耗在楼宇中排第二位，而建筑节能又是碳减排的重点领域。因此，电梯运行节能也是超级电容器应用的重点关注领域。电梯属于随机点击后的及时拖动系统，常采用变频调速方式运行。电梯高速运行时具有很大的机械能，当接近目标层时要逐步减速，直到电梯停止运动。这一过程是电梯牵引机释放机械功能量的过程。同时，升降电梯由于平衡需要配重，还存在位能性负载。电梯运行时多余的机械能（包括位能和动能）通过电动机和变频器转换成直流电能存储在变频器直流回路中的电容中，回送到电容中的电能越多，电容电压就越高，到一定程度，如果不释放电容器内存储的电能，就会发生过压故障。因此，采用功率特性好、能量密度高的电容器技术非常关键。

总之，超级电容器的功率特性也非常适于瞬时启动与瞬时停止的电梯运行方式的节能。据测算，电梯运行回收能量的节电率在20%～40%之间。

另外，大楼属于人员密集场所与相对封闭的环境，电器使用的安全性与环保性要求更加严格。使用无毒性的电解液是一个非常重要的研发方向。本团队采用离子液体-介孔炭-泡沫铝型超级电容器，通过了目前的行业标准老化测试（65℃，1500h，2.7V）。离子液体电解液具有无毒、不易挥发、不易着火的优点，比有机电解液在密闭环境中使用更具优势。同时，楼宇中的温度相对可控，离子液体电解液的低温特性短板不明显。并且，离子液体电解液的耐温特性好，在夏季的高温环境中安全性更高。

另外，港口机械的工作原理与大楼电梯的工作功能相似（图8.13），只不过功率更大，转运的物体重量更大，因则需要能量密度更大的超级电容器模组。我国多个港口已经在轮胎式集装箱门式起重机（通称场桥，英文缩写为RTG）上成功应用超级电容器来回收能量。据报道，未安装超级电容器的传统 RTG 发动机容量为 456kW，安装超级电容器后的发动机容量下降至 268kW。但是，港口机械的工作环境与电梯的工作环境也有显著不同，港口机械既会经历更大的昼夜温差，还会经历更大的湿度与盐雾侵袭，在超级电容器的选型方面要充分重视以及提高超级电容器的质量管理。

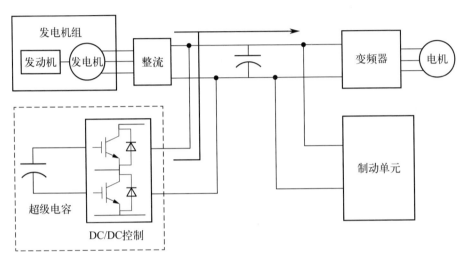

图 8.13 回收势能的电容器工作电路图

8.5 超级电容器市场规模

中国超级电容产业联盟统计，"十二五"以来，我国超级电容器产业的年增长率一直在 20% 以上，比国际上其他国家超级电容器产业的发展速度更快。受益于新能源设备、电网建设、交通运输、消费电子等下游行业的持续发展，我国超级电容器市场规模总体呈扩大趋势。数据显示，2015～2020 年我国超级电容器产值从 66.5 亿元增长至 154.9 亿元，复合年均增长率为 18.4%，2021 年我国超级电容器的市场规模达到 176 亿元。

目前超级电容器在新能源客车、轨道交通、智能仪表、电网设备、

UPS、港口重型机械、国防军工等领域获得广泛应用。其中应用前三位的是，超级电容器在新能源领域应用最广，市场份额为 41.31%；应用于交通运输领域的超级电容器市场占比为 31.36%；应用于工业领域的超级电容器市场占比为 20.36%。

其中，我国以风力发电、太阳能发电、电动汽车为代表的新能源市场快速发展，极大地拉动了双电层电容器的市场需求。同时，"十三五"、"十四五"期间，风电变桨所用的超级电容器进入集中更换周期，也刺激了相关电容器产品的销售增长。另外，薄膜电容器在新能源领域的应用开发使得行业迎来新的产业机遇。

目前，超级电容器占世界能量储存装置的市场份额不足 1%。由于多元的应用市场，超级电容器储能在我国所占的储能市场份额则大得多。另外，由于全生命周期使用储电成本更低，超级电容器被越来越多的省市列为支持发展规划。特别指出，我国已经大量出现兆瓦级电容器储能系统应用的项目，这必将带动电源管理系统等全套产业链发展，以及快速提升超级电容器在储能中的份额。

8.6 "双碳"目标对于超级电容器发展的机遇

我国提出了"2030 碳达峰，2060 碳中和"的发展目标，各个行业的减碳压力巨大，应用太阳能光伏、风能等清洁电能的场景越来越多，对于锂离子电池储能与超级电容器储能提出了更高的要求。锂离子电池的储能量已经达到吉瓦级，超级电容器的储能量已经达到兆瓦级，而且这样的能力还远远不能满足现实需要。

实践中，锂离子电池与超级电容器均具有模块化与易组装的优点，与抽水蓄能电站等传统储能方式相比，具有不受地理环境与生态环境限制、装置建设周期大大缩短的特征，从而在快速发展的市场需要中越来越占有重要地位。

从技术的角度来看，由于清洁可再生电能的不稳定性与瞬时巨大储电量要求，发电侧与用户侧的调频、调幅要求都很强烈。对于调频用的超级电容器来说，调节能力也由原来的风电变桨10s延长至30s至几分钟，因此需要储能器件具有更大的能量密度。对于储能用的锂离子电池来说，由于成本问题，目前建设的储能电站都在考虑SOC90％以上的运行状况，这对锂离子电池长期运行的安全性提出了严重挑战（图8.14）。已有实践表明，锂离子电池由于功率性能欠佳、内部发热量大、频繁接收指令，寿命仅1年。在这方面，电池型电容可以兼顾功率与能量要求，具有发展前途。

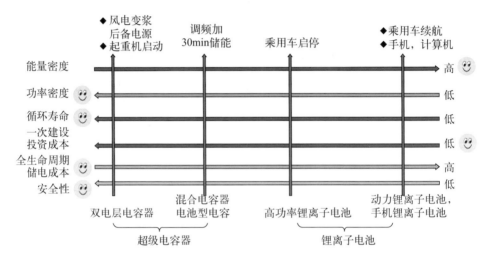

图 8.14 超级电容器与锂离子电池的各种特性与性能及应用场景分析

从上述应用要素分析，这块快速增长的市场更加需要混合型电容器或电池型电容器。而从技术要素来说，包括：

要素1：最好的碳材料，获得导电与功率特性、电容特性。

要素2：最好的集流体材料，获得新加工架构、能量与功率兼容特性，以及导热安全特性。

要素3：最便宜、最可靠的锂离子电池材料，不要产生循环使用问题与锂枝晶问题。

基于目前的锂离子电池技术（基于铝箔与铜箔加工）无法解决内部

传热问题，本团队倡议使用三维的泡沫铝、泡沫铜或其他三维复合集流体来构筑高安全、长寿命与高性能的混合型器件（图 8.15）。同时开展兆瓦级以上的控制系统与方法研究，获得新兴市场的长周期运行数据库非常关键。

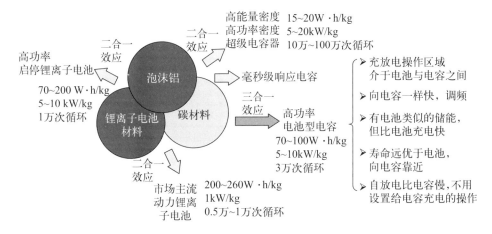

图 8.15 基于先进材料的储能器构筑示意图

在碳中和时代，新能源电动车必将带来大发展空间。小汽车上铝电解电容器的发展方向是提高体积能量密度，以便在有限的空间中进一步节省空间，安装其他多功能的系统。另外，目前超级电容器替代铝电解电容器用于调频滤波的报道也越来越多。铝电解电容器是电路中非常重要的电子元器件，单品种市场超过 50 多亿元，在小汽车中应用广泛。这需要超级电容器从滤波性能、体积能量密度与宽温域性能等关键性能方面进行攻关。

碳中和时代，新能源发电的输送会更加依赖于超高压输电线路，高压电气开关的安全性会越来越重要。将目前机械开关变为超级电容器开关，满足高功率启动需求。

另外，数字化、智能化对绿色化碳减排贡献巨大。数据中心越来越大，其对移动式或高功率充电系统的需求越来越迫切，是电池型电容大显身手的舞台。

总之，碳中和时代，可再生能源的储存与更加绿色、智能的现代生活方式给中国超级电容器产业发展提供了新的机遇，相关产业将驰向高速新车道，拥抱越来越多的应用场景，服务于中国与国际的现代化进程，服务于人类越来越美好的绿色、健康生活。

参考文献

[1] 魏少鑫，金鹰，王瑾，等. 电池型电容器技术发展趋势展望[J]. 发电技术，2022，43（5）：748-759.

[2] 金毅. "超级电容系统" 轮胎吊（HYBRID RTG）在洋山深水港区三期工程的运用[J]. 港口科技，2013（6）：1-5.

[3] 李益琴，孙建锐. 基于能量回馈的港口 RTG 节能低碳技术[J]. 起重运输机械，2020（11）：35-38.

附录
电容器分析与测试方法

F.1 循环伏安法

循环伏安法（cyclic voltammetry，CV）是一种常见的电化学测量方法。控制工作电极的电势以扫描速率 v 相对参比电极电势正负方向来回扫描，即工作电极电势控制信号为三角波信号（图 F.1）。

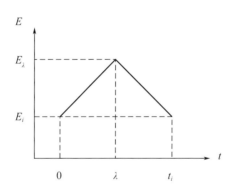

图 F.1 循环伏安电势扫描三角波信号

此时工作电极上交替发生不同的氧化反应和还原反应，激励产生电流信号的变化，常以电流峰的形式出现，以此记录的 $I\text{-}E$ 曲线称为循环伏安曲线。

分析 $I\text{-}E$ 曲线的形状，可判断电极上发生的氧化还原反应、电子得失、电极反应可逆程度、电极稳定性及可重复性等。通过循环伏安法测试可以计算出电极材料的比容量，如式（F.1）所示：

$$C = \frac{1}{mv(V_c - V_a)} \int_{V_a}^{V_c} I(v) \mathrm{d}v \qquad (F.1)$$

式中　　C——电极材料的比容量，F/g；

　　　　m——电极材料中的活性物质的质量，g；

　　　　v——电极电势的扫描速率，V/s；

$V_c - V_a$——循环伏安测试时扫描过的电压区间，V；

　　$I(v)$——记录的瞬时电流密度，A。

循环伏安法的原理是：在两电压上下限之间对电极施加一个线性的电压，然后测定输出电流。

如图 F.2 所示为活性炭作电极的超级电容器在三乙基甲基四氟硼酸铵电解液中的循环伏安曲线，在不同扫描速率下，可以获得近似方形的 I-E 曲线。对于理想的电容行为，CV 曲线呈现出对称的矩形。而实际的器件总是存在内阻，因此 CV 曲线形状常偏离矩形。同时，器件内阻越大，I-E 曲线的扭曲现象越严重。曲线形成的矩形面积与充电容量和放电容量之和成正比，矩形面积越大，则超级电容器的容量越高。当 CV 曲线电流出现较快增长时，表明电压过高，超级电容器内的电解液开始分解。

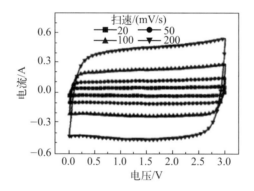

图 F.2　活性炭作电极的超级电容器在
三乙基甲基四氟硼酸铵电解液中的循环伏安曲线

循环伏安测试对超级电容器循环性能的评估非常有用，主要用于实验室级别的小型器件的测试，可以实现定性和半定量研究，可进行动力学分析（通过大范围的扫描速率变化，获得相应数据），以及决定器件的电压窗口等。

F.2 恒流充放电法

恒流充放电法是电化学储能领域应用最为广泛的技术。首先，使处于特定充电/放电状态下的被测电极或电容器在恒电流条件下充电，同时考察其电位随时间的变化，研究电极或电容器的性能，进而计算比容量。

利用该方法可得到充放电时间、电压和电量等数据，以计算电容器或电极材料的比容量。电容器的电容可通过计算曲线的斜率而得，当电流反向或者中断时，电压降就与整个单元的阻抗直接相关。通过重复测试循环下的容量和阻抗，可获得超级电容器的循环性能。如图 F.3 所示，电压窗口为 0～3V，在不同电流密度下的恒流充放电曲线呈明显对称的线性关系。这说明，相应电极上的电荷充放电反应可逆性良好，电容器的电容特性较好。

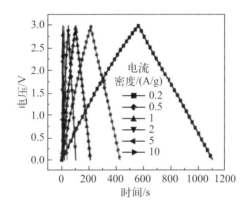

图 F.3 不同电流密度下的恒流充放电曲线

具体测试中，可采用如下组合。
① 恒电流充电，然后立即通过不同的负载电阻器放电。
② 恒电流充电，然后保持一段时间，随后通过事先选定的负载电阻放电。
③ 不同倍率下充电，通过固定负载电阻器放电。
④ 恒电流充电，然后在不同的恒电流下放电。

根据下面的公式，通过电压对时间的积分可以计算出电容器充入和放出的电荷 q 及能量 E：$q = \int \left(\dfrac{U}{R_L} \right) \mathrm{d}t$ 和 $E = \int \left(\dfrac{U^2}{R_L} \right) \mathrm{d}t$。式中，$q$ 为电容器充入或放出的电荷；U 为随时间变化电压；R_L 为负载电阻；E 为充入或放出的能量。由恒流充放电测试技术，依据式（F.2）可计算出电容器或电极材料的比容量：

$$C_m = \frac{I \, \Delta t}{m \, \Delta U} \qquad\qquad (F.2)$$

式中 I——恒定的电流常数，A；

Δt——放电时间，s；

ΔU——对应放电时间下的电势差，V；

m——电极活性物质的质量，g。

对比式（F.1）和式（F.2）发现，二者在表现形式上是一致的，但是所表达的意义有所不同。式（F.1）是在循环伏安测试技术下得到矩形特征良好的循环伏安曲线的情况下使用的计算公式，式中电流值是变量，而扫速 dv/dt 是常数；式（F.2）是在恒流充放电测试技术下使用的计算公式，式中电流是常数，而放电曲线斜率 $k = dU/dt$ 是变量。

对于内阻很小的双电层超级电容器，其容量是恒定值，电位随时间是线性变化的，表现为充/放电曲线均呈直线特征。在这种情况下，充放电曲线的斜率 $k = dU/dt$ 为一恒定值，通过计算放电曲线的斜率，代入式（F.2）中即可计算出恒流充放电测试条件下的比容量。

然而，活性电极材料和电解液间总存在液接电势。集流体与活性物质间总存在接触内阻，导致电容器内阻较大，充放电曲线并不完全呈直线特征（通常会发生一定程度的弯曲）。而且，在放电曲线的起始段，总会出现一定程度的电压降（图 F.4）。内阻越大，电压降越大。

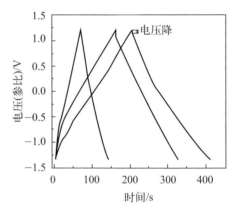

图 F.4 恒流充放电曲线

由式（F.3）可以得到，超级电容器的电容可通过计算曲线的斜率而得；对于赝电容器而言，当 $U\text{-}t$ 曲线并不是呈良好的线性时，容量的计算可通过放电时间或充电时间段内对电流的积分而得：

$$C = I \, \frac{\partial t}{\partial U} \qquad\qquad (F.3)$$

$$C = I \, \frac{\Delta t}{\Delta U} \qquad\qquad (F.4)$$

式中 C——电容；

I——设置的电流；

Δt —— 放电时间（或充电时间）；

ΔU —— 电压窗口。

等效串联阻抗（Ω）可以由电流（Δi）反向时的电压降进行推导。当电流反向或者中断时，电压降就与整个单元的阻抗直接相关。

实际上，即使是同一批次生产的电容器产品，也不能保证每一个电容器产品在恒流充放电测试下其电压降完全一样。为了较准确地测定容量，要尽量避开放电曲线中初始段与结束段的误差。可分别选择充电电压的 20% 和 80% 作为电压范围（这一段的响应线性值通常比较好）的临界点，计算出 $\Delta U'$，用 $\Delta U'$ 计算电容值。通过重复测试循环下的容量和阻抗，可获得超级电容器（包括双电层电容器和赝电容器）的循环性能。

通过对输入能量和实现的输出能量的计算，可以得到充电和放电的效率的质量因数。通过对不同尺寸的电容器施加合适大小的方波电流，测量停止点的瞬间电压衰减，可以确定电容器的欧姆内阻，即 ESR 值。通过欧姆内阻值可计算出能量效率，即电容器内阻越大，能量效率越低。

用电压衰减曲线可确定有效或平均的 RC 时间常数，方法是测量达到 $V_{o/e}$（e 表示平衡）的时间，其中 V_o 为衰减前的初始电位。借助阻抗测量，并对复数平面上的数据进行分析，可以确定体系的外部电阻（例如溶液电阻）。需要注意的是，由于 R 和 C 元件分布上的原因，多孔电极的 RC 时间常数并不是唯一的。为充分了解电容器装置的性能及其在使用需求和环境条件方面的限制，还应该确定不同温度下的充放电性能和自放电特性。

F.3　恒流充-恒压充-恒流放电法

恒流充-恒压充-恒流放电法的第一阶段以恒定电流充电；当电压达到预定值时转入第二阶段进行恒压充电，此时电流逐渐减小，当充电电流下降到零时，电容器完全充满，或者按照给定的时间恒压充电；第三阶段是以恒定的电流放电（图 F.5）。

恒流充-恒压充-恒流放电法与恒电流充放电最大的区别是多了一段恒压充电区间。由于超级电容器的活性物质多为比表面积非常大的材料，其微孔较多，使用恒流充电方式充到额定电压时，材料的大部分微孔还未能用上，浮充现象严重。而采用恒压方式可以减少漏电流，增加充电深度，使超级电容器充电充分，材料利用率更高。因此，采用这种充电方法的优点是：第一阶段采用较大电流以节省充电时间，后期采用恒压充电可在充电结束前达到小电流充

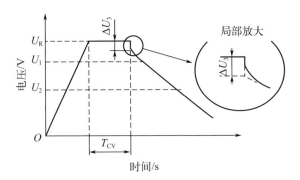

图 F.5 恒流充-恒压充-恒流放电法曲线（图中，U_R 为额定电压；U_1 为计算用起始电压；U_2 为计算用终止电压；ΔU_3 为电压降；T_{CV} 为恒压时间，min）

电，既保证充满，又可避免器件内部温度升高而影响其容量特性。

该方法在工业上应用普遍。超级电容器具有非常高的功率密度，为电池的 10～100 倍，适用于短时间高功率输出；充电速度快且模式简单，可以采用大电流充电，能在几十秒到数分钟内完成充电过程，是真正意义上的快速充电；无须检测是否充满，过充无危险。同时，在电极材料开发初期，材料的各种理化特性表征研究耗时耗力成本高。而利用该方法，观察恒压段的充电时间来大致判断该材料的微孔属性与介孔属性，可以有效地缩短材料开发周期。

F.4 阻抗谱分析及模拟模型

F.4.1 电化学阻抗谱

（1）电化学阻抗谱（EIS）的定义

$$X \longrightarrow \boxed{\begin{array}{c} G \\ M \end{array}} \longrightarrow Y \qquad G=Y/X$$

给电化学系统 M 输入一个扰动函数 X，它就会输出一个响应信号 Y。$G(\omega)$ 是描述扰动与响应之间关系的函数，称为传输函数：

$$Y/X = G(\omega)$$

如果施加的扰动信号 X 为角频率为 ω 的正弦波电流（电势）信号，则输出响应信号 Y 即为角频率也为 ω 的正弦电势（电流）信号，此时，传输函数 $G(\omega)$ 也是频率的函数，成为频率响应函数（频响函数）。这个频响函数就称为系统的阻抗（导纳）（impedance/ admittance），用 Z（Y）表示。阻抗和导纳我们统称为阻纳（immittance），用 G 表示。阻抗和导纳互为倒数关系。阻纳 G 是一个随 ω 变化的矢量，通常用角频率 ω 的复变函数来表示。

电化学阻抗谱（electrochemical impedance spectroscopy，EIS）是不同角频率下测得的频响函数值绘制的图谱，即通过给一个稳定的电化学系统施加不同频率的小振幅交流信号扰动，测量不同频率下响应的交流信号电压与电流的比值（此比值即为系统的阻抗）或者是阻抗的相位角 φ 等值，这些不同角频率下测得的数值就是该电化学系统的电化学阻抗谱。

（2）EIS 测量的前提条件

① 因果性条件：输出的响应信号只是由输入的扰动信号引起的。

② 线性条件：输出的相应信号与输入的扰动信号之间存在线性关系。电化学系统的电流与电势之间是动力学规律决定的非线性关系，当采用小幅度的正弦波电势信号对系统扰动时，电势与电流之间可近似看作线性关系。通常作为扰动信号的电势正弦波的幅度一般不超过 10mV。

③ 稳定性条件：扰动不会引起系统内部结构发生变化，当扰动停止后，系统能够恢复到原先的状态。可逆反应容易满足稳定性条件；不可逆电极过程，只要电极表面的变化不是很快，当扰动幅度小、作用时间短、扰动停止后，系统也能够恢复到离原先状态不远的状态，可以近似地认为满足稳定性条件。

（3）EIS 的特点

① 由于采用小幅度的正弦电势信号对系统进行微扰，电极上交替出现阳极和阴极过程，二者作用相反。因此，即使扰动信号长时间作用于电极，也不会导致极化现象的积累性发展和电极表面状态的积累性变化。因此 EIS 法是一种"准稳态方法"。

② 由于电势和电流间存在线性关系，测量过程中电极处于准稳态，使得测量结果的数学处理简化。

③ EIS 是一种频率域测量方法，可测定的频率范围很宽，因而能比常规电化学方法得到更多的动力学信息和电极界面结构信息。

F.4.2 等效电路及等效元件

如果用"电学元件"以及"电化学元件"构成一个电路，使其阻纳频谱与测得电极系统的电化学阻抗谱相同，那么这个电路就称为该电极系统的等效电路，构成等效电路的"元件"则称为等效元件。等效元件可分为四种，分别是等效电阻 R、等效电容 C、等效电感 L、常相位角元件（CPE）Q。

（1）等效电阻 R

在电化学阻抗谱中，等效元件的参数值是按单位电极面积（cm^2）给出的，因此等效电阻 R 的量纲为 $\Omega \cdot cm^2$。等效电阻的阻抗和导纳分别为：

$$Z_R = R = Z_R{}', \ Z''_R = 0$$

$$Y_R = 1/Z_R = 1/R = Y'_R, \ Y''_R = 0$$

等效电阻的阻纳的虚部为零，其值与频率无关。等效电阻为正值时，相位角 φ 为零；等效电阻为负值时，相位角 φ 为 π。在 Nyquist 图中，等效电阻 R 表示为实轴（横坐标轴）上的一个点；在 Bode 图（$\lg|G|$-$\lg f$）中，等效电阻 R 表示为一条平行于横坐标的直线。

（2）等效电容 C

在保证电极过程定态稳定的前提下，测得等效电容值都是正值，其量纲为 F/cm^2。其阻抗和导纳分别为：

$$Z_C = -j\frac{1}{\omega C}, \ Z'_C = 0, \ Z''_C = -\frac{1}{\omega C}$$

$$Y_C = j\omega C, \ Y'_C = 0, \ Y''_C = -\omega C$$

显然，等效电容的阻抗和导纳的实部为 0，相位角是 $\pi/2$，与频率无关。在 Nyquist 图中，等效电容表示为一条第一象限与纵轴重合的直线；在 Bode 图（$\lg|Y_C|$-$\lg f$）中，等效电容表示为斜率为 1 的直线。

（3）等效电感 L

在保证阻纳的基本条件满足的前提下，测得等效电感 L 为正值，其量纲为 $H \cdot cm^2$。其阻抗和导纳分别为：

$$Z_L = j\omega L, \ Z'_L = 0, \ Z''_L = \omega L$$

$$Y_L = -j\frac{1}{\omega L}, \ Y'_L = 0, \ Y''_L = -\frac{1}{\omega L}$$

显然，等效电感的阻抗和导纳的实部为 0，相位角是 $-\pi/2$，与频率无关。在 Nyquist 图中（纵轴为 $-Z''$），等效电感 L 表示为一条第四象限与纵轴重合的直线；在 Bode 图中（$\lg|Z_L|$-$\lg f$），等效电感表示为一条斜率为 ± 1 的直线。

（4）常相位角元件（CPE）Q

由于固体电极电双电层电容的频响特性存在"弥散效应"，因而形成等效元件 Q，其阻抗和导纳分别为：

$$Z_Q = \frac{1}{Y_0}(j\omega)^{-n}, \ Z'_Q = \frac{\omega^{-n}}{Y_0}\cos\frac{n\pi}{2}, \ Z''_Q = \frac{\omega^{-n}}{Y_0}\sin\frac{n\pi}{2}, \ 0 < n < 1$$

$$Y_Q = Y_0(j\omega)^n, \quad Z'_Q = Y_0\omega^n\cos\frac{n\pi}{2}, \quad Z''_Q = Y_0\omega^n\sin\frac{n\pi}{2}, \quad 0 < n < 1$$

式中，参数 Y_0 的量纲为 $\Omega^{-1}\cdot cm^{-2}\cdot s^{-n}$ 或 $S\cdot cm^{-2}\cdot s^{-n}$，为正值；参数 n 是无量纲的指数；根据 Euler 公式，j 的表达式如下：

$$j^{\pm n} = \exp\left(\pm j\frac{n\pi}{2}\right) = \cos\frac{n\pi}{2} \pm j\sin\frac{n\pi}{2}$$

根据 $-Z''_0/Z'_0$ 或 Y''_0/Y'_0 可得等效元件 Q 相位角的正切为：

$$\tan\varphi = \tan\frac{n\pi}{2}, \quad \varphi = \frac{n\pi}{2}$$

由上式可知相位角与频率无关，因此该等效元件也叫作常相位角元件（constant phase angle element，CPE）。以 $\lg|Z_Q|$ 对 $\lg f$ 做 Bode 图，常相位角元件 Q 表示为一条斜率为 $-n$ 的直线；以 $\lg|Y_Q|$ 对 $\lg f$ 做 Bode 图，常相位角元件 Q 表示为一条斜率为 n 的直线。n 的取值范围是 $0\sim1$，当 $n=0$ 时，常相位角元件 Q 还原为等效电阻 R；当 $n=1$ 时，常相位角元件 Q 还原为等效电容 C。

等效元件的组合方式不同，其电化学频谱也不同。对于等效电阻 R 与等效电容 C/等效电感 L 串联组成的复合元件，其频谱响应在 Nyquist 图中表示一条与虚轴平行的直线；对于等效电阻 R 与等效电容 C/等效电感 L 并联组成的复合元件，其频谱响应在 Nyquist 图中表示为一个半圆。

F.4.3　阻抗谱模型及数据处理方法

（1）Nyquist 图

Nyquist 图能够表现出阻抗虚部与实部的关系，在测量阻抗的每个频率下都有一个数据点。如图 F.6 所示，右侧处于低频区，左侧处于高频区。

$$Z(\omega) = Z_{re}(\omega) + jZ_{im}(\omega)$$

（2）Bode 图

Bode 图是线性非时变系统的传递函数对频率的半对数坐标图，反映了系统的频率响应特性。

① 以 $\lg|Z|$ 对 $\lg\omega$ 作图（图 F.7）：

$$|Z| = \sqrt{Z'^2 + Z''^2}$$

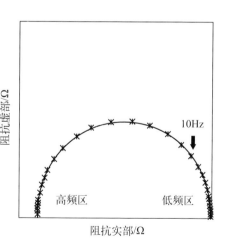

图 F.6　Nyquist 图

$$\lg|Z| = \frac{1}{2}\lg\left[1 + (\omega R_L C_d)^2\right] - \lg\omega - \lg C_d$$

高频区有：$\lg|Z| \approx \lg R_L$。

低频区有：$\lg|Z| \approx -\lg\omega - \lg C_d$。

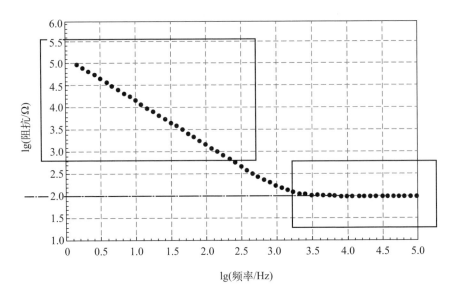

图 F.7 阻抗与频率图（双对数坐标）

②以 φ 对 $\lg\omega$ 作图（图 F.8）：

$$\varphi = \arctan\frac{Z''}{Z'}$$

$$\varphi = \arctan\frac{1/\omega C_d}{R_L} = \arctan\frac{1}{\omega C_d R_L}$$

高频区：$\varphi \approx 0$。

低频区：$\varphi \approx \pi/2$。

（3）时间常数

当一个定态的过程受到扰动后，各状态变量会偏离定态值。如果偏离很小，没有违反过程的稳定性条件，那么所受扰动取消后，各状态变量会还原为初始的定态值。这种受到扰动后状态变量偏离定态值，而扰动取消后状态变量又恢复至定态值的过程就叫作弛豫过程。若对一系统，仅改变其中某一状态变量，则该状态变量弛豫过程的快慢可用时间常数 τ 来表示，其量纲为时间。时间常数值越大，对应的弛豫过程越慢。

时间常数可通过阻抗谱图测得。

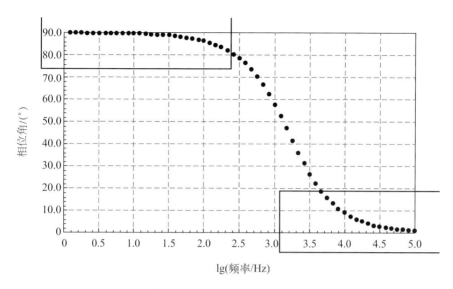

图 F. 8 $\varphi \sim \lg\omega$ Bode 图

（4）电化学阻抗谱的数据处理方法

根据阻抗谱的特征不同，其数据处理有两种不同途径：对于简单的阻抗谱（仅有 1 或 2 个时间常数），先根据阻抗谱的特征及其他相关电化学知识确定数学物理模型，然后通过对阻抗谱的曲线拟合，求解数学模型中各个参数或等效电路中等效元件的参数值；对于等效电路及等效元件连接方式未知的复杂阻抗谱，需先逐个求解阻抗谱中不同时间常数对应的等效元件参数，再根据阻抗谱求出最优等效电路/数学物理模型，然后对阻抗谱所确定的数学物理模型曲线拟合，解析得到各等效元件的参数值。

① 从阻纳数据求等效电路的数据处理方法。目前，复杂等效电路主要通过电路描述码（circuit description code）表示，因此在介绍具体的数据处理方法前，首先对其规则进行介绍，具体如下。

a. 凡是由等效元件串联组成的符号元件均采用等效元件的符号并列表示，如图 F. 9（a）所示复合元件，表示为 *RLC* 或 *CLR*。

b. 凡是由等效元件并联组成的符号元件，在括号内表示并列等效元件，如图 F. 9（b）所示复合元件，表示为（*RLC*）。

c. 对于复杂电路，须先将电路分解为 2 个及以上互相串联或并联的"盒"。这些"盒"既可以是等效元件、简单的复合元件（等效元件简单串联或并联组成），也可以是串联、并联共存的复杂电路，但每个"盒"均须具有可作为输入和输出的两个端点。将每个"盒"视为一个元件，按照规则 a 和 b 表示；然后对每个"盒"逐步分解直至完全表示出电路中所含的等效元件。如图 F.9 (c) 所示复杂电路，表示为 $R(Q(W(RC)))$。

d. 并联组成的复合元件用奇数级括号表示，串联组成则用偶数级括号表示（0 算作偶数）。

e. 如果右括号后紧跟左括号，则右括号中的复合元件级别与后面相邻左括号的复合元件级别相同。

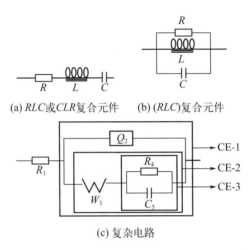

(a) RLC 或 CLR 复合元件　(b) (RLC) 复合元件

(c) 复杂电路

图 F.9　复合元件和复杂电路

根据上述 5 项规则，确定等效电路的电路描述码，然后利用电路描述码求解整个电路的阻纳，具体方法如下：

a. 对于串联组成的复合元件，其阻抗为互相串联的各元件阻抗相加，即各元件实部相加得到复合元件的阻抗实部，各元件虚部相加得到复合元件的阻抗虚部。

b. 对于并联组成的负荷元件，其导纳为互相并联的各元件导纳相加，即各元件实部相加得到复合元件的导纳实部，各元件虚部相加得到复合元件的导纳虚部。

c. 阻抗和导纳间的相互变换公式为：

$$G_i^{-1} = \frac{G_i'}{G_i'^2 + G_i''^2} - \mathrm{j} = \frac{G_i''}{G_i'^2 + G_i''^2}$$

式中，G_i 为第 i 级复合元件的阻纳。

d. 对于复杂电路，逐级阻纳的计算公式为：

$$G_{i-1} = G_{i-1}^* + G_i^{-1}$$

式中，G_{i-1}^* 为第 $i-1$ 级复合元件与第 i 级复合元件并联（$i-1$ 为奇数）或串联（$i-1$ 为偶数）组分的导纳与阻抗。

② 依据已知等效电路模型的数据处理方法。该数据处理方法的基本步骤是：a. 根据经验与阻纳频谱特征，明确其对应等效电路及包含的简单复合元件，确定这些元件显示其特征的频率范围；b. 在各频率范围内，采用直线拟合或圆拟合求解等效元件的参数值，并以求得的参数值为初始值，依据非线性拟合的最小二乘法原理对阻纳频谱进行曲线拟合。

在处理过程中，模型与数据点的选取对阻抗谱的解析结果至关重要。一般来讲，会选择多个模型或几次拟合数据点，根据解析结果比较，选择最优的结果。

③ 依据数学模型的数据处理方法。当电极系统的非法拉第阻抗仅来源于电极系统的双电层电容时，电极系统的阻抗为：

$$Z = R_s + \frac{1}{j\omega C_{dl} + Y_F}$$

式中，R_s 为溶液电阻；C_{dl} 为双电层电容；Y_F 为电极系统的法拉第导纳。

当电极过程不受传质过程影响时，电化学阻抗谱中包含的时间常数个数与影响电极系统表面反应的状态变量个数相关；当电极过程受传质过程影响时，电极过程的总法拉第阻抗 Z_F 是电极表面反应的法拉第阻抗 Z_F^0 与电极过程中传质过程的法拉第阻抗 Z_d 之和。

F.5 关键技术指标的测试方法

F.5.1 关键技术指标

（1）电流密度

$$I_{2m} = \frac{I}{2m}$$

（2）能量密度

$$E_{2m} = I_{2m} \int_{discharge} U \, dt$$

式中，$\int_{discharge} U \, dt$ 代表放电时恒流充放电图中 U-t 图与 X 轴围成的面积。

（3）比容量

由于器件在阴阳两极形成电容量相同的双电层，两个双电层以串联形式连接，因此有公式：

$$C_{\text{EDLC}} = \frac{1}{\dfrac{1}{C_+} + \dfrac{1}{C_-}} = \frac{C_{\text{electrode}}}{2}$$

式中，C_{EDLC} 为器件电容量。

联立以上三式可得基于测试结果的比容量计算方法：

$$C_{m,\text{electrode}} = \frac{8I_{2m}\displaystyle\int_{\text{discharge}} U\mathrm{d}t}{U^2}$$

（4）平均功率密度

一定电流密度下存在特定的平均功率密度（放电电压随时间存在变化），往往直接简称为功率密度，平均功率密度的计算公式为：

$$P_{2m} = \frac{E_{2m}}{t}$$

式中，t 为放电时间。

（5）电容器件性能指标

基于器件的能量密度公式为：

$$E_{M,\text{EDLC}} = \frac{1}{2M}C_{\text{EDLC}}U^2$$

$$E_{V,\text{EDLC}} = \frac{1}{2V}C_{\text{EDLC}}U^2$$

式中，$E_{M,\text{EDLC}}$ 为基于器件的质量能量密度；$E_{V,\text{EDLC}}$ 为基于器件的体积能量密度。有时由于器件体积难以计算，一般通过极片的长度、宽度、总软包厚度进行估算。

F.5.2 测试方法

由于器件充放电的复杂性，目前主要的测试方法包括 IEC 62391-1—2015、QC/T 741—2014、Maxwell 方法，以及 JIS D1401—2009。第 2 个方法推荐在测定静电容量时，充电到最高电压，恒压一定时间后，放电至最低电压，然后根据相关公式计算容量。后两个标准则推荐充电到最高电压，恒压一定时间后，放电至额定电压的一半，然后根据相关公式计算容量。第 1 个标准则没有明确规定电压的下限，但推荐采用斜率法进行计算。事实上，如果放电曲线是一条直线，则上述方法的计算结果均是一致的。但由于电压曲线不完全呈线性，可用不同的方法进行对比。另外，超级电容器的一般工作电压范围是额定电压的一半到额定电压，此时器件中的能量只剩标称量的 25％ 左右。因此，后两个标准中所得数值更趋于实用性。

不同的测试方法中，还考虑其他具体的测试细节。比如，Maxwell 六步法测试时间更短，在生产线环境中更加高效。

值得指出的是，在上述器件的标准测试方法中，常用恒流充放电与恒压充（如图 F.5 中的 T_{cv} 段）相结合的方法。其是为了满足原有微孔活性炭扩散慢的特性而设置的。但对于后来出现的介孔炭与纳米碳（如碳纳米管与石墨烯），由于离子在孔中的扩散被大大强化，离子可在极短时间内到达电极材料界面，达到饱和吸附，导致 T_{cv} 段的时间大大缩短，且这种恒压充可以提高的电容值占比越来越小，有必要在条件成熟后，修改相关测试时间，提高测试效率。

通过表 F.1 中的数据对比，对于不同的电压区间，计算得到的电容值会有一定偏差。对于产品质量保证而言，宜根据用户要求或标明测试方法，在标称容量的基础上，有一定的容量裕度。

表 F.1　不同测试方法得到的电容值比较

器件厂商	0V～V_0		$V_0/2$～V_0	
Maxwell，3000F	100A　2880F	200A　2893F	100A　3160F	200A　3223F
Nesscap，3000F	50A　3190F	200A　3149F	50A　3214F	200A　3238F
APowerCap，450F	20A　450F	40A　453F	20A　466F	40A　469F

F.6　关键材料的表征测试方法

F.6.1　含水量测试

使用水分仪进行含水量测试，卡式炉进行固体水分加热。由于石墨烯脱水难度大，萃取时间调整为 180s，并利用干燥纯净的 N_2 将水分吹入电解池降低基准误差。

F.6.2　相变测试

相变、熔点测试采用的仪器为 DSC 差示扫描量热仪。

熔点测试温度程序设置：从室温降至 $-80℃$，再升至室温。变温速率 $10K/min$。

F.6.3 电导率测试

电解液的室温电导率通过电导率仪直接测定得到，须进行温度校准。

为了测试非室温下电解液的电导率，将待测电解液与隔膜组装在纽扣电容壳中，利用交流阻抗法测量工作温度下的等效串联电阻。电导率用如下式计算：

$$\sigma_T = \frac{k}{ESR_{electrolyte,\ T}}$$

式中，k 为与电容有关的常数，并假定在不同的温度下保持不变，因此：

$$\sigma_T = \sigma_{T_0} \frac{ESR_{electrolyte,\ T_0}}{ESR_{electrolyte,\ T}}$$

对于离子液体来说，可能形成离子对，离子电导率偏低。添加溶剂后会破除离子对，显著提升离子电导率。但过多的溶剂会稀释离子浓度，离子电导率反而下降。在低温时，当其相态从过冷液态转变为固态后，离子电导率的数值极低。纯离子液体在高温下稳定，黏度变小，离子对发生解离现象，因而离子电导率反而迅速增加。因此，离子电导率既与溶剂浓度有关，也与操作温度相关。

F.6.4 流变特性测试

通过 Anton Paar MCR301 流变仪测试各温度下的模量、黏度。

（1）流体类型

依据流体随剪切速率的变化其黏度变化趋势的不同，可分为不同流体类型。例如，应力与应变率成正比的流体为牛顿流体，其黏度不随剪切速率变化，如水、乙醇等属于此类。非牛顿流体中，存在剪切稀化或是剪切增稠两种。前者黏度随剪切速率的增加而降低，在速率达到一定时几乎不再变化，高分子、牙膏、奶油等属于此类；而后者相反。还存在特殊的流体形式——宾汉流体，限于篇幅，在此不做介绍。

（2）黏度

可以采用经典的黏度测量仪测定不同温度与溶剂存在下的黏度。一般地，水系电解液黏度最小，但冰点较高。有机电解液黏度适中，低温下能够保持液态。

离子液体黏度最高，室温下可能凝固，需要采用添加溶剂的方法降低其黏度。

Vogel-Tammann-Fulcher（VTF）拟合公式为：

$$\sigma = \sigma_0 \exp\left[-B_{\sigma_0}/(T-T_{\mathrm{g}})\right]$$

$$\eta = \eta_0 \exp\left[-B_{\eta_0}/(T-T_{\mathrm{g}})\right]$$

式中，σ 以及 η 分别为工作温度时电解液的电导率及黏度；特别地，σ_0、η_0 分别为无限高温下的电导率及黏度，表现为一常数；B_{σ_0} 及 B_{η_0} 分别为活化能；T_{g} 为电解液的玻璃态转变温度。

将以上两式变为：

$$\ln\sigma = \ln\sigma_0 - B_{\sigma_0}/(T-T_{\mathrm{g}})$$

$$\ln\eta = \ln\eta_0 - B_{\eta_0}/(T-T_{\mathrm{g}})$$

以 $\ln\sigma$、$\ln\eta$ 相对于 T 进行非线性拟合，拟合方法为最小二乘法。

F.6.5 接触角测试

利用接触角测试仪器测试样品的接触角，可以判断电极材料与电解液之间的浸润性与孔内扩散特征。EMIM BF$_4$ 与石墨烯的接触角为 42°，EMIM BF$_4$ 与 γ-丁内酯（GBL）的混合物（质量比为 1∶1）与石墨烯的接触角为 16°，EMIM BF$_4$ 与碳酸丙烯酯（PC）的混合物（质量比为 1∶1）与石墨烯的接触角为 33°。结果说明，离子液体 EMIM BF$_4$ 易润湿石墨烯，而 GBL、PC 能够进一步改善浸润性，且 GBL 优于 PC。

F.6.6 核磁共振[1]H-NMR

以 2，2-二甲基-2-硅戊烷-5-磺酸钠（DSS）的重水（D$_2$O）溶液定标，并以外标形式于核磁管内置入载有标准溶液的毛细管，并封口与核磁管共同进样。

通过[1]H-NMR 研究电解质与溶剂间的化学环境变化，可了解阴阳离子与溶剂分子之间的相互作用，包括氢键、偶极-偶极耦合、范德瓦耳斯力之间的定性联系，从而为混合电解液的溶剂化效果提供原理上的分析依据。操作时，将电解质与溶剂上的氢原子依序做好标记，进行[1]H-NMR 测试。

F.6.7 红外光谱

通过红外光谱检测化学键或官能团原子振动方式及强弱，可分析出溶剂分子对离子液体阴阳离子振动的影响，进而分析相关机理。用 ATR-IR 衰减全反射红外光谱进行表征时，具有液体样品用量少、操作简单、响应迅速等优势。

F.6.8 拉曼光谱

拉曼光谱是检测纳米碳材料几何结构、形变、缺陷等性质最灵敏的手段。位于低波数区（100~300cm⁻¹）的信号为环呼吸振动模（RBM 峰），常把它作为样品中存在单壁碳纳米管或少壁碳纳米管的标志，并可确定单壁碳纳米管的手性指数。位于 1580cm⁻¹ 附近的信号为伸缩振动模（G-band），主要与碳原子的振动有关，其峰位的移动可以用来研究单壁碳纳米管的应力和电荷转移效应等。位于 1350cm⁻¹ 附近的信号被称为 D 峰（D-band），用于反映碳纳米管中缺陷的数量，通常用 D-band 与 G-band 的强度比值来表征碳管的缺陷程度。2D-band（2700cm⁻¹ 附近）与 D-band 均为二次共振过程引起，但与石墨层的缺陷无关，可用来判断单壁碳纳米管的电子能及结构特征，辅助 RBM 峰用于手性指数的确定。

当单壁碳纳米管与离子液体发生吸附作用时，碳原子的排列和构型可能会发生一些变化，碳碳键的键角和键长随之变化，从而影响到电子态密度分布，在拉曼谱图上，其振动峰的位置和强度均发生变化。因此，可以通过拉曼光谱对单壁碳管-离子液体的混合物进行表征，获得单壁碳纳米管的各振动模信号的变化，判断二者相互作用的强弱。

当超级电容器工作时，单壁碳纳米管与离子液体处在一定的电压状态之下。此时，离子液体的阴阳离子分别吸附在碳纳米管表面（正极吸附阴离子，负极吸附阳离子）。因此，采用透明外壳的超级电容器测试原位拉曼信号时，同时可获得电化学极化状态下的信息。在测试时，将有观察窗的一侧对着拉曼光谱仪的物镜，调整好焦距后即可采集电极片的拉曼信号。通过在可视化超级电容器上施加极性、大小各不相同的电压，可以研究单壁碳纳米管吸附不同数量阴阳离子时的拉曼信号。当施加正向电压时，得到的是碳纳米管吸附阴离子的信号。反之，当施加反向电压时，得到的是碳纳米管吸附阳离子的信号，电压绝对值越大，吸附的离子数量越多。

施加电压后，单壁碳纳米管的拉曼信号均变弱，说明在离子液体吸附于表面上时，碳原子的振动受到一定限制。此外，RBM 峰金属管区对应的 2 个峰的相对强度发生了明显的变化，D 峰与 G 峰的强度比值也发生了明显的变化，并且几乎每个位置的峰均发生了不同程度的位移。

施加电压极化后，两者相互作用更加显著，吸附阴阳离子对碳纳米管信号造成的位移方向和位移量存在差别。其中，D 峰与 G 峰强度比上升是由于吸附了离子后，对 SP^2 碳碳键的键角和键长产生了影响，导致 G 峰强度比 D 峰强度下降得更显著。RBM 峰、D 峰、G 峰和 2D 峰的位移是碳纳米管吸附大量阴、阳离子后产生的径向形变（蓝移）、轴向形变（拉伸红移或压缩蓝移）造成的。

值得指出的是，在进行电化学测试时，原位采集拉曼信号的方法对于石墨烯等结构敏感的材料也是适用的。相对来说，无定形碳颗粒的拉曼信号特征不太显著。另外，超级电容器充放电速率太快，施加电压也可以很高，而拉曼光谱响应较慢。目前，还极少见到 3～4V 充放电下的原位拉曼测试报道。

F.6.9　压制与溶胀测试

材料的压制性能及溶胀特性决定了其是否易于制成稳定的极片，这对密度很小的粉体非常重要。压制前后的材料特性比较主要包括：堆积密度、孔结构分析、电镜观察等。一般来说，堆积密度小的粉体可压缩比大，堆积密度大的粉体可压缩比小。

微孔电极材料与介孔电极材料的吸液量不同，导致极片加工的难易程度不同。含液量高时，用刮刀控制一定的极片厚度，干燥后，会出现极片开裂或极片变薄现象。可以先将粉体进行压制成形，然后滴加液体的方法，通过显微镜观察，记录极片的高度或厚度变化率。不同材料构成的极片会呈现均匀膨胀与不均匀膨胀（如一端翘起或中间不变，两端翘起）现象。这种现象观察可以在制作极片前进行，为极片的平整性控制提供参考。

F.7　整体器件的性质测试

F.7.1　表面温度测量

利用红外成像仪对超级电容器的外表面进行温度测量，既可以得到不同颜色显示的定性值，也可以通过温度标定获得定量值。该方法可非常快速地获得一个单体不同区域的温度，也利于判断内部是否存在短路现象。比如，极耳处常由于是所有电流汇集的位置，因而温度很高。当双电层电容器在小电流下充放电时，发热不严重，则整体温度很低。如果材料上的大量官能团存在着氧化还原反应，则温度升高。如果内部发生短路或极耳焊接出现问题，整体内阻增大，温度升高。另外，还可以用于大量单体构成的模组的温度测量，也可以用于大规模储能时的安全监控。如果有单体失效时，则可以方便地从温度显示看出来，从而对于调整控制模式有利。

F.7.2　X射线透射

碳材料在充放电时有可能发生结构变化，可用X射线透射方法直接得到内部的炭材料结构信息。同时，该方法也适用于电容器件中含有锂离子电池材料的结构变化监控，可以获得正负极材料充放电深度的对比信息，也可以获得不同时间下的器件中结构衰变的规律信息。

参考文献

［1］中华人民共和国工业和信息化部．车用超级电容器：QC/T 741—2014［S］．北京：中国计划出版社，2015．

［2］Yang Z F，Wang J，Cui C J，et al. High power density & energy density Li-ion battery with aluminum foam enhanced electrode：Fabrication and simulation［J］．Journal of Power Sources，2022，524：230977．